“荣获国家教委优秀教材二等奖”

普通高等教育理学类“十三五”规划教材

工科线性代数

（第2版）

崔荣泉　杨泮池　王　艳　赵彦晖　编

U0290743

$$A=\begin{pmatrix} a_{11} & a_{12} & \cdots & a_{1n} \\ a_{21} & a_{22} & \cdots & a_{2n} \\ \vdots & \vdots & & \vdots \\ a_{m1} & a_{m2} & \cdots & a_{mn} \end{pmatrix}$$

西安交通大学出版社
XI'AN JIAOTONG UNIVERSITY PRESS

内容简介

线性代数是高等工科院校学生必修的数学基础课程. 本书系统介绍了线性代数课程的主要理论,包括矩阵、行列式、线性方程组求解、二次型及线性代数问题的 MATLAB 实现. 本书第 1 版曾获国家教委优秀教材二等奖.

本书内容简明,概念引入自然,知识体系符合认知规律,易于教师教和学生学;在讲述线性代数方法时,着力从学生现有知识入手,有助于读者理解和掌握.

本书可作为高等工科院校各专业本科生线性代数课程的教材,也可作为工程技术人员的参考书.

图书在版编目(CIP)数据

工科线性代数/崔荣泉等编. —2 版. —西安:西安交通大学出版社,2017.8(2023.8 重印)
ISBN 978-7-5693-0014-7

Ⅰ.①工… Ⅱ.①崔… Ⅲ.①线性代数-高等学校-教料 Ⅳ.①0151.2

中国版本图书馆 CIP 数据核字(2017)第 203037 号

书　　名　工科线性代数
编　　者　崔荣泉　杨泮池　王　艳　赵彦晖
责任编辑　刘雅洁

出版发行　西安交通大学出版社
（西安市兴庆南路 1 号　邮政编码 710048）
网　　址　http://www.xjtupress.com
电　　话　(029)82668357　82667874(市场营销中心)
(029)82668315(总编办)
传　　真　(029)82668280
印　　刷　陕西金德佳印务有限公司

开　　本　720mm×1000mm　1/16　**印张** 10　**字数** 187千字
版次印次　2017 年 8 月第 1 版　2023 年 8 月第 5 次印刷
书　　号　ISBN 978-7-5693-0014-7
定　　价　19.80 元

如发现印装质量问题,请与本社市场营销中心联系。
订购热线:(029)82665248　(029)82667874
投稿热线:(029)82664954
读者信箱:lg_book@163.com

第 2 版前言

《工科线性代数》(第 1 版)荣获了国家教委优秀教材二等奖，也受到了读者的广泛肯定. 为使内容更加适合信息化时代的要求，第 2 版在第 1 版的基础上作了如下增补修订：

(1)为了强化矩阵变换的主体思路，考虑到解决问题的连贯性，将第 1 版教材中第 2 章的消元法融入第 3 章，实现了由消元法到矩阵变换的升华；

(2)将第 3 章更名为“初等变换与矩阵的秩”，整章围绕矩阵的初等变换展开，强化了矩阵变换的思想，充实了求解矩阵方程和矩阵标准化的方法；

(3)在第 4 章加强了线性方程组求解的方法构架，给出了基础解系构造的直接方法，使方程求解变得非常简单、易于学生掌握，成为本教材的一大亮点；

(4)把矩阵变换作为学生应熟练掌握的强有力的工具贯穿全书始终，水到渠成的阐述了用合同变换化二次型为标准形的方法；

(5)与计算机手段结合，考虑到现代工程中主要采用软件 MATLAB 来处理矩阵问题，教材增加了利用 MATLAB 解决线性代数问题的内容.

此次再版是为了适应高等院校工科数学课程教学改革而进行的改进和尝试. 由于编者水平有限，书中会有不少疏漏和不足，恳请读者批评指正.

最后，感谢对本书提出宝贵意见和建议的老师们，感谢为再版工作付出辛勤劳动的同仁们!

编　者

2017 年 8 月

第 1 版前言

随着计算机技术的迅速发展，解大型的线性方程组、求矩阵的特征值与特征向量等已经成为工程技术人员及其他领域科学工作者经常遇到的课题. 而线性代数正是阐述这些问题的有关理论和方法的一门课程，它已成为高等工科院校大学生的一门必修课.

本书是依据 1995 年国家教委高教司修订的《线性代数课程教学基本要求》，参照国内外有关教材，并结合我们多年教学体会写成的讲义基础上编写而成的. 本书具有以下特点：(1)紧密结合工科院校的情况，重视理论联系实际；(2)突出矩阵方法，注重学生能力的培养；(3)提供在计算机上实现线性代数计算所必需的数值方法(这些内容都标有 * 号)；(4)问题引入直观，叙述简明易懂，条理清楚，例题丰富，便于自学.

本书中配有一定数量的习题，其中有些是全国硕士研究生入学试题. 通过这些习题，可以加深对各章内容的理解，并掌握一定的解题方法和技巧.

在此，我们感谢西安建筑科技大学潘鼎坤教授，他详细审阅了原稿并提出许多宝贵的建设性意见. 同时感谢刘林教授，任学明教授和黄泽民副教授，黄长钧副教授.

由于我们水平有限，错误和不妥之处在所难免，敬请读者批评指正，不胜感激.

编　者

2006 年 6 月

目　　录

第 1 章　矩阵代数基础

矩阵是线性代数的主要研究对象，也是现代科学技术中不可缺少的工具，特别是电子计算机出现之后，矩阵方法得到了更广泛的应用. 本章介绍矩阵的有关概念和矩阵代数基础.

1.1　矩阵概念

工程技术中的许多问题都归结为求解线性方程组

$$\begin{cases} a_{11}x_1 + a_{12}x_2 + \cdots + a_{1n}x_n = b_1 \\ a_{21}x_1 + a_{22}x_2 + \cdots + a_{2n}x_n = b_2 \\ \qquad\qquad \vdots \\ a_{m1}x_1 + a_{m2}x_2 + \cdots + a_{mn}x_n = b_m \end{cases} \tag{1.1}$$

其中 x_i 为未知量，系数 a_{ij} 和右端 b_i 都是常数. 研究这类方程组何时无解，何时有解，以及有解时解的构造和求解的方法等构成了线性代数的重要内容.

方程组(1.1)的解取决于系数 a_{ij} 和右端的常数，若将方程组(1.1)左端的系数按其相对位置排成数表，并且括起来成为

$$\begin{pmatrix} a_{11} & a_{12} & \cdots & a_{1n} \\ a_{21} & a_{22} & \cdots & a_{2n} \\ \vdots & \vdots & & \vdots \\ a_{m1} & a_{m2} & \cdots & a_{mn} \end{pmatrix} \tag{1.2}$$

把它看作一个整体，这个矩形数表就是我们要研究的矩阵.

看一个关于矩阵的实例.

图 1.1 表示 A 国的两个机场 A_1、A_2 与 B 国的三个机场 B_1、B_2、B_3 间的通航关系. 图中的连线表示两机场间通航，连线上的数字表示航班数目. 图 1.1 表示的关系可用如下矩阵表示

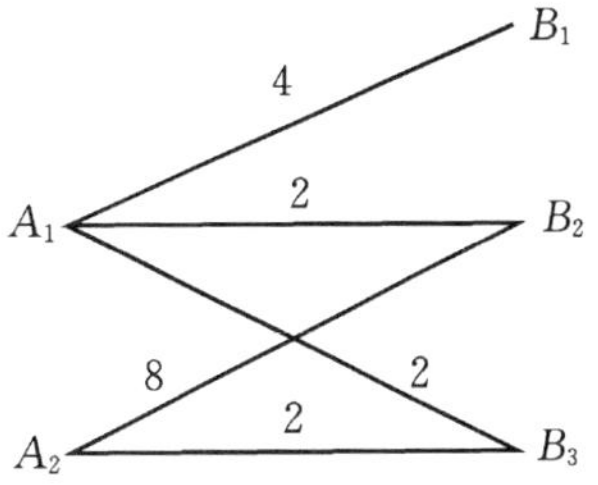

图 1.1　A 国与 B 国间航空网络图

$$\begin{array}{c} \\ A_1 \\ A_2 \end{array}\begin{array}{c} \begin{matrix} B_1 & B_2 & B_3 \end{matrix} \\ \begin{pmatrix} 4 & 2 & 2 \\ 0 & 8 & 2 \end{pmatrix} \end{array} \tag{1.3}$$

这个矩阵表达了 A 国与 B 国间的通航关系.

现在给出矩阵的一般定义.

定义 1.1 由 $m\times n$ 个元素 $a_{ij}(i=1,2,\cdots,m;j=1,2,\cdots,n)$ 排成矩形元素表(1.2),称这个元素表为 $m\times n$ 维**矩阵**①. 矩阵中横的各排叫做矩阵的**行**,纵的各列叫做矩阵的**列**,a_{ij} 叫做矩阵第 i 行第 j 列的**元素**.

矩阵的元素可以是数,也可以是函数,等等.

通常以大写字母 $\boldsymbol{A}$、$\boldsymbol{B}$、⋯等表示矩阵,矩阵(1.2)可以简记为 $\boldsymbol{A}=(a_{ij})_{m\times n}$,或 $\boldsymbol{A}=(a_{ij})$.

当 $m=n$ 即行数等于列数时,矩阵 $\boldsymbol{A}$ 称为 $\boldsymbol{n}$ **阶方阵**. 方阵的左上角到右下角的直线称为**主对角线**,主对角线上的元素 a_{ii} 叫做**主对角元素**. 对 $m\times n(m\neq n)$ 矩阵,主对角元素仍指位于 i 行 i 列的元素 $a_{ii}(i=1,2,3,\cdots,\min\{m,n\})$.

只有一列的矩阵 $\begin{pmatrix} a_1 \\ a_2 \\ \vdots \\ a_m \end{pmatrix}$ 叫做 $\boldsymbol{m}$ **维列矩阵**或**列向量**,列向量常以小写字母 $\boldsymbol{a}$、$\boldsymbol{b}$ 或 $\boldsymbol{\alpha}$、$\boldsymbol{\beta}$ 等表示. 类似地称只有一行的矩阵$(b_1\ b_2\cdots\ b_n)$为 $\boldsymbol{n}$ **维行矩阵**或**行向量**,它也常以小写字母表示. 向量中的元素称为**坐标**或**分量**. 行向量元素间可用逗号分开,以避免混淆,如 $\boldsymbol{b}=(b_1,b_2,\cdots,b_n)$. 事实上向量可看作特殊形式的矩阵,反过来也可以认为 $m\times n$ 维矩阵是由 n 个 m 维列向量组成,或是由 m 个 n 维行向量组成.

称元素全为实数的矩阵为**实矩阵**,称元素中有复数的矩阵为**复矩阵**. 特别地称元素全为零的矩阵为**零矩阵**,记为 $\boldsymbol{O}$.

今后还常常用到如下一些特殊方阵:

对角方阵

$$\boldsymbol{D}=\begin{pmatrix} a_{11} & & & \\ & a_{22} & & \\ & & \ddots & \\ & & & a_{nn} \end{pmatrix}$$

这是主对角线外元素全为零的方阵,简记为

$$\boldsymbol{D}=\mathrm{diag}(a_{11},a_{22},\cdots,a_{nn})$$

若 $a_{11}=a_{22}=\cdots=a_{nn}$,则称这种对角矩阵为**数量矩阵**.

单位方阵

$$\boldsymbol{I}=\begin{pmatrix} 1 & & & \\ & 1 & & \\ & & \ddots & \\ & & & 1 \end{pmatrix}$$

---

① 矩阵(Matrix)这个词是英国数学家詹姆士·西尔威斯特(J. Sylvester,1814—1894)在 1850 年首先使用的,而矩阵记号则是英国数学家凯莱(Cayley)于 1855 年引进的.

这是主对角元素全为 1 的对角方阵，简记为 $\boldsymbol{I}$(也常记为 $\boldsymbol{E}$).

上三角矩阵 $\boldsymbol{U}$ 和下三角矩阵 $\boldsymbol{L}$

$$\boldsymbol{U}=\begin{pmatrix} a_{11} & a_{12} & \cdots & a_{1n} \\ & a_{22} & \cdots & a_{2n} \\ & & \ddots & \vdots \\ & & & a_{nn} \end{pmatrix}, \quad \boldsymbol{L}=\begin{pmatrix} a_{11} & & & \\ a_{21} & a_{22} & & \\ \vdots & \vdots & \ddots & \\ a_{n1} & a_{n2} & \cdots & a_{nn} \end{pmatrix}$$

上三角矩阵 $\boldsymbol{U}$ 是主对角线以下元素全为零的方阵，下三角矩阵 $\boldsymbol{L}$ 是主对角线以上元素全为零的方阵.

1.2 矩阵基本运算

若矩阵 $\boldsymbol{A}$ 和 $\boldsymbol{B}$ 具有相同的行数与相同的列数，则称 $\boldsymbol{A}$ 与 $\boldsymbol{B}$ 为**同型矩阵**或**同维矩阵**. 当同型矩阵 $\boldsymbol{A}=(a_{ij})$ 与 $\boldsymbol{B}=(b_{ij})$ 的所有对应元素相等，即 $a_{ij}=b_{ij}$ 时，称两**矩阵相等**，记为 $\boldsymbol{A}=\boldsymbol{B}$.

1.2.1 线性运算

1. 矩阵加法

同型矩阵 $\boldsymbol{A}=(a_{ij})_{m\times n}$ 与 $\boldsymbol{B}=(b_{ij})_{m\times n}$ 的和 $\boldsymbol{A}+\boldsymbol{B}$ 规定为

$$\boldsymbol{A}+\boldsymbol{B}=\begin{pmatrix} a_{11}+b_{11} & a_{12}+b_{12} & \cdots & a_{1n}+b_{1n} \\ a_{21}+b_{21} & a_{22}+b_{22} & \cdots & a_{2n}+b_{2n} \\ \vdots & \vdots & & \vdots \\ a_{m1}+b_{m1} & a_{m2}+b_{m2} & \cdots & a_{mn}+b_{mn} \end{pmatrix}$$

简记为 $\boldsymbol{A}+\boldsymbol{B}=(a_{ij}+b_{ij})$.

矩阵加法满足以下运算律：

(1)交换律 $\boldsymbol{A}+\boldsymbol{B}=\boldsymbol{B}+\boldsymbol{A}$,

(2)结合律 $(\boldsymbol{A}+\boldsymbol{B})+\boldsymbol{C}=\boldsymbol{A}+(\boldsymbol{B}+\boldsymbol{C})$

2. 矩阵数乘

常数 k 与矩阵 $\boldsymbol{A}$ 的乘积 $k\boldsymbol{A}$(或 $\boldsymbol{A}k$)规定为

$$k\boldsymbol{A}=\boldsymbol{A}k=\begin{pmatrix} ka_{11} & ka_{12} & \cdots & ka_{1n} \\ ka_{21} & ka_{22} & \cdots & ka_{2n} \\ \vdots & \vdots & & \vdots \\ ka_{m1} & ka_{m2} & \cdots & ka_{mn} \end{pmatrix}$$

简记为 $k\boldsymbol{A}=(ka_{ij})$.

$\boldsymbol{A}$ 的**负矩阵**(或**反矩阵**)记为 $-\boldsymbol{A}$，规定 $-\boldsymbol{A}=(-1)\boldsymbol{A}=(-a_{ij})$. 由此可规定同型矩阵 $\boldsymbol{A}=(a_{ij})$ 与 $\boldsymbol{B}=(b_{ij})$ 的减法为

$$\boldsymbol{A}-\boldsymbol{B}=\boldsymbol{A}+(-\boldsymbol{B})=(a_{ij}-b_{ij})$$

数与矩阵相乘满足以下运算律(其中 k、l 为常数)：

(1)$(kl)\boldsymbol{A}=k(l\boldsymbol{A})$；

(2)$(k+l)\boldsymbol{A}=k\boldsymbol{A}+l\boldsymbol{A}$；

(3)$k(\boldsymbol{A}+\boldsymbol{B})=k\boldsymbol{A}+k\boldsymbol{B}$.

例 1.1 设

$$\boldsymbol{A}=\begin{pmatrix}1 & -1 & 1\\ 0 & 2 & 0\end{pmatrix},\quad \boldsymbol{B}=\begin{pmatrix}0 & 1 & 0\\ 1 & -1 & 1\end{pmatrix}$$

(1)求 $3\boldsymbol{A}+5\boldsymbol{B}$；

(2)解矩阵方程 $\boldsymbol{A}+\boldsymbol{X}=-\boldsymbol{B}$.

解

$$(1)\ 3\boldsymbol{A}+5\boldsymbol{B}=3\begin{pmatrix}1 & -1 & 1\\ 0 & 2 & 0\end{pmatrix}+5\begin{pmatrix}0 & 1 & 0\\ 1 & -1 & 1\end{pmatrix}$$

$$=\begin{pmatrix}3 & -3 & 3\\ 0 & 6 & 0\end{pmatrix}+\begin{pmatrix}0 & 5 & 0\\ 5 & -5 & 5\end{pmatrix}$$

$$=\begin{pmatrix}3 & 2 & 3\\ 5 & 1 & 5\end{pmatrix}$$

(2)由于 $\boldsymbol{A}+\boldsymbol{X}=-\boldsymbol{B}$,所以

$$\boldsymbol{X}=-\boldsymbol{B}-\boldsymbol{A}=\begin{pmatrix}0 & -1 & 0\\ -1 & 1 & -1\end{pmatrix}+\begin{pmatrix}-1 & 1 & -1\\ 0 & -2 & 0\end{pmatrix}$$

$$=\begin{pmatrix}-1 & 0 & -1\\ -1 & -1 & -1\end{pmatrix}$$

1.2.2 矩阵的乘法和方阵的幂

1.矩阵乘法

引例 1.1 图 1.2 为 A 国经过 B 国到 C 国的航空网络图. 由图可得 A 国与 B 国的航班矩阵 $\boldsymbol{A}$,B 国与 C 国的航班矩阵 $\boldsymbol{B}$ 分别为

$$\begin{array}{c}\quad B_1\ \ B_2\ \ B_3\\ \boldsymbol{A}=\begin{pmatrix}4 & 2 & 6\\ 0 & 2 & 2\end{pmatrix}\begin{matrix}A_1\\ A_2\end{matrix}\end{array},\qquad \begin{array}{c}\quad C_1\ \ C_2\\ \boldsymbol{B}=\begin{pmatrix}2 & 2\\ 2 & 0\\ 0 & 8\end{pmatrix}\begin{matrix}B_1\\ B_2\\ B_3\end{matrix}\end{array}$$

试求由 A 国经 B 国到 C 国的航班矩阵 $\boldsymbol{C}$.

先求由 A_1 到 C_1 的航班数：由 A_1 经 B_1 到 C_1 的航班有 4×2 个；由 A_1 经 B_2 到 C_1 的航班有 2×2 个；由 A_1 经 B_3 到 C_1 的航班有 6×0 个；因此由 A_1 到达 C_1 的航班总数为

$$4\times2+2\times2+6\times0\text{(个)}$$

同样可算出 A_1 到达 C_2 的航班总数为

$$4\times2+2\times0+6\times8\text{(个)}$$

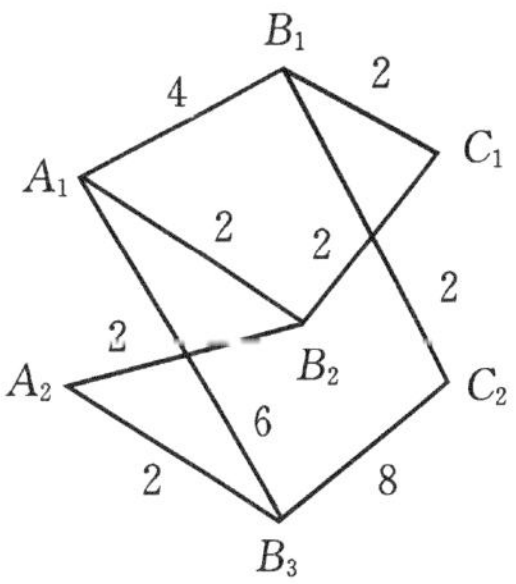

图 1.2　A 国经 B 国到 C 国的航空网络图

由 A_2 到达 C_1 和 C_2 的航班总数的计算与上述算法相同. 总起来，航班矩阵 $\boldsymbol{C}$ 为

$$\boldsymbol{C}=\begin{pmatrix}4\times2+2\times2+6\times0 & 4\times2+2\times0+6\times8\\0\times2+2\times2+2\times0 & 0\times2+2\times0+2\times8\end{pmatrix}\begin{matrix}A_1\\A_2\end{matrix}$$

(列标：C_1，C_2)

$$=\begin{pmatrix}12 & 56\\4 & 16\end{pmatrix}\begin{matrix}A_1\\A_2\end{matrix}$$

引例 1.2　设变量 y 能用变量 x 线性地表示为

$$\begin{cases}y_1=a_{11}x_1+a_{12}x_2+a_{13}x_3\\y_2=a_{21}x_1+a_{22}x_2+a_{23}x_3\end{cases}\tag{1.4}$$

变量 x 能用变量 z 线性地表示为

$$\begin{cases}x_1=b_{11}z_1+b_{12}z_2\\x_2=b_{21}z_1+b_{22}z_2\\x_3=b_{31}z_1+b_{32}z_2\end{cases}\tag{1.5}$$

其中系数 a_{ij} 和 b_{ij} 都是常数.

式(1.4)所表示的变量 x 到变量 y 的变换称为**线性变换**，同样式(1.5)表示了变量 z 到变量 x 的线性变换.

将式(1.5)代入式(1.4)得到变量 z 到变量 y 的线性变换

$$\begin{cases}y_1=(a_{11}b_{11}+a_{12}b_{21}+a_{13}b_{31})z_1+(a_{11}b_{12}+a_{12}b_{22}+a_{13}b_{32})z_2\\y_2=(a_{21}b_{11}+a_{22}b_{21}+a_{23}b_{31})z_1+(a_{21}b_{12}+a_{22}b_{22}+a_{23}b_{32})z_2\end{cases}\tag{1.6}$$

若设式(1.4)，式(1.5)的系数矩阵分别为 $\boldsymbol{A}$ 和 $\boldsymbol{B}$，即

$$\boldsymbol{A}=\begin{pmatrix}a_{11} & a_{12} & a_{13}\\a_{21} & a_{22} & a_{23}\end{pmatrix},\quad \boldsymbol{B}=\begin{pmatrix}b_{11} & b_{12}\\b_{21} & b_{22}\\b_{31} & b_{32}\end{pmatrix}$$

设式(1.6)的系数矩阵为 $\boldsymbol{C}$，则有

$$\boldsymbol{C}=\begin{pmatrix}a_{11}b_{11}+a_{12}b_{21}+a_{13}b_{31} & a_{11}b_{12}+a_{12}b_{22}+a_{13}b_{32}\\a_{21}b_{11}+a_{22}b_{21}+a_{23}b_{31} & a_{21}b_{12}+a_{22}b_{22}+a_{23}b_{32}\end{pmatrix}$$

由以上两例不难看出它们的共同点是，两例中矩阵 $\boldsymbol{C}$ 的元素都是由矩阵 $\boldsymbol{A}$ 和 $\boldsymbol{B}$ 的元素按同样计算规则得到. 我们把按这种计算规则得到的矩阵 $\boldsymbol{C}$，规定为矩阵 $\boldsymbol{A}$ 与 $\boldsymbol{B}$ 的乘积.

定义 1.2 设矩阵 $\boldsymbol{A}=(a_{ij})_{m\times s}$，$\boldsymbol{B}=(b_{ij})_{s\times n}$，如果矩阵 $\boldsymbol{C}=(c_{ij})_{m\times n}$ 的元素规定为

$$c_{ij}=a_{i1}b_{1j}+a_{i2}b_{2j}+\cdots+a_{is}b_{sj}=\sum_{k=1}^{s}a_{ik}b_{kj} \tag{1.7}$$

$$(i=1,2,\cdots,m;j=1,2,\cdots,n)$$

则称矩阵 $\boldsymbol{C}$ 为矩阵 $\boldsymbol{A}$ 与 $\boldsymbol{B}$ 的**乘积**，记为 $\boldsymbol{C}=\boldsymbol{AB}$.

注意：只有在矩阵 $\boldsymbol{A}$ 的列数与矩阵 $\boldsymbol{B}$ 的行数相同时，乘积 $\boldsymbol{AB}$ 才有意义，这时称 $\boldsymbol{A}$ 与 $\boldsymbol{B}$ 为可乘矩阵，乘积 $\boldsymbol{AB}=\boldsymbol{C}$ 的维数关系是

$$(a_{ij})_{m\times s}(b_{ij})_{s\times n}=(c_{ij})_{m\times n}$$

根据定义 1.2，引例 1.1 中航班矩阵 $\boldsymbol{C}$ 即为矩阵 $\boldsymbol{A}$ 与 $\boldsymbol{B}$ 的乘积

$$\boldsymbol{C}=\boldsymbol{AB}=\begin{pmatrix}4&2&6\\0&2&2\end{pmatrix}\begin{pmatrix}2&2\\2&0\\0&8\end{pmatrix}=\begin{pmatrix}12&56\\4&16\end{pmatrix}$$

引例 1.2 中连续两次线性变换的计算可用矩阵乘法表示为

$$\boldsymbol{C}=\boldsymbol{AB}=\begin{pmatrix}a_{11}&a_{12}&a_{13}\\a_{21}&a_{22}&a_{23}\end{pmatrix}\begin{pmatrix}b_{11}&b_{12}\\b_{21}&b_{22}\\b_{31}&b_{32}\end{pmatrix}$$

$$=\begin{pmatrix}a_{11}b_{11}+a_{12}b_{21}+a_{13}b_{31}&a_{11}b_{12}+a_{12}b_{22}+a_{13}b_{32}\\a_{21}b_{11}+a_{22}b_{21}+a_{23}b_{31}&a_{21}b_{12}+a_{22}b_{22}+a_{23}b_{32}\end{pmatrix}$$

由矩阵乘法规则可将线性方程组(1.1)表示为

$$\begin{pmatrix}a_{11}&a_{12}&\cdots&a_{1n}\\a_{21}&a_{22}&\cdots&a_{2n}\\\vdots&\vdots&&\vdots\\a_{m1}&a_{m2}&\cdots&a_{mn}\end{pmatrix}\begin{pmatrix}x_1\\x_2\\\vdots\\x_n\end{pmatrix}=\begin{pmatrix}b_1\\b_2\\\vdots\\b_m\end{pmatrix} \tag{1.8}$$

若以 $\boldsymbol{A}$ 表示系数矩阵，$\boldsymbol{x}$ 表示未知数列向量，$\boldsymbol{b}$ 表示常数列向量，那么线性方程组(1.1)或式(1.8)可简记为

$$\boldsymbol{Ax}=\boldsymbol{b} \tag{1.9}$$

这是线性方程组(1.1)的矩阵形式，这种简捷的表示为以后的讨论带来许多方便.

矩阵乘法可以用来表示像连续的两次飞行、连续的两次线性变换这类问题，使得矩阵在工程技术中得到了广泛的应用.

例 1.2 (1)将微分方程组

$$\frac{\mathrm{d}x}{\mathrm{d}t}=y+z,\quad\frac{\mathrm{d}y}{\mathrm{d}t}=z+x,\quad\frac{\mathrm{d}z}{\mathrm{d}t}=x+y$$

写成矩阵形式；

(2)求出下式中待定的 a_{11}, a_{21}, a_{22}

$$x^2+2xy-2y^2=(x,y)\begin{pmatrix}a_{11} & 1\\ a_{21} & a_{22}\end{pmatrix}\begin{pmatrix}x\\ y\end{pmatrix}$$

解 (1)由

$$\begin{cases}\dfrac{dx}{dt}= \quad\; y+z\\ \dfrac{dy}{dt}=x \quad\; +z\\ \dfrac{dz}{dt}=x+y\end{cases}$$

得

$$\begin{pmatrix}\dfrac{dx}{dt}\\ \dfrac{dy}{dt}\\ \dfrac{dz}{dt}\end{pmatrix}=\begin{pmatrix}0 & 1 & 1\\ 1 & 0 & 1\\ 1 & 1 & 0\end{pmatrix}\begin{pmatrix}x\\ y\\ z\end{pmatrix}$$

$$\begin{aligned}(2)\ x^2+2xy-2y^2&=(x,y)\begin{pmatrix}a_{11} & 1\\ a_{21} & a_{22}\end{pmatrix}\begin{pmatrix}x\\ y\end{pmatrix}\\ &=(a_{11}x+a_{21}y, x+a_{22}y)\begin{pmatrix}x\\ y\end{pmatrix}\\ &=a_{11}x^2+(a_{21}+1)xy+a_{22}y^2\end{aligned}$$

比较两端的系数，得

$$a_{11}=1,\quad a_{21}=1,\quad a_{22}=-2$$

例 1.3 下面各题中矩阵 $\boldsymbol{A}$、$\boldsymbol{B}$ 是否可作运算 $\boldsymbol{A}+\boldsymbol{B}$，$\boldsymbol{AB}$ 与 $\boldsymbol{BA}$，对可作的运算求出结果：

(1) $\boldsymbol{A}=\begin{pmatrix}1 & 1\\ -1 & -1\end{pmatrix}$， $\boldsymbol{B}=\begin{pmatrix}-1 & 1\\ 1 & -1\end{pmatrix}$；

(2) $\boldsymbol{A}=\begin{pmatrix}1 & 2 & 3\\ 1 & 3 & 6\end{pmatrix}$， $\boldsymbol{B}=\begin{pmatrix}1 & 1 & 1\\ 1 & 2 & 3\end{pmatrix}$；

(3) $\boldsymbol{A}=\begin{pmatrix}2 & -1\\ 1 & 0\\ -3 & 4\end{pmatrix}$， $\boldsymbol{B}=\begin{pmatrix}1 & -2\\ 3 & 4\end{pmatrix}$.

解 (1)由 $\boldsymbol{A}$、$\boldsymbol{B}$ 都为 2 阶方阵知，可作运算 $\boldsymbol{A}+\boldsymbol{B}$，$\boldsymbol{AB}$ 与 $\boldsymbol{BA}$

$$\boldsymbol{A}+\boldsymbol{B}=\begin{pmatrix}0 & 2\\ 0 & -2\end{pmatrix},\quad \boldsymbol{AB}=\begin{pmatrix}0 & 0\\ 0 & 0\end{pmatrix},\quad \boldsymbol{BA}=\begin{pmatrix}-2 & -2\\ 2 & 2\end{pmatrix}$$

(2)仅可作运算 $\boldsymbol{A}+\boldsymbol{B}$

$$\boldsymbol{A}+\boldsymbol{B}=\begin{pmatrix}2 & 3 & 4\\ 2 & 5 & 9\end{pmatrix}$$

(3)仅可作运算 $\boldsymbol{AB}$

$$\boldsymbol{AB}=\begin{pmatrix}-1 & -8\\ 1 & -2\\ 9 & 22\end{pmatrix}$$

由例 1.3(1)看出 $\boldsymbol{AB}\neq\boldsymbol{BA}$，即矩阵乘法不像数的乘法那样一定满足交换律．因此在谈到 $\boldsymbol{A}$ 乘 $\boldsymbol{B}$ 时，必须指明 $\boldsymbol{A}$ 左乘 $\boldsymbol{B}$ 还是右乘 $\boldsymbol{B}$．若矩阵 $\boldsymbol{A}$、$\boldsymbol{B}$ 满足 $\boldsymbol{AB}=\boldsymbol{BA}$，则称它们是关于乘法**可换**的．由矩阵乘法规则知可换矩阵都是方阵．单位方阵 $\boldsymbol{I}$ 与任何同阶的方阵 $\boldsymbol{A}$ 关于乘法都可换，并且 $\boldsymbol{IA}=\boldsymbol{AI}=\boldsymbol{A}$．

由例 1.3(1)还看出，虽然 $\boldsymbol{A}\neq\boldsymbol{O}$ 且 $\boldsymbol{B}\neq\boldsymbol{O}$，却有 $\boldsymbol{AB}=\boldsymbol{O}$．换句话说，$\boldsymbol{AB}=\boldsymbol{O}$，未必一定有 $\boldsymbol{A}=\boldsymbol{O}$ 或 $\boldsymbol{B}=\boldsymbol{O}$．

以上两点是矩阵乘法与数的乘法不同之处．

矩阵的乘法运算满足下列运算律：

(1)结合律　$(\boldsymbol{AB})\boldsymbol{C}=\boldsymbol{A}(\boldsymbol{BC})$

(2)分配律　$\boldsymbol{A}(\boldsymbol{B}+\boldsymbol{C})=\boldsymbol{AB}+\boldsymbol{AC}$

　　　　　$(\boldsymbol{B}+\boldsymbol{C})\boldsymbol{A}=\boldsymbol{BA}+\boldsymbol{CA}$

2．方阵的幂

根据矩阵的乘法可以定义**方阵的幂**为

$$\boldsymbol{A}^1=\boldsymbol{A},\boldsymbol{A}^2=\boldsymbol{AA},\cdots,\boldsymbol{A}^{k+1}=\boldsymbol{A}^k\boldsymbol{A}\ (k\text{ 为正整数})$$

由此可以推出

$$\boldsymbol{A}^k\boldsymbol{A}^l=\boldsymbol{A}^{k+l},(\boldsymbol{A}^k)^l=\boldsymbol{A}^{kl}(k,l\text{ 为正整数})$$

注意，一般地 $(\boldsymbol{AB})^k\neq\boldsymbol{A}^k\boldsymbol{B}^k$，例如对

$$\boldsymbol{A}=\begin{pmatrix}1 & 0\\ 1 & 1\end{pmatrix},\quad \boldsymbol{B}=\begin{pmatrix}1 & 1\\ 0 & 1\end{pmatrix}$$

有

$$(\boldsymbol{AB})^2=\begin{pmatrix}2 & 3\\ 3 & 5\end{pmatrix},\quad \boldsymbol{A}^2\boldsymbol{B}^2=\begin{pmatrix}1 & 2\\ 2 & 5\end{pmatrix},$$

可见

$$(\boldsymbol{AB})^2\neq\boldsymbol{A}^2\boldsymbol{B}^2$$

例 1.4　求证

$$\begin{pmatrix}\cos\theta & -\sin\theta\\ \sin\theta & \cos\theta\end{pmatrix}^n=\begin{pmatrix}\cos n\theta & -\sin n\theta\\ \sin n\theta & \cos n\theta\end{pmatrix}$$

证 应用数学归纳法. $n=1$ 时等式显然成立，设 $n=k$ 时等式也成立，即

$$\begin{pmatrix} \cos\theta & -\sin\theta \\ \sin\theta & \cos\theta \end{pmatrix}^k = \begin{pmatrix} \cos k\theta & -\sin k\theta \\ \sin k\theta & \cos k\theta \end{pmatrix}$$

那么

$$\begin{aligned} \begin{pmatrix} \cos\theta & -\sin\theta \\ \sin\theta & \cos\theta \end{pmatrix}^{k+1} &= \begin{pmatrix} \cos k\theta & -\sin k\theta \\ \sin k\theta & \cos k\theta \end{pmatrix}\begin{pmatrix} \cos\theta & -\sin\theta \\ \sin\theta & \cos\theta \end{pmatrix} \\ &= \begin{pmatrix} \cos k\theta\cos\theta-\sin k\theta\sin\theta & -\cos k\theta\sin\theta-\sin k\theta\cos\theta \\ \sin k\theta\cos\theta+\cos k\theta\sin\theta & -\sin k\theta\sin\theta+\cos k\theta\cos\theta \end{pmatrix} \\ &= \begin{pmatrix} \cos(k+1)\theta & -\sin(k+1)\theta \\ \sin(k+1)\theta & \cos(k+1)\theta \end{pmatrix} \end{aligned}$$

根据数学归纳法原理，原式得证.

本题结果与几何学中坐标轴旋转变换的结论一致，在几何学中只考虑坐标轴按逆时针旋转 θ 角，其转轴公式为

$$\begin{pmatrix} x \\ y \end{pmatrix} = \begin{pmatrix} \cos\theta & -\sin\theta \\ \sin\theta & \cos\theta \end{pmatrix}\begin{pmatrix} x' \\ y' \end{pmatrix}$$

本例结果表明连续旋转 n 次 θ 角与一次旋转 $n\theta$ 角的变换一致.

1.2.3 逆矩阵

规定了矩阵的加法、减法和乘法之后，自然想到矩阵间有没有除法？回到数的除法，我们知道当 $a\neq 0$ 时，$b\div a=b\cdot 1/a=b\cdot a^{-1}$，这是把 b 除以 a 化为 b 与 a 的逆元素 a^{-1} 的乘法. 所谓 a 的逆元素 a^{-1} 是指满足 $aa^{-1}=a^{-1}a=1$ 的元素. 对于矩阵的“除法”可类似地处理，这就是用一个矩阵与另一个矩阵的逆矩阵相乘来代替两矩阵相“除”，因此可以像数的逆元素那样引出逆矩阵的概念.

定义 1.3 对于 n 阶方阵 $\boldsymbol{A}$，如果存在 n 阶方阵 $\boldsymbol{B}$ 使

$$\boldsymbol{AB}=\boldsymbol{BA}=\boldsymbol{I}$$

则称 $\boldsymbol{B}$ 为 $\boldsymbol{A}$ 的**逆矩阵**，并说 $\boldsymbol{A}$ 是**可逆的**.

由定义知 $\boldsymbol{A}$ 也是 $\boldsymbol{B}$ 的逆矩阵，即 $\boldsymbol{A}$ 与 $\boldsymbol{B}$ 互为逆矩阵. 若 $\boldsymbol{A}$ 可逆，可以证明其逆矩阵唯一(见习题 1.14(1))，记 $\boldsymbol{A}$ 的逆矩阵为 $\boldsymbol{A}^{-1}$，据定义 $\boldsymbol{AA}^{-1}=\boldsymbol{A}^{-1}\boldsymbol{A}=\boldsymbol{I}$.

对于线性方程组 $\boldsymbol{Ax}=\boldsymbol{b}$，若 $\boldsymbol{A}$ 是可逆方阵，并能求出 $\boldsymbol{A}^{-1}$，那么对 $\boldsymbol{Ax}=\boldsymbol{b}$ 左乘 $\boldsymbol{A}^{-1}$，得 $\boldsymbol{A}^{-1}\boldsymbol{Ax}=\boldsymbol{A}^{-1}\boldsymbol{b}$，即

$$\boldsymbol{x}=\boldsymbol{A}^{-1}\boldsymbol{b}$$

这就是线性方程组 $\boldsymbol{Ax}=\boldsymbol{b}$ 的解.

若 $\boldsymbol{A}$ 可逆，显然有性质：

(1) $(\boldsymbol{A}^{-1})^{-1}=\boldsymbol{A}$

(2) $(k\boldsymbol{A})^{-1}=\dfrac{1}{k}\cdot\boldsymbol{A}^{-1}\,(k\neq 0)$

(3)若 $\boldsymbol{A},\boldsymbol{B}$ 皆为可逆矩阵,并且 $\boldsymbol{A},\boldsymbol{B}$ 同阶,则 $\boldsymbol{AB}$ 可逆,并且

$$(\boldsymbol{AB})^{-1}=\boldsymbol{B}^{-1}\boldsymbol{A}^{-1}$$

事实上

$$(\boldsymbol{B}^{-1}\boldsymbol{A}^{-1})(\boldsymbol{AB})=\boldsymbol{B}^{-1}(\boldsymbol{A}^{-1}\boldsymbol{A})\boldsymbol{B}=\boldsymbol{B}^{-1}\boldsymbol{B}=\boldsymbol{I}$$

$$(\boldsymbol{AB})(\boldsymbol{B}^{-1}\boldsymbol{A}^{-1})=\boldsymbol{A}(\boldsymbol{BB}^{-1})\boldsymbol{A}^{-1}=\boldsymbol{AA}^{-1}=\boldsymbol{I}$$

根据逆矩阵定义

$$(\boldsymbol{AB})^{-1}=\boldsymbol{B}^{-1}\boldsymbol{A}^{-1}$$

一般地,有

$$(\boldsymbol{A}_1\boldsymbol{A}_2\cdots\boldsymbol{A}_n)^{-1}=\boldsymbol{A}_n^{-1}\cdots\boldsymbol{A}_2^{-1}\boldsymbol{A}_1^{-1}$$

对于可逆方阵 $\boldsymbol{A}$ 规定

$$\boldsymbol{A}^0=\boldsymbol{I},\quad \boldsymbol{A}^{-k}=(\boldsymbol{A}^{-1})^k\quad (k\text{ 为正整数})$$

由此

$$\boldsymbol{A}^k\boldsymbol{A}^l=\boldsymbol{A}^{k+l},\quad (\boldsymbol{A}^k)^l=\boldsymbol{A}^{kl}\quad (k,l\text{ 为整数})$$

例 1.5 验证

$$\boldsymbol{A}=\begin{pmatrix}0&1&0\\0&0&1\\1&0&0\end{pmatrix},\quad \boldsymbol{B}=\begin{pmatrix}0&0&1\\1&0&0\\0&1&0\end{pmatrix}$$

互为逆矩阵.

解 由 $\boldsymbol{AB}=\begin{pmatrix}0&1&0\\0&0&1\\1&0&0\end{pmatrix}\begin{pmatrix}0&0&1\\1&0&0\\0&1&0\end{pmatrix}=\begin{pmatrix}1&0&0\\0&1&0\\0&0&1\end{pmatrix}$

$$\boldsymbol{BA}=\begin{pmatrix}0&0&1\\1&0&0\\0&1&0\end{pmatrix}\begin{pmatrix}0&1&0\\0&0&1\\1&0&0\end{pmatrix}=\begin{pmatrix}1&0&0\\0&1&0\\0&0&1\end{pmatrix}$$

知 $\boldsymbol{A},\boldsymbol{B}$ 互为逆矩阵.

注:事实上,判定矩阵 $\boldsymbol{A}$ 与 $\boldsymbol{B}$ 互逆时,只需验证 $\boldsymbol{AB}=\boldsymbol{I}$ 或 $\boldsymbol{BA}=\boldsymbol{I}$ 之一成立即可,第 2 章例 2.10 给出这个结论的证明.

例 1.6 设方阵 $\boldsymbol{A}$ 与 $\boldsymbol{B}$ 满足 $\boldsymbol{A}+\boldsymbol{B}=\boldsymbol{AB}$,试证 $\boldsymbol{A}-\boldsymbol{I}$ 可逆.

证 由 $\boldsymbol{A}+\boldsymbol{B}=\boldsymbol{AB}$,有 $\boldsymbol{AB}-\boldsymbol{A}=\boldsymbol{B}$,即 $\boldsymbol{A}(\boldsymbol{B}-\boldsymbol{I})=\boldsymbol{B}$,于是

$$\boldsymbol{A}(\boldsymbol{B}-\boldsymbol{I})-\boldsymbol{I}=\boldsymbol{B}-\boldsymbol{I}$$

从而

$$(\boldsymbol{A}-\boldsymbol{I})(\boldsymbol{B}-\boldsymbol{I})=\boldsymbol{I}$$

即 $\boldsymbol{A}-\boldsymbol{I}$ 可逆,且 $(\boldsymbol{A}-\boldsymbol{I})^{-1}=\boldsymbol{B}-\boldsymbol{I}$.

例 1.7 求解方程组 $\boldsymbol{Ax}=\boldsymbol{b}$,其中

$$A=\begin{pmatrix}0&1&0\\0&0&1\\1&0&0\end{pmatrix},\quad x=\begin{pmatrix}x_1\\x_2\\x_3\end{pmatrix},\quad b=\begin{pmatrix}1\\1\\0\end{pmatrix}$$

解　由例 1.5 知

$$A^{-1}=\begin{pmatrix}0&0&1\\1&0&0\\0&1&0\end{pmatrix}$$

于是

$$x=A^{-1}b=\begin{pmatrix}0&0&1\\1&0&0\\0&1&0\end{pmatrix}\begin{pmatrix}1\\1\\0\end{pmatrix}=\begin{pmatrix}0\\1\\1\end{pmatrix}$$

即方程组的解为

$$x_1=0,\quad x_2=x_3=1$$

例 1.8　证明当 $ad-bc\neq 0$ 时 $A=\begin{pmatrix}a&b\\c&d\end{pmatrix}$ 可逆,并且

$$A^{-1}=\frac{1}{ad-bc}\begin{pmatrix}d&-b\\-c&a\end{pmatrix}$$

证　因 $ad-bc\neq 0$,令

$$B=\frac{1}{ad-bc}\begin{pmatrix}d&-b\\-c&a\end{pmatrix}$$

那么

$$\begin{aligned}BA&=\frac{1}{ad-bc}\begin{pmatrix}d&-b\\-c&a\end{pmatrix}\begin{pmatrix}a&b\\c&d\end{pmatrix}\\&=\frac{1}{ad-bc}\begin{pmatrix}ad-bc&0\\0&ad-bc\end{pmatrix}\\&=\begin{pmatrix}1&0\\0&1\end{pmatrix}=I\end{aligned}$$

同理可证 $AB=I$,因此 A 可逆,并且

$$A^{-1}=B=\frac{1}{ad-bc}\begin{pmatrix}d&-b\\-c&a\end{pmatrix}$$

需要指出的是:

(1)矩阵逆是针对方阵而言的,行列数不相等的矩阵不定义逆矩阵;

(2)不是任何非零方阵都有逆,如

$$\begin{pmatrix}1 & 0\\1 & 0\end{pmatrix},\quad \begin{pmatrix}1 & 3 & -2\\2 & -1 & 1\\3 & 2 & -1\end{pmatrix}$$

都没有逆矩阵.关于方阵满足什么条件时它的逆矩阵存在以及如何求出这个逆矩阵,将在第 2 章叙述.

1.3 矩阵的转置及对称矩阵

1.3.1 矩阵的转置

定义 1.4 把矩阵 $\boldsymbol{A}$ 的第 i 行第 j 列元素放在第 j 行第 i 列形成的新矩阵称为 $\boldsymbol{A}$ 的**转置矩阵**,记作 $\boldsymbol{A}^{\mathrm{T}}$.

例如

$$\boldsymbol{A}=\begin{pmatrix}-1 & 2\\0 & -1\\3 & 1\end{pmatrix},\quad \boldsymbol{B}=\begin{pmatrix}b_1\\b_2\\\vdots\\b_n\end{pmatrix}$$

则

$$\boldsymbol{A}^{\mathrm{T}}=\begin{pmatrix}-1 & 0 & 3\\2 & -1 & 1\end{pmatrix},\quad \boldsymbol{B}^{\mathrm{T}}=(b_1,b_2,\cdots,b_n)$$

矩阵的转置运算有以下性质:

(1) $(\boldsymbol{A}^{\mathrm{T}})^{\mathrm{T}}=\boldsymbol{A}$;　　(2) $(\boldsymbol{A}+\boldsymbol{B})^{\mathrm{T}}=\boldsymbol{A}^{\mathrm{T}}+\boldsymbol{B}^{\mathrm{T}}$;

(3) $(\lambda\boldsymbol{A})^{\mathrm{T}}=\lambda\boldsymbol{A}^{\mathrm{T}}$($\lambda$ 为数);　　(4) $(\boldsymbol{A}\boldsymbol{B})^{\mathrm{T}}=\boldsymbol{B}^{\mathrm{T}}\boldsymbol{A}^{\mathrm{T}}$.

性质(1)、(2)、(3)容易证明,这里仅证性质(4).

设 $\boldsymbol{A}=(a_{ij})_{m\times n}$,$\boldsymbol{B}=(b_{ij})_{n\times s}$,欲证 $(\boldsymbol{A}\boldsymbol{B})^{\mathrm{T}}=\boldsymbol{B}^{\mathrm{T}}\boldsymbol{A}^{\mathrm{T}}$,只须证明 $(\boldsymbol{A}\boldsymbol{B})^{\mathrm{T}}$ 与 $\boldsymbol{B}^{\mathrm{T}}\boldsymbol{A}^{\mathrm{T}}$ 对应的第 i 行第 j 列元素相等.

$(\boldsymbol{A}\boldsymbol{B})^{\mathrm{T}}$ 的第 i 行第 j 列元素等于 $\boldsymbol{A}\boldsymbol{B}$ 的第 j 行第 i 列元素,即 $\boldsymbol{A}$ 的第 j 行与 $\boldsymbol{B}$ 的第 i 列对应元素乘积之和,就是

$$(a_{j1},a_{j2},\cdots,a_{jn})\begin{pmatrix}b_{1i}\\b_{2i}\\\vdots\\b_{ni}\end{pmatrix}=\sum_{k=1}^{n}a_{jk}b_{ki}$$

而 $\boldsymbol{B}^{\mathrm{T}}\boldsymbol{A}^{\mathrm{T}}$ 的第 i 行第 j 列的元素是 $\boldsymbol{B}^{\mathrm{T}}$ 的第 i 行(即 $\boldsymbol{B}$ 的第 i 列)与 $\boldsymbol{A}^{\mathrm{T}}$ 的第 j 列(即 $\boldsymbol{A}$ 的第 j 行)对应元素乘积之和,就是

$$(b_{1i},b_{2i},\cdots,b_{ni})\begin{pmatrix}a_{j1}\\a_{j2}\\\vdots\\a_{jn}\end{pmatrix}=\sum_{k=1}^{n}b_{ki}a_{jk}=\sum_{k=1}^{n}a_{jk}b_{ki}$$

由此证得

$$(\boldsymbol{AB})^{\mathrm{T}}=(\sum_{k=1}^{n}a_{jk}b_{ki})_{s\times m}=\boldsymbol{B}^{\mathrm{T}}\boldsymbol{A}^{\mathrm{T}}$$

例 1.9 设

$$\boldsymbol{a}=\begin{pmatrix}a_1\\a_2\\\vdots\\a_n\end{pmatrix},\quad \boldsymbol{b}=\begin{pmatrix}b_1\\b_2\\\vdots\\b_n\end{pmatrix}$$

求 $\boldsymbol{a}^{\mathrm{T}}\boldsymbol{b}$ 与 $\boldsymbol{a}\boldsymbol{b}^{\mathrm{T}}$.

解
$$\boldsymbol{a}^{\mathrm{T}}\boldsymbol{b}=(a_1,a_2,\cdots,a_n)\begin{pmatrix}b_1\\b_2\\\vdots\\b_n\end{pmatrix}=\sum_{k=1}^{n}a_kb_k \tag{1.10}$$

$$\begin{aligned}\boldsymbol{a}\boldsymbol{b}^{\mathrm{T}}&=\begin{pmatrix}a_1\\a_2\\\vdots\\a_n\end{pmatrix}(b_1,b_2,\cdots,b_n)\\&=\begin{pmatrix}a_1b_1&a_1b_2&\cdots&a_1b_n\\a_2b_1&a_2b_2&\cdots&a_2b_n\\\vdots&\vdots&&\vdots\\a_nb_1&a_nb_2&\cdots&a_nb_n\end{pmatrix}\end{aligned} \tag{1.11}$$

例 1.10 证明,若 $\boldsymbol{A}$ 可逆,则 $\boldsymbol{A}^{\mathrm{T}}$ 可逆,且$(\boldsymbol{A}^{\mathrm{T}})^{-1}=(\boldsymbol{A}^{-1})^{\mathrm{T}}$.

证 由矩阵的逆和转置的性质知

$$\boldsymbol{A}^{\mathrm{T}}(\boldsymbol{A}^{-1})^{\mathrm{T}}=(\boldsymbol{A}^{-1}\boldsymbol{A})^{\mathrm{T}}=\boldsymbol{I}^{\mathrm{T}}=\boldsymbol{I}$$
$$(\boldsymbol{A}^{-1})^{\mathrm{T}}\boldsymbol{A}^{\mathrm{T}}=(\boldsymbol{A}\boldsymbol{A}^{-1})^{\mathrm{T}}=\boldsymbol{I}^{\mathrm{T}}=\boldsymbol{I}$$

这说明 $\boldsymbol{A}^{\mathrm{T}}$ 可逆,并且$(\boldsymbol{A}^{\mathrm{T}})^{-1}=(\boldsymbol{A}^{-1})^{\mathrm{T}}$.

1.3.2 对称矩阵

定义 1.5 若矩阵 $\boldsymbol{A}$ 满足 $\boldsymbol{A}^{\mathrm{T}}=\boldsymbol{A}$,则称矩阵 $\boldsymbol{A}$ 为**对称矩阵**,若满足 $\boldsymbol{A}^{\mathrm{T}}=-\boldsymbol{A}$,则称 $\boldsymbol{A}$ 为**反对称矩阵.**

根据定义 1.5,若 $\boldsymbol{A}$ 为对称矩阵,则 $\boldsymbol{A}$ 的元素关于其主对角线对称,即 $a_{ij}=a_{ji}$

（对一切 i,j）. 若 $\boldsymbol{A}$ 为反对称矩阵，则 $a_{ij}=-a_{ji}$（对一切 i,j）. 例如

$$\begin{pmatrix}1&4&3\\4&6&-5\\3&-5&2\end{pmatrix}\text{为对称矩阵，}\begin{pmatrix}0&2&-3\\-2&0&-1\\3&1&0\end{pmatrix}\text{为反对称矩阵.}$$

对称矩阵和反对称矩阵都是方阵. 一个有趣的事实是：任何方阵 $\boldsymbol{A}$ 都可以表示为一个对称矩阵 $\boldsymbol{M}$ 与一个反对称矩阵 $\boldsymbol{S}$ 的和，即

$$\boldsymbol{A}=\boldsymbol{M}+\boldsymbol{S}$$

事实上，取对称矩阵 $\boldsymbol{M}=\dfrac{1}{2}(\boldsymbol{A}+\boldsymbol{A}^{\mathrm{T}})$，反对称矩阵 $\boldsymbol{S}=\dfrac{1}{2}(\boldsymbol{A}-\boldsymbol{A}^{\mathrm{T}})$，即可证明.

在空间解析几何中规定向量 $\boldsymbol{a}=a_x\boldsymbol{i}+a_y\boldsymbol{j}+a_z\boldsymbol{k}$ 与向量 $\boldsymbol{b}=b_x\boldsymbol{i}+b_y\boldsymbol{j}+b_z\boldsymbol{k}$ 的向量积为

$$\begin{aligned}\boldsymbol{a}\times\boldsymbol{b}&=\begin{vmatrix}\boldsymbol{i}&\boldsymbol{j}&\boldsymbol{k}\\a_x&a_y&a_z\\b_x&b_y&b_z\end{vmatrix}\\&=(a_yb_z-a_zb_y)\boldsymbol{i}+(a_zb_x-a_xb_z)\boldsymbol{j}+(a_xb_y-a_yb_x)\boldsymbol{k}\end{aligned}$$

若记 $\boldsymbol{a}=(a_x,a_y,a_z)^{\mathrm{T}}$，$\boldsymbol{b}=(b_x,b_y,b_z)^{\mathrm{T}}$，则向量积 $\boldsymbol{a}\times\boldsymbol{b}$ 的矩阵表示为

$$\boldsymbol{a}\times\boldsymbol{b}=\begin{pmatrix}0&-a_z&a_y\\a_z&0&-a_x\\-a_y&a_x&0\end{pmatrix}\begin{pmatrix}b_x\\b_y\\b_z\end{pmatrix}$$

即向量 $\boldsymbol{a}$ 与 $\boldsymbol{b}$ 的向量积 $\boldsymbol{a}\times\boldsymbol{b}$ 是由 $\boldsymbol{a}$ 的分量构成的一个反对称矩阵与向量 $\boldsymbol{b}$ 的乘积.

1.3.3 埃尔米特矩阵

定义 1.6 若 $\boldsymbol{A}=(a_{ij})$ 为复矩阵，则称 $\overline{\boldsymbol{A}}=(\overline{a_{ij}})$ 为 $\boldsymbol{A}$ 的**复共轭矩阵**. $\overline{a_{ij}}$ 是 a_{ij} 的共轭复数.

例如，若

$$\boldsymbol{A}=\begin{pmatrix}1&1-\mathrm{i}\\\mathrm{i}&1+\mathrm{i}\end{pmatrix}$$

则

$$\overline{\boldsymbol{A}}=\begin{pmatrix}1&1+\mathrm{i}\\-\mathrm{i}&1-\mathrm{i}\end{pmatrix}$$

易知复共轭矩阵有性质：

(1) $\overline{\boldsymbol{A}+\boldsymbol{B}}=\overline{\boldsymbol{A}}+\overline{\boldsymbol{B}}$；　(2) $\overline{k\boldsymbol{A}}=\bar{k}\ \overline{\boldsymbol{A}}$（$k$ 为复数）；

(3) $\overline{\boldsymbol{AB}}=\overline{\boldsymbol{A}}\ \overline{\boldsymbol{B}}$；　(4) $\overline{\boldsymbol{A}^{\mathrm{T}}}=(\overline{\boldsymbol{A}})^{\mathrm{T}}$.

性质(4)表明 $\boldsymbol{A}$ 的**转置共轭矩阵** $\overline{\boldsymbol{A}^{\mathrm{T}}}$ 等于 $\boldsymbol{A}$ 的**共轭转置矩阵** $(\overline{\boldsymbol{A}})^{\mathrm{T}}$. 一般地 $\overline{\boldsymbol{A}^{\mathrm{T}}}\neq$

$\boldsymbol{A}$,当$\overline{\boldsymbol{A}^{\mathrm{T}}}=\boldsymbol{A}$时有如下定义.

定义 1.7 $\boldsymbol{A}$ 为复矩阵,若$\overline{\boldsymbol{A}^{\mathrm{T}}}=\boldsymbol{A}$,则称 $\boldsymbol{A}$ 为**埃尔米特(Hermite)矩阵**.

埃尔米特矩阵一定是方阵,而且$\overline{a_{ij}}=a_{ji}$(对一切 i,j),若 $\boldsymbol{A}$ 为实的埃尔米特矩阵,它一定是实对称矩阵.

埃尔米特矩阵同样有共轭矩阵的四条性质,特别地,对于埃尔米特矩阵 $\boldsymbol{A}$ 有 $\overline{\boldsymbol{A}^{\mathrm{T}}}=(\overline{\boldsymbol{A}})^{\mathrm{T}}=\boldsymbol{A}$.

类似地有定义:若$\overline{\boldsymbol{A}^{\mathrm{T}}}=-\boldsymbol{A}$,即对所有的 i,j 有$\overline{a_{ij}}=-a_{ji}$,称 $\boldsymbol{A}$ 为**反埃尔米特矩阵**.例如

$$\begin{pmatrix} 2 & 1+\mathrm{i} & 5-\mathrm{i} \\ 1-\mathrm{i} & 7 & \mathrm{i} \\ 5+\mathrm{i} & -\mathrm{i} & -1 \end{pmatrix}, \quad \begin{pmatrix} 2\mathrm{i} & 1+\mathrm{i} & 5-\mathrm{i} \\ -1+\mathrm{i} & 7\mathrm{i} & \mathrm{i} \\ -5-\mathrm{i} & \mathrm{i} & -\mathrm{i} \end{pmatrix}$$

分别为埃尔米特矩阵和反埃尔米特矩阵.由这个例子可以看出埃尔米特矩阵主对角线元素 a_{jj} 全为实数,反埃尔米特矩阵主对角线元素均为虚数,其实这不难由 $a_{ji}=\overline{a_{ij}}$与 $a_{ji}=-\overline{a_{ij}}$证得.

1.4 矩阵的分块

1.4.1 子矩阵

对于维数较高的矩阵,有时仅需考虑它的若干行与若干列相交处的元素(按相对位置)构成的矩阵,称之为原矩阵的**子矩阵**,如

$$(1 \quad 3), \quad \begin{pmatrix} 2 & 4 & 5 \\ 7 & 2 & 1 \end{pmatrix}, \quad \begin{pmatrix} 2 & 5 \\ 7 & 1 \\ -1 & 0 \end{pmatrix}$$

都是矩阵

$$\begin{pmatrix} 1 & 2 & 3 & 4 & 5 \\ 0 & 7 & 8 & 2 & 1 \\ 6 & -1 & 9 & 3 & 0 \end{pmatrix}$$

的子矩阵.

当 $\boldsymbol{A}$ 为方阵时,一种重要的特殊子矩阵是由 $\boldsymbol{A}$ 的左上角元素开始,依次增加一行一列所构成的方阵,这些子矩阵称为方阵 $\boldsymbol{A}$ 的**前主子矩阵**.如

$$\boldsymbol{A}=\begin{pmatrix} 4 & 9 & 2 \\ 3 & 5 & 7 \\ 8 & 0 & 2 \end{pmatrix}$$

则矩阵 $\boldsymbol{A}$ 的全部前主子矩阵是

(4)， $\begin{pmatrix}4 & 9\\3 & 5\end{pmatrix}$， $\begin{pmatrix}4 & 9 & 2\\3 & 5 & 7\\8 & 0 & 2\end{pmatrix}$

1.4.2 矩阵的分块

为了简化高维矩阵的计算，常常采用分块方法，这就是用若干条纵线和横线将矩阵的行和列进行某种分划，使成一些矩形的子块（当然它们都是子矩阵），这时称以子块为元素的矩阵为**分块矩阵**. 显然分块矩阵的维数不超过原来矩阵的维数，每个子矩阵的维数也不超过原来矩阵的维数.

矩阵的分块形式多种多样，例如

$$\boldsymbol{A}=\left(\begin{array}{ccc:cc}1 & 0 & 2 & 3 & 5\\ \hdashline 2 & 1 & 4 & 3 & 0\\5 & 7 & 1 & 1 & 4\end{array}\right)=\begin{pmatrix}\boldsymbol{A}_{11} & \boldsymbol{A}_{12}\\ \boldsymbol{A}_{21} & \boldsymbol{A}_{22}\end{pmatrix}$$

这样分块的各子块

$$\boldsymbol{A}_{11}=(1,0,2),\quad \boldsymbol{A}_{12}=(3,5)$$

$$\boldsymbol{A}_{21}=\begin{pmatrix}2 & 1 & 4\\5 & 7 & 1\end{pmatrix},\quad \boldsymbol{A}_{22}=\begin{pmatrix}3 & 0\\1 & 4\end{pmatrix}$$

还可分块为

$$\boldsymbol{A}=(\boldsymbol{A}_1,\boldsymbol{A}_2)$$

其中子块

$$\boldsymbol{A}_1=\begin{pmatrix}1 & 0 & 2\\2 & 1 & 4\\5 & 7 & 1\end{pmatrix},\quad \boldsymbol{A}_2=\begin{pmatrix}3 & 5\\3 & 0\\1 & 4\end{pmatrix}$$

到底采用什么方式分块要根据矩阵的特点和需要而定，由于分块矩阵的计算法则与一般矩阵相同，还应当注意分块矩阵相加时子块应同型，相乘时子块应可乘.

分块矩阵的运算规则如下：

(1)对同维矩阵 $\boldsymbol{A},\boldsymbol{B}$ 作同样方式的分块，$\boldsymbol{A}=(\boldsymbol{A}_{rs})_{p\times q}$，$\boldsymbol{B}=(\boldsymbol{B}_{rs})_{p\times q}$，那么

$$\boldsymbol{A}+\boldsymbol{B}=\begin{pmatrix}\boldsymbol{A}_{11}+\boldsymbol{B}_{11} & \boldsymbol{A}_{12}+\boldsymbol{B}_{12} & \cdots & \boldsymbol{A}_{1q}+\boldsymbol{B}_{1q}\\ \vdots & \vdots & & \vdots\\ \boldsymbol{A}_{p1}+\boldsymbol{B}_{p1} & \boldsymbol{A}_{p2}+\boldsymbol{B}_{p2} & \cdots & \boldsymbol{A}_{pq}+\boldsymbol{B}_{pq}\end{pmatrix}$$

(2) $k\boldsymbol{A}=\begin{pmatrix}k\boldsymbol{A}_{11} & k\boldsymbol{A}_{12} & \cdots & k\boldsymbol{A}_{1q}\\ \vdots & \vdots & & \vdots\\ k\boldsymbol{A}_{p1} & k\boldsymbol{A}_{p2} & \cdots & k\boldsymbol{A}_{pq}\end{pmatrix}$ （k 为常数）

(3)设 $\boldsymbol{A},\boldsymbol{B}$ 为可乘矩阵，分块成

$$\boldsymbol{A}=\begin{pmatrix}\boldsymbol{A}_{11} & \boldsymbol{A}_{12} & \cdots & \boldsymbol{A}_{1t}\\ \vdots & \vdots & & \vdots\\ \boldsymbol{A}_{p1} & \boldsymbol{A}_{p2} & \cdots & \boldsymbol{A}_{pt}\end{pmatrix},\quad \boldsymbol{B}=\begin{pmatrix}\boldsymbol{B}_{11} & \boldsymbol{B}_{12} & \cdots & \boldsymbol{B}_{1r}\\ \vdots & \vdots & & \vdots\\ \boldsymbol{B}_{t1} & \boldsymbol{B}_{t2} & \cdots & \boldsymbol{B}_{tr}\end{pmatrix}$$

其中 $\boldsymbol{A}_{i1},\boldsymbol{A}_{i2},\cdots,\boldsymbol{A}_{it}$ 的列数分别等于 $\boldsymbol{B}_{1j},\boldsymbol{B}_{2j},\cdots,\boldsymbol{B}_{tj}$ 的行数，那么

$$\boldsymbol{AB}=\begin{pmatrix}\boldsymbol{C}_{11} & \boldsymbol{C}_{12} & \cdots & \boldsymbol{C}_{1r}\\ \vdots & \vdots & & \vdots\\ \boldsymbol{C}_{p1} & \boldsymbol{C}_{p2} & \cdots & \boldsymbol{C}_{pr}\end{pmatrix}$$

其中子块

$$\boldsymbol{C}_{ij}=\sum_{k=1}^{t}\boldsymbol{A}_{ik}\boldsymbol{B}_{kj}\quad(i=1,2,\cdots,p;j=1,2,\cdots,r)$$

注：对矩阵乘积 $\boldsymbol{AB}$ 作分块计算时，若限定 $\boldsymbol{A}$ 不分块，则 $\boldsymbol{B}$ 只能按列分块为 $\boldsymbol{B}=(\boldsymbol{B}_1,\boldsymbol{B}_2,\cdots,\boldsymbol{B}_k)$，作如下分块计算

$$\boldsymbol{AB}=\boldsymbol{A}(\boldsymbol{B}_1,\boldsymbol{B}_2,\cdots,\boldsymbol{B}_k)=(\boldsymbol{AB}_1,\boldsymbol{AB}_2,\cdots,\boldsymbol{AB}_k)$$

若限定 $\boldsymbol{B}$ 不分块，则 $\boldsymbol{A}$ 只能按行分块并作如下分块计算

$$\boldsymbol{AB}=\begin{pmatrix}\boldsymbol{A}_1\\ \boldsymbol{A}_2\\ \vdots\\ \boldsymbol{A}_t\end{pmatrix}\boldsymbol{B}=\begin{pmatrix}\boldsymbol{A}_1\boldsymbol{B}\\ \boldsymbol{A}_2\boldsymbol{B}\\ \vdots\\ \boldsymbol{A}_t\boldsymbol{B}\end{pmatrix}$$

例 1.11 设 $\boldsymbol{A}$ 为 n 阶方阵，试证：若对任意 n 维列向量 $\boldsymbol{x}$ 都满足 $\boldsymbol{Ax}=\boldsymbol{0}$，则 $\boldsymbol{A}=\boldsymbol{O}$.

证 取 $\boldsymbol{x}$ 为 n 维单位坐标向量

$$\boldsymbol{e}_1=\begin{pmatrix}1\\0\\ \vdots\\0\end{pmatrix},\quad \boldsymbol{e}_2=\begin{pmatrix}0\\1\\ \vdots\\0\end{pmatrix},\cdots,\quad \boldsymbol{e}_n=\begin{pmatrix}0\\0\\ \vdots\\1\end{pmatrix}$$

这里的 $\boldsymbol{e}_i$ 是第 i 个分量(元素)为 1，其余分量为 0 的向量. 根据题设，应有

$$\boldsymbol{Ae}_1=\boldsymbol{0},\quad \boldsymbol{Ae}_2=\boldsymbol{0},\cdots,\quad \boldsymbol{Ae}_n=\boldsymbol{0}$$

即 $\boldsymbol{A}(\boldsymbol{e}_1,\cdots,\boldsymbol{e}_n)=\boldsymbol{O}$ 或 $\boldsymbol{AI}=\boldsymbol{O}$. 由此证得 $\boldsymbol{A}=\boldsymbol{O}$.

注：n 维单位坐标向量也常以行向量形式表达.

(4)若

$$\boldsymbol{A}=\begin{pmatrix}\boldsymbol{A}_{11} & \boldsymbol{A}_{12} & \cdots & \boldsymbol{A}_{1t}\\ \vdots & \vdots & & \vdots\\ \boldsymbol{A}_{p1} & \boldsymbol{A}_{p2} & \cdots & \boldsymbol{A}_{pt}\end{pmatrix}$$

则

$$\boldsymbol{A}^{\mathrm{T}}=\begin{pmatrix}\boldsymbol{A}_{11}^{\mathrm{T}} & \boldsymbol{A}_{21}^{\mathrm{T}} & \cdots & \boldsymbol{A}_{p1}^{\mathrm{T}}\\ \vdots & \vdots & & \vdots\\ \boldsymbol{A}_{1t}^{\mathrm{T}} & \boldsymbol{A}_{2t}^{\mathrm{T}} & \cdots & \boldsymbol{A}_{pt}^{\mathrm{T}}\end{pmatrix}$$

可见求分块矩阵 $\boldsymbol{A}$ 的转置 $\boldsymbol{A}^{\mathrm{T}}$ 是先将 $\boldsymbol{A}$ 按块转置,同时将各子块转置.

例 1.12 求矩阵乘积 $\boldsymbol{AB}$,其中

$$\boldsymbol{A}=\begin{pmatrix}1&0&0&0\\0&1&0&0\\-1&2&1&0\\1&1&0&1\end{pmatrix},\quad \boldsymbol{B}=\begin{pmatrix}1&0&1&0\\-1&2&0&1\\1&0&4&1\\-1&-1&2&0\end{pmatrix}$$

解 把 $\boldsymbol{A},\boldsymbol{B}$ 分块成

$$\boldsymbol{A}=\left(\begin{array}{cc:cc}1&0&0&0\\0&1&0&0\\ \hdashline -1&2&1&0\\1&1&0&1\end{array}\right)=\begin{pmatrix}\boldsymbol{I}&\boldsymbol{O}\\ \boldsymbol{A}_{21}&\boldsymbol{I}\end{pmatrix}$$

$$\boldsymbol{B}=\left(\begin{array}{cc:cc}1&0&1&0\\-1&2&0&1\\ \hdashline 1&0&4&1\\-1&-1&2&0\end{array}\right)=\begin{pmatrix}\boldsymbol{B}_{11}&\boldsymbol{I}\\ \boldsymbol{B}_{21}&\boldsymbol{B}_{22}\end{pmatrix}$$

那么

$$\begin{aligned}\boldsymbol{AB}&=\begin{pmatrix}\boldsymbol{I}&\boldsymbol{O}\\ \boldsymbol{A}_{21}&\boldsymbol{I}\end{pmatrix}\begin{pmatrix}\boldsymbol{B}_{11}&\boldsymbol{I}\\ \boldsymbol{B}_{21}&\boldsymbol{B}_{22}\end{pmatrix}\\&=\begin{pmatrix}\boldsymbol{B}_{11}&\boldsymbol{I}\\ \boldsymbol{A}_{21}\boldsymbol{B}_{11}+\boldsymbol{B}_{21}&\boldsymbol{A}_{21}+\boldsymbol{B}_{22}\end{pmatrix}\\&=\begin{pmatrix}1&0&1&0\\-1&2&0&1\\-2&4&3&3\\-1&1&3&1\end{pmatrix}\end{aligned}$$

例 1.13 若 $\boldsymbol{A}=\begin{pmatrix}1&1&0&0&0&0\\0&1&0&0&0&0\\0&0&2&0&0&0\\0&0&0&-3&1&0\\0&0&0&0&-3&1\\0&0&0&0&0&-3\end{pmatrix}$,求 $\boldsymbol{A}^2$.

解 将 $\boldsymbol{A}$ 分块成分块对角阵

$$
\boldsymbol{A}=\left(\begin{array}{cc:c:ccc}
1 & 1 & 0 & 0 & 0 & 0 \\
0 & 1 & 0 & 0 & 0 & 0 \\
\hdashline 0 & 0 & 2 & 0 & 0 & 0 \\
\hdashline 0 & 0 & 0 & -3 & 1 & 0 \\
0 & 0 & 0 & 0 & -3 & 1 \\
0 & 0 & 0 & 0 & 0 & -3
\end{array}\right)=\begin{pmatrix}\boldsymbol{A}_1 & & \\ & \boldsymbol{A}_2 & \\ & & \boldsymbol{A}_3\end{pmatrix}
$$

于是

$$
\boldsymbol{A}^2=\begin{pmatrix}\boldsymbol{A}_1^2 & & \\ & \boldsymbol{A}_2^2 & \\ & & \boldsymbol{A}_3^2\end{pmatrix}=\begin{pmatrix}
1 & 2 & & & & \\
0 & 1 & & & & \\
 & & 4 & & & \\
 & & & 9 & -6 & 1 \\
 & & & 0 & 9 & -6 \\
 & & & 0 & 0 & 9
\end{pmatrix}
$$

由例 1.13 可看出，将矩阵划分成分块对角阵可简化计算. 一般地，对分块对角阵 $\boldsymbol{D}=\operatorname{diag}(\boldsymbol{D}_1,\boldsymbol{D}_2,\cdots,\boldsymbol{D}_n)$，有

(1) $\boldsymbol{D}^k=\operatorname{diag}(\boldsymbol{D}_1^k,\boldsymbol{D}_2^k,\cdots,\boldsymbol{D}_n^k)$；

(2) $\boldsymbol{D}^{\mathrm{T}}=\operatorname{diag}(\boldsymbol{D}_1^{\mathrm{T}},\boldsymbol{D}_2^{\mathrm{T}},\cdots,\boldsymbol{D}_n^{\mathrm{T}})$；

(3) $\boldsymbol{D}^{-1}=\operatorname{diag}(\boldsymbol{D}_1^{-1},\boldsymbol{D}_2^{-1},\cdots,\boldsymbol{D}_n^{-1})$.

这里要求(1)，(3)中的 $\boldsymbol{D}_i(i=1,2,\cdots,n)$ 均为方阵，并且(3)中的 $\boldsymbol{D}_i^{-1}(i=1,2,\cdots,n)$ 均存在.

*1.5 矩阵的微分与积分

若矩阵 $\boldsymbol{A}=(a_{ij}(t))$ 中各元素是 t 的可微函数，则定义**矩阵的导数**为

$$
\frac{\mathrm{d}\boldsymbol{A}}{\mathrm{d}t}=\left(\frac{\mathrm{d}a_{ij}(t)}{\mathrm{d}t}\right)
$$

定义**矩阵的微分**为

$$
\mathrm{d}\boldsymbol{A}=(\mathrm{d}a_{ij}(t))
$$

例如

$$
\boldsymbol{A}=\begin{pmatrix}t^2 & t^3 \\ 2 & \sin t\end{pmatrix}
$$

则

$$
\frac{\mathrm{d}\boldsymbol{A}}{\mathrm{d}t}=\begin{pmatrix}2t & 3t^2 \\ 0 & \cos t\end{pmatrix},\quad \mathrm{d}\boldsymbol{A}=\begin{pmatrix}2t\mathrm{d}t & 3t^2\mathrm{d}t \\ 0 & \cos t\mathrm{d}t\end{pmatrix}
$$

矩阵的和与乘积的导数法则是

$$\frac{\mathrm{d}}{\mathrm{d}t}(\boldsymbol{A}+\boldsymbol{B})=\frac{\mathrm{d}\boldsymbol{A}}{\mathrm{d}t}+\frac{\mathrm{d}\boldsymbol{B}}{\mathrm{d}t},\qquad \frac{\mathrm{d}}{\mathrm{d}t}(\boldsymbol{AB})=\frac{\mathrm{d}\boldsymbol{A}}{\mathrm{d}t}\boldsymbol{B}+\boldsymbol{A}\frac{\mathrm{d}\boldsymbol{B}}{\mathrm{d}t}$$

$\boldsymbol{A}^{-1}$的导数法则是

$$\frac{\mathrm{d}(\boldsymbol{A}^{-1})}{\mathrm{d}t}=-\boldsymbol{A}^{-1}\frac{\mathrm{d}\boldsymbol{A}}{\mathrm{d}t}\boldsymbol{A}^{-1}$$

例 1.14 化三阶微分方程

$$\frac{\mathrm{d}^3y}{\mathrm{d}x^3}+\sin x\frac{\mathrm{d}^2y}{\mathrm{d}x^2}+x\frac{\mathrm{d}y}{\mathrm{d}x}+2y=\cos x$$

为一阶方程组,并写为矩阵的形式.

解 设$\frac{\mathrm{d}y}{\mathrm{d}x}=y_1$,$\frac{\mathrm{d}y_1}{\mathrm{d}x}=y_2$,于是

$$\frac{\mathrm{d}^2y}{\mathrm{d}x^2}=\frac{\mathrm{d}y_1}{\mathrm{d}x}=y_2,\qquad \frac{\mathrm{d}^3y}{\mathrm{d}x^3}=\frac{\mathrm{d}y_2}{\mathrm{d}x}$$

那么,这个三阶微分方程化为一阶方程组

$$\frac{\mathrm{d}y_2}{\mathrm{d}x}=(-\sin x)y_2-xy_1-2y+\cos x$$

$$\frac{\mathrm{d}y_1}{\mathrm{d}x}=y_2$$

$$\frac{\mathrm{d}y}{\mathrm{d}x}=y_1$$

即

$$\frac{\mathrm{d}}{\mathrm{d}x}\begin{pmatrix}y_2\\y_1\\y\end{pmatrix}=\begin{pmatrix}-\sin x&-x&-2\\1&0&0\\0&1&0\end{pmatrix}\begin{pmatrix}y_2\\y_1\\y\end{pmatrix}+\begin{pmatrix}\cos x\\0\\0\end{pmatrix}$$

或

$$\frac{\mathrm{d}\boldsymbol{y}}{\mathrm{d}x}=\boldsymbol{Ay}+\boldsymbol{f}$$

其中

$$\boldsymbol{y}=\begin{pmatrix}y_2\\y_1\\y\end{pmatrix},\quad \boldsymbol{A}=\begin{pmatrix}-\sin x&-x&-2\\1&0&0\\0&1&0\end{pmatrix},\quad \boldsymbol{f}=\begin{pmatrix}\cos x\\0\\0\end{pmatrix}$$

类似地可以定义**矩阵 $\boldsymbol{A}=(a_{ij}(t))_{m\times n}$ 的积分**,当 $a_{ij}(t)$是 t 的可积函数时,定义

$$\int\boldsymbol{A}\mathrm{d}t=\begin{pmatrix}\int a_{11}(t)\mathrm{d}t&\int a_{12}(t)\mathrm{d}t&\cdots&\int a_{1n}(t)\mathrm{d}t\\\vdots&\vdots&&\vdots\\\int a_{m1}(t)\mathrm{d}t&\int a_{m2}(t)\mathrm{d}t&\cdots&\int a_{mn}(t)\mathrm{d}t\end{pmatrix}$$

例如

$$\boldsymbol{A}=\begin{pmatrix}\sin t & 1\\ 2t & 0\end{pmatrix}$$

则

$$\int_0^{\pi}\boldsymbol{A}\mathrm{d}t=\begin{pmatrix}\int_0^{\pi}\sin t\mathrm{d}t & \int_0^{\pi}\mathrm{d}t\\ \int_0^{\pi}2t\mathrm{d}t & \int_0^{\pi}\mathrm{d}t\end{pmatrix}=\begin{pmatrix}2 & \pi\\ \pi^2 & 0\end{pmatrix}$$

习 题 1

1.1 设函数 $z=f(u,v,w)$，$u=\varphi(x,y)$，$v=\psi(x,y)$，$w=w(x,y)$，试用矩阵形式表示链锁规则

$$\begin{cases}\dfrac{\partial z}{\partial x}=\dfrac{\partial f}{\partial u}\dfrac{\partial u}{\partial x}+\dfrac{\partial f}{\partial v}\dfrac{\partial v}{\partial x}+\dfrac{\partial f}{\partial w}\dfrac{\partial w}{\partial x}\\[2mm] \dfrac{\partial z}{\partial y}=\dfrac{\partial f}{\partial u}\dfrac{\partial u}{\partial y}+\dfrac{\partial f}{\partial v}\dfrac{\partial v}{\partial y}+\dfrac{\partial f}{\partial w}\dfrac{\partial w}{\partial y}\end{cases}$$

1.2 某公司半成品分厂利用四种原材料生产三种半成品，它的原料消耗矩阵为 $\boldsymbol{A}=(a_{ij})_{4\times3}$，其中 a_{ij} 表示生产一个单位第 j 种半成品需第 i 种原料的数量. 该公司装配厂利用分厂的三种半成品装配两种成品，它的半成品消耗矩阵为 $\boldsymbol{B}=(b_{ij})_{3\times2}$，$b_{ij}$ 表示生产一个单位第 j 种成品需第 i 种半成品的数量. 若

$$\boldsymbol{A}=\begin{pmatrix}5 & 7 & 8\\ 1 & 0 & 2\\ 0 & 3 & 3\\ 4 & 1 & 0\end{pmatrix},\quad \boldsymbol{B}=\begin{pmatrix}4 & 2\\ 5 & 3\\ 5 & 4\end{pmatrix}$$

试求成品对原料的消耗矩阵.

1.3 已知两个线性变换

$$\begin{cases}y_1=2x_1+x_2\\ y_2=3x_1-x_2+2x_3,\\ y_3=4x_1+2x_2-x_3\end{cases}\quad \begin{cases}z_1=y_1+2y_2-y_3\\ z_2=2y_1-2y_2+2y_3\\ z_3=y_1-3y_2-4y_3\end{cases}$$

试用矩阵方法求出变量 $\boldsymbol{z}=(z_1,z_2,z_3)^{\mathrm{T}}$ 与变量 $\boldsymbol{x}=(x_1,x_2,x_3)^{\mathrm{T}}$ 间的线性关系式.

1.4 设

$$\boldsymbol{A}=\begin{pmatrix}1 & 1 & 1\\ 1 & 1 & -1\\ 1 & -1 & 1\end{pmatrix},\quad \boldsymbol{B}=\begin{pmatrix}1 & 2 & 3\\ -1 & -2 & 4\\ 0 & 5 & 1\end{pmatrix}$$

求(1) $3\boldsymbol{AB}-2\boldsymbol{A}$；(2) $\boldsymbol{B}^{\mathrm{T}}\boldsymbol{A}$.

1.5 若 $\boldsymbol{A}=\mathrm{diag}(a_{11},a_{22},\cdots,a_{nn})$，$\boldsymbol{B}=\mathrm{diag}(b_{11},b_{22},\cdots,b_{nn})$，求

(1)$\boldsymbol{A}^2$;

(2)$\boldsymbol{AB}$;

(3)当 $a_{ii}\neq 0(i=1,2,\cdots,n)$时,验证

$$\boldsymbol{A}^{-1}=\mathrm{diag}(1/a_{11},\cdots,1/a_{nn});$$

(4)若 $\boldsymbol{C}=(c_{ij})_{n\times n}$,求 $\boldsymbol{AC}$ 与 $\boldsymbol{CA}$.

1.6 (1)设

$$\boldsymbol{A}=\begin{pmatrix}a_{11}&a_{12}&a_{13}\\a_{21}&a_{22}&a_{23}\\a_{31}&a_{32}&a_{33}\end{pmatrix},\quad \boldsymbol{B}=\begin{pmatrix}1&0&0\\0&1&0\\0&0&k\end{pmatrix},\quad \boldsymbol{C}=\begin{pmatrix}1&0&0\\k&1&0\\0&0&1\end{pmatrix}$$

求 $\boldsymbol{AB},\boldsymbol{BA},\boldsymbol{AC},\boldsymbol{CA}$.

(2)求

$$(x_1,x_2,x_3)\begin{pmatrix}a_{11}&a_{12}&a_{13}\\a_{21}&a_{22}&a_{23}\\a_{31}&a_{32}&a_{33}\end{pmatrix}\begin{pmatrix}x_1\\x_2\\x_3\end{pmatrix}$$

1.7 已知 $\boldsymbol{A}=\begin{pmatrix}0&1\\1&1\end{pmatrix}$,$\boldsymbol{B}=\begin{pmatrix}1&2\\1&0\end{pmatrix}$,$\boldsymbol{C}=\begin{pmatrix}1&2\\2&1\end{pmatrix}$,验证

(1)$(\boldsymbol{AB})\boldsymbol{C}=\boldsymbol{A}(\boldsymbol{BC})$;

(2)$(\boldsymbol{A}+\boldsymbol{B})\boldsymbol{C}=\boldsymbol{AC}+\boldsymbol{BC}$;

(3)$(\boldsymbol{A}+\boldsymbol{B})^{\mathrm{T}}=\boldsymbol{A}^{\mathrm{T}}+\boldsymbol{B}^{\mathrm{T}}$;

(4)$(\boldsymbol{AB})^{\mathrm{T}}=\boldsymbol{B}^{\mathrm{T}}\boldsymbol{A}^{\mathrm{T}}$.

1.8 设

$$\boldsymbol{A}=\begin{pmatrix}2&-2&-4\\-1&3&4\\1&-2&-3\end{pmatrix},\quad \boldsymbol{B}=\begin{pmatrix}2&-3&-5\\-1&4&5\\1&-3&-4\end{pmatrix}$$

(1)验证 $\boldsymbol{AB}=\boldsymbol{A},\boldsymbol{BA}=\boldsymbol{B}$;

(2)利用(1)证明 $\boldsymbol{A}^2=\boldsymbol{A},\boldsymbol{B}^2=\boldsymbol{B}$(一般地,若 $\boldsymbol{A}^2=\boldsymbol{A}$,称方阵 $\boldsymbol{A}$ 为幂等矩阵).

1.9 求矩阵 $\boldsymbol{X},\boldsymbol{Y}$ 使

$$\begin{cases}\boldsymbol{X}+\boldsymbol{Y}=\boldsymbol{A}^2\\\boldsymbol{X}-\boldsymbol{Y}=\boldsymbol{BA}\end{cases}$$

1.10 举反例说明下列命题不成立:

(1)$(\boldsymbol{A}+\boldsymbol{B})^2=\boldsymbol{A}^2+2\boldsymbol{AB}+\boldsymbol{B}^2$;

(2)$(\boldsymbol{A}+\boldsymbol{B})(\boldsymbol{A}-\boldsymbol{B})=\boldsymbol{A}^2-\boldsymbol{B}^2$;

(3)若 $\boldsymbol{A}^2=\boldsymbol{A}$,则 $\boldsymbol{A}=\boldsymbol{O}$ 或 $\boldsymbol{A}=\boldsymbol{I}$;

(4)若 $\boldsymbol{A}^2=\boldsymbol{O}$,则 $\boldsymbol{A}=\boldsymbol{O}$;

(5)若 $\boldsymbol{Ax}=\boldsymbol{Ay}$,则 $\boldsymbol{x}=\boldsymbol{y}$.

1.11 设 $\boldsymbol{A}=\begin{pmatrix}1 & 2\\ -1 & 0\end{pmatrix}$，$\boldsymbol{B}=\begin{pmatrix}2 & 1\\ 0 & 1\end{pmatrix}$，

(1)根据例 1.8 求出 $\boldsymbol{A}^{-1}$，$\boldsymbol{B}^{-1}$，$(\boldsymbol{AB})^{-1}$；

(2)若 $\boldsymbol{C}=\begin{pmatrix}\boldsymbol{A} & \boldsymbol{O}\\ \boldsymbol{O} & \boldsymbol{B}\end{pmatrix}$，求 $\boldsymbol{C}^{-1}$.

1.12 设方阵 $\boldsymbol{A}$ 满足关系式 $\boldsymbol{A}^2-\boldsymbol{A}-2\boldsymbol{I}=\boldsymbol{O}$，试证 $\boldsymbol{A}$ 及 $\boldsymbol{A}+2\boldsymbol{I}$ 均可逆.

1.13[△] 设 $\boldsymbol{A}$ 是如下 n 阶方阵：对于某个正整数 k 有 $\boldsymbol{A}^k=\boldsymbol{O}$，且 $\boldsymbol{A}^{k-1}\neq\boldsymbol{O}$，称 $\boldsymbol{A}$ 为**幂零矩阵**，试证

$$(\boldsymbol{I}-\boldsymbol{A})^{-1}=\boldsymbol{I}+\boldsymbol{A}+\boldsymbol{A}^2+\cdots+\boldsymbol{A}^{k-1}.$$

1.14 证明下列命题：

(1)若方阵 $\boldsymbol{A}$ 可逆，则其逆矩阵唯一；

(2)若方阵 $\boldsymbol{A}$ 可逆，$\boldsymbol{B}$ 为同阶方阵，且 $\boldsymbol{AB}=\boldsymbol{O}$，则 $\boldsymbol{B}=\boldsymbol{O}$；

(3)若可逆方阵 $\boldsymbol{A}$ 是对称矩阵，则 $\boldsymbol{A}^{-1}$ 亦为对称矩阵；

(4)对于任意方阵 $\boldsymbol{A}$，证明 $\boldsymbol{A}\boldsymbol{A}^{\mathrm{T}}$ 与 $\boldsymbol{A}^{\mathrm{T}}\boldsymbol{A}$ 均为对称矩阵；

(5)如果 $\boldsymbol{A}$，$\boldsymbol{B}$ 皆为对称矩阵，则 $\boldsymbol{AB}$ 也为对称矩阵的充要条件是 $\boldsymbol{AB}=\boldsymbol{BA}$；

(6)对于任意矩阵 $\boldsymbol{A}$，证明 $\overline{\boldsymbol{A}^{\mathrm{T}}}\boldsymbol{A}$ 与 $\boldsymbol{A}\,\overline{\boldsymbol{A}^{\mathrm{T}}}$ 均为埃尔米特矩阵；

(7)$\boldsymbol{A}$ 为反埃尔米特矩阵，证明 $\mathrm{i}\boldsymbol{A}$ 及 $-\mathrm{i}\boldsymbol{A}$ 均为埃尔米特矩阵.

1.15 对下面矩阵乘积完成分划，使每个矩阵分为四个子块

$$\begin{pmatrix}* & * & * & *\\ * & * & * & *\\ * & * & * & *\\ \hdashline * & * & * & *\end{pmatrix}\begin{pmatrix}* & * & * & *\\ \hdashline * & * & * & *\\ * & * & * & *\\ * & * & * & *\end{pmatrix}=\begin{pmatrix}* & \vdots & * & * & *\\ * & \vdots & * & * & *\\ * & \vdots & * & * & *\\ * & \vdots & * & * & *\end{pmatrix}$$

1.16 若矩阵 $\boldsymbol{A}$ 与 $\boldsymbol{B}$ 可乘，试证：

(1)若 $\boldsymbol{A}$ 有零行，则 $\boldsymbol{AB}$ 也有零行；

(2)若 $\boldsymbol{B}$ 有零列，则 $\boldsymbol{AB}$ 也有零列.

1.17 证明两个同阶的上三角矩阵的乘积仍为上三角矩阵.

1.18 计算

$$\boldsymbol{A}=\begin{pmatrix}1 & 2 & 1 & 0\\ 0 & 1 & 0 & 1\\ 0 & 0 & 2 & 1\\ 0 & 0 & 0 & 3\end{pmatrix}\begin{pmatrix}1 & 0 & 3 & 1\\ 0 & 1 & 2 & -1\\ 0 & 0 & -7 & 1\\ 0 & 0 & -2 & 1\end{pmatrix}$$

及 $\boldsymbol{A}^2$.

标“△”的习题为研究生入学试题.

1.19 设分块矩阵 $\boldsymbol{A}=\begin{pmatrix}\boldsymbol{I} & \boldsymbol{O}\\ \boldsymbol{A}_1 & \boldsymbol{I}\end{pmatrix}$，求 $\boldsymbol{A}^n$.

1.20 设 $\boldsymbol{A}=\begin{pmatrix}\boldsymbol{A}_1 & \boldsymbol{A}_2\\ \boldsymbol{O} & \boldsymbol{A}_3\end{pmatrix}$，若 $\boldsymbol{A}_1,\boldsymbol{A}_3$ 可逆，验证

$$\boldsymbol{A}^{-1}=\begin{pmatrix}\boldsymbol{A}_1^{-1} & -\boldsymbol{A}_1^{-1}\boldsymbol{A}_2\boldsymbol{A}_3^{-1}\\ \boldsymbol{O} & \boldsymbol{A}_3^{-1}\end{pmatrix}$$

1.21 n 阶方阵 $\boldsymbol{A}$ 的主对角元素之和称为 $\boldsymbol{A}$ 的**迹**，记为 $\mathrm{tr}(\boldsymbol{A})$，即 $\mathrm{tr}(\boldsymbol{A})=a_{11}+a_{22}+\cdots+a_{nn}$. 设 $\boldsymbol{A},\boldsymbol{B}$ 均为 n 阶方阵，试证：

(1) $\mathrm{tr}(\boldsymbol{A}+\boldsymbol{B})=\mathrm{tr}(\boldsymbol{A})+\mathrm{tr}(\boldsymbol{B})$；

(2) $\mathrm{tr}(\boldsymbol{AB})=\mathrm{tr}(\boldsymbol{BA})$.

1.22△ 设 $\boldsymbol{A},\boldsymbol{B},\boldsymbol{A}+\boldsymbol{B},\boldsymbol{A}^{-1}+\boldsymbol{B}^{-1}$ 均为 n 阶可逆方阵，则 $(\boldsymbol{A}^{-1}+\boldsymbol{B}^{-1})^{-1}$ 等于（　）

A. $\boldsymbol{A}^{-1}+\boldsymbol{B}^{-1}$； B. $\boldsymbol{A}+\boldsymbol{B}$；

C. $\boldsymbol{A}(\boldsymbol{A}+\boldsymbol{B})^{-1}\boldsymbol{B}$； D. $(\boldsymbol{A}+\boldsymbol{B})^{-1}$.

1.23△ 设 $\boldsymbol{A}$、$\boldsymbol{B}$ 均为 3 阶矩阵，$\boldsymbol{I}$ 为 3 阶单位矩阵，已知 $\boldsymbol{AB}=2\boldsymbol{A}+\boldsymbol{B}$，其中矩阵

$$\boldsymbol{B}=\begin{pmatrix}2 & 0 & 2\\ 0 & 4 & 0\\ 2 & 0 & 2\end{pmatrix}$$

则 $(\boldsymbol{A}-\boldsymbol{I})^{-1}=$ ________.

第 2 章　行列式　克莱姆法则

行列式是线性代数中另一重要内容. 本章首先给出行列式的定义、性质，进而研究行列式的计算方法，并利用行列式和伴随矩阵给出一种矩阵求逆的方法，最后利用行列式给出求解具有非奇异系数矩阵的方程组的克莱姆法则.

2.1　行列式的定义及性质

2.1.1　行列式的定义

为了求二元线性方程组

$$\begin{cases} a_{11}x_1 + a_{12}x_2 = b_1 \\ a_{21}x_1 + a_{22}x_2 = b_2 \end{cases} \tag{2.1}$$

的解，可利用加减消元法得到

$$\begin{cases} (a_{11}a_{22} - a_{12}a_{21})x_1 = b_1a_{22} - a_{12}b_2 \\ (a_{11}a_{22} - a_{12}a_{21})x_2 = a_{11}b_2 - b_1a_{21} \end{cases}$$

当 $a_{11}a_{22}-a_{12}a_{21}\neq 0$ 时，可得式(2.1)的唯一解

$$x_1 = \frac{b_1a_{22} - a_{12}b_2}{a_{11}a_{22} - a_{12}a_{21}},\quad x_2 = \frac{a_{11}b_2 - b_1a_{21}}{a_{11}a_{22} - a_{12}a_{21}}$$

为了便于记忆上述解的公式，引入记号

$$\begin{vmatrix} a_{11} & a_{12} \\ a_{21} & a_{22} \end{vmatrix} = a_{11}a_{22} - a_{12}a_{21}$$

并称等号左边为方阵

$$\boldsymbol{A} = \begin{pmatrix} a_{11} & a_{12} \\ a_{21} & a_{22} \end{pmatrix}$$

的**二阶行列式**，记作 $\det\boldsymbol{A}$ 或 $|\boldsymbol{A}|$. 即

$$\det\boldsymbol{A} = |\ \boldsymbol{A}\ | = \begin{vmatrix} a_{11} & a_{12} \\ a_{21} & a_{22} \end{vmatrix} = a_{11}a_{22} - a_{12}a_{21} \tag{2.2}$$

则在此记号下，式(2.1)的解可简单地表示为

$$x_1 = \frac{D_1}{D},\quad x_2 = \frac{D_2}{D}$$

其中

$$D=\begin{vmatrix}a_{11} & a_{12}\\ a_{21} & a_{22}\end{vmatrix},\quad D_1=\begin{vmatrix}b_1 & a_{12}\\ b_2 & a_{22}\end{vmatrix},\quad D_2=\begin{vmatrix}a_{11} & b_1\\ a_{21} & b_2\end{vmatrix}$$

利用二阶行列式，我们规定由三阶方阵 $\boldsymbol{A}=\begin{pmatrix}a_{11} & a_{12} & a_{13}\\ a_{21} & a_{22} & a_{23}\\ a_{31} & a_{32} & a_{33}\end{pmatrix}$

确定的**三阶行列式**为

$$\det\boldsymbol{A}=\begin{vmatrix}a_{11} & a_{12} & a_{13}\\ a_{21} & a_{22} & a_{23}\\ a_{31} & a_{32} & a_{33}\end{vmatrix}$$

$$=a_{11}\begin{vmatrix}a_{22} & a_{23}\\ a_{32} & a_{33}\end{vmatrix}-a_{12}\begin{vmatrix}a_{21} & a_{23}\\ a_{31} & a_{33}\end{vmatrix}+a_{13}\begin{vmatrix}a_{21} & a_{22}\\ a_{31} & a_{32}\end{vmatrix}\qquad(2.3)$$

这是把三阶行列式归结为二阶行列式，式(2.3)右端各项的第一个因子分别是原行列式第一行的各元素，另一因子是去掉第一因子所在行所在列的元素构成的低一阶的行列式，右端各项的符号正负相间.

这种由二阶行列式表示三阶行列式的方法启发我们可用这种方式递推地给出 n 阶行列式的定义.

定义 2.1 n 阶矩阵 $\boldsymbol{A}$ 的行列式 $\det\boldsymbol{A}$ 定义为

$n=1$ 时，$\det\boldsymbol{A}=|a_{11}|=a_{11}$，

$n>1$ 时，

$$\det\boldsymbol{A}=\begin{vmatrix}a_{11} & a_{12} & \cdots & a_{1n}\\ a_{21} & a_{22} & \cdots & a_{2n}\\ \vdots & \vdots & & \vdots\\ a_{n1} & a_{n2} & \cdots & a_{nn}\end{vmatrix}=a_{11}\begin{vmatrix}a_{22} & a_{23} & \cdots & a_{2n}\\ \vdots & \vdots & & \vdots\\ a_{n2} & a_{n3} & \cdots & a_{nn}\end{vmatrix}$$

$$-a_{12}\begin{vmatrix}a_{21} & a_{23} & \cdots & a_{2n}\\ \vdots & \vdots & & \vdots\\ a_{n1} & a_{n3} & \cdots & a_{nn}\end{vmatrix}+\cdots+(-1)^{1+n}a_{1n}\begin{vmatrix}a_{21} & a_{22} & \cdots & a_{2,n-1}\\ \vdots & \vdots & & \vdots\\ a_{n1} & a_{n2} & \cdots & a_{n,n-1}\end{vmatrix}\qquad(2.4)$$

n 阶行列式中去掉元素 a_{ij} 所在行所在列的元素后的 $n-1$ 阶行列式叫作 a_{ij} 的**余子式**，记作 M_{ij}，即

$$M_{ij}=\begin{vmatrix}a_{11} & \cdots & a_{1,j-1} & a_{1,j+1} & \cdots & a_{1n}\\ \vdots & & \vdots & \vdots & & \vdots\\ a_{i-1,1} & \cdots & a_{i-1,j-1} & a_{i-1,j+1} & \cdots & a_{i-1,n}\\ a_{i+1,1} & \cdots & a_{i+1,j-1} & a_{i+1,j+1} & \cdots & a_{i+1,n}\\ \vdots & & \vdots & \vdots & & \vdots\\ a_{n1} & \cdots & a_{n,j-1} & a_{n,j+1} & \cdots & a_{nn}\end{vmatrix}$$

并称 $D_{ij}=(-1)^{i+j}M_{ij}$ 为**代数余子式**. 引入这两个记号则可将(2.4)式简记为

$$\det\boldsymbol{A}=a_{11}M_{11}-a_{12}M_{12}+\cdots+(-1)^{1+n}a_{1n}M_{1n}=\sum_{k=1}^{n}(-1)^{1+k}a_{1k}M_{1k} \tag{2.5}$$

或

$$\det\boldsymbol{A}=a_{11}D_{11}+a_{12}D_{12}+\cdots+a_{1n}D_{1n}=\sum_{k=1}^{n}a_{1k}D_{1k} \tag{2.6}$$

式(2.4),(2.5)和(2.6)统称为 ***n* 阶行列式按第一行的展开式**.

关于矩阵的行、列、主对角线、转置等术语均适用于行列式.

例 2.1 据行列式定义

$$\begin{vmatrix}1&0&2&0&0\\2&3&0&0&0\\1&0&1&0&0\\0&0&1&1&2\\1&2&1&2&0\end{vmatrix}=\begin{vmatrix}3&0&0&0\\0&1&0&0\\0&1&1&2\\2&1&2&0\end{vmatrix}+2\begin{vmatrix}2&3&0&0\\1&0&0&0\\0&0&1&2\\1&2&2&0\end{vmatrix}$$

$$=3\begin{vmatrix}1&0&0\\1&1&2\\1&2&0\end{vmatrix}+2\left\{2\begin{vmatrix}0&0&0\\0&1&2\\2&2&0\end{vmatrix}-3\begin{vmatrix}1&0&0\\0&1&2\\1&2&0\end{vmatrix}\right\}=12$$

例 2.2

$$\begin{vmatrix}a_{11}&&&\\a_{21}&a_{22}&&\\\vdots&&\ddots&\\a_{n1}&a_{n2}&\cdots&a_{nn}\end{vmatrix}=a_{11}\begin{vmatrix}a_{22}&&\\\vdots&\ddots&\\a_{n2}&\cdots&a_{nn}\end{vmatrix}=\cdots=a_{11}a_{22}\cdots a_{nn}$$

例 2.2 表明任何下三角行列式都等于主对角元素的积.

2.1.2 行列式的性质

由行列式定义知道,计算二阶行列式要作 2 次乘法,而三阶行列式需作 9 次乘法,四阶行列式作 40 次乘法,这个数字增大得很快,到 10 阶行列式就要作 600 多万次乘法,计算量相当大,为了减少计算量也为了理论研究的需要,必须对行列式进行化简,为此应当研究行列式的性质.

性质 2.1 行列式转置后的值不变,即 $\det\boldsymbol{A}=\det(\boldsymbol{A}^{\mathrm{T}})$,或者

$$\begin{vmatrix}a_{11}&a_{12}&\cdots&a_{1n}\\a_{21}&a_{22}&\cdots&a_{2n}\\\vdots&\vdots&&\vdots\\a_{n1}&a_{n2}&\cdots&a_{nn}\end{vmatrix}=\begin{vmatrix}a_{11}&a_{21}&\cdots&a_{n1}\\a_{12}&a_{22}&\cdots&a_{n2}\\\vdots&\vdots&&\vdots\\a_{1n}&a_{2n}&\cdots&a_{nn}\end{vmatrix}$$

这个性质不难由二阶、三阶或四阶行列式验证,一般地可采用数学归纳法证之.

有了这条性质可以证明行列式按第一行展开与按第一列展开相等,即 $\det\boldsymbol{A}=\sum_{k=1}^{n}a_{1k}D_{1k}=\sum_{k=1}^{n}a_{k1}D_{k1}$. 为了简单,仅以三阶行列式为例证之.

设

$$\det\boldsymbol{A}=\begin{vmatrix}a_{11}&a_{12}&a_{13}\\a_{21}&a_{22}&a_{23}\\a_{31}&a_{32}&a_{33}\end{vmatrix}$$

根据性质 2.1,

$$\det\boldsymbol{A}=\det\boldsymbol{A}^{\mathrm{T}}=\begin{vmatrix}a_{11}&a_{21}&a_{31}\\a_{12}&a_{22}&a_{32}\\a_{13}&a_{23}&a_{33}\end{vmatrix}$$

$$=a_{11}\begin{vmatrix}a_{22}&a_{32}\\a_{23}&a_{33}\end{vmatrix}-a_{21}\begin{vmatrix}a_{12}&a_{32}\\a_{13}&a_{33}\end{vmatrix}+a_{31}\begin{vmatrix}a_{12}&a_{22}\\a_{13}&a_{23}\end{vmatrix}$$

$$=a_{11}\begin{vmatrix}a_{22}&a_{23}\\a_{32}&a_{33}\end{vmatrix}-a_{21}\begin{vmatrix}a_{12}&a_{13}\\a_{32}&a_{33}\end{vmatrix}+a_{31}\begin{vmatrix}a_{12}&a_{13}\\a_{22}&a_{23}\end{vmatrix}$$

最后的表达式恰好是行列式 $\det\boldsymbol{A}$ 按第一列展开的结果.

由于性质 2.1,以下凡是对行给出的性质同样适用于列.

例 2.3 将上三角行列式始终按第一列展开,则有

$$\begin{vmatrix}a_{11}&a_{12}&\cdots&a_{1n}\\&a_{22}&\cdots&a_{2n}\\&&\ddots&\vdots\\&&&a_{nn}\end{vmatrix}=a_{11}\begin{vmatrix}a_{22}&\cdots&a_{2n}\\&\ddots&\vdots\\&&a_{nn}\end{vmatrix}=\cdots=a_{11}a_{22}\cdots a_{nn}$$

联系到例 2.2 知,任何三角形行列式等于主对角线元素之积,特别有 $\det\boldsymbol{I}=1$.

性质 2.2 对调行列式的任意两行(或两列),行列式仅改变符号.

例如$\det\boldsymbol{A}=\begin{vmatrix}a_{11}&a_{12}\\a_{21}&a_{22}\end{vmatrix}=a_{11}a_{22}-a_{12}a_{21}$,调换两行后,

$$\begin{vmatrix}a_{21}&a_{22}\\a_{11}&a_{12}\end{vmatrix}=a_{21}a_{12}-a_{22}a_{11}=-\det\boldsymbol{A}$$

推论 有两行(或两列)对应元素相同的行列式等于零.

性质 2.3 行列式中某一行(或列)的元素都乘以 k,等于用 k 乘原行列式,即

$$\begin{vmatrix}a_{11}&a_{12}&\cdots&a_{1n}\\\vdots&\vdots&&\vdots\\ka_{i1}&ka_{i2}&\cdots&ka_{in}\\\vdots&\vdots&&\vdots\\a_{n1}&a_{n2}&\cdots&a_{nn}\end{vmatrix}=k\begin{vmatrix}a_{11}&a_{12}&\cdots&a_{1n}\\\vdots&\vdots&&\vdots\\a_{i1}&a_{i2}&\cdots&a_{in}\\\vdots&\vdots&&\vdots\\a_{n1}&a_{n2}&\cdots&a_{nn}\end{vmatrix}$$

例如

$$\begin{vmatrix} a_{11} & a_{12} \\ ka_{21} & ka_{22} \end{vmatrix} = a_{11}ka_{22} - a_{12}ka_{21} = k\begin{vmatrix} a_{11} & a_{12} \\ a_{21} & a_{22} \end{vmatrix}$$

推论 1 若行列式有一行(或列)元素全为零,则行列式为零.

推论 2 若行列式有两行(或两列)元素成比例,则此行列式为零.

性质 2.4 若行列式某行(或列)各元素均为两元素之和,则有

$$\begin{vmatrix} a_{11} & a_{12} & \cdots & a_{1n} \\ \vdots & \vdots & & \vdots \\ b_{i1}+c_{i1} & b_{i2}+c_{i2} & \cdots & b_{in}+c_{in} \\ \vdots & \vdots & & \vdots \\ a_{n1} & a_{n2} & \cdots & a_{nn} \end{vmatrix} = \begin{vmatrix} a_{11} & a_{12} & \cdots & a_{1n} \\ \vdots & \vdots & & \vdots \\ b_{i1} & b_{i2} & \cdots & b_{in} \\ \vdots & \vdots & & \vdots \\ a_{n1} & a_{n2} & \cdots & a_{nn} \end{vmatrix} + \begin{vmatrix} a_{11} & a_{12} & \cdots & a_{1n} \\ \vdots & \vdots & & \vdots \\ c_{i1} & c_{i2} & \cdots & c_{in} \\ \vdots & \vdots & & \vdots \\ a_{n1} & a_{n2} & \cdots & a_{nn} \end{vmatrix}$$

以三阶行列式为例说明之,

$$\begin{aligned} \begin{vmatrix} b_{11}+c_{11} & b_{12}+c_{12} & b_{13}+c_{13} \\ a_{21} & a_{22} & a_{23} \\ a_{31} & a_{32} & a_{33} \end{vmatrix} &= (b_{11}+c_{11})D_{11} + (b_{12}+c_{12})D_{12} + (b_{13}+c_{13})D_{13} \\ &= (b_{11}D_{11}+b_{12}D_{12}+b_{13}D_{13}) + (c_{11}D_{11}+c_{12}D_{12}+c_{13}D_{13}) \\ &= \begin{vmatrix} b_{11} & b_{12} & b_{13} \\ a_{21} & a_{22} & a_{23} \\ a_{31} & a_{32} & a_{33} \end{vmatrix} + \begin{vmatrix} c_{11} & c_{12} & c_{13} \\ a_{21} & a_{22} & a_{23} \\ a_{31} & a_{32} & a_{33} \end{vmatrix} \end{aligned}$$

性质 2.5 行列式某行(或列)各元素乘以同一个数分别加到另一行(或列)的对应元素上,行列式值不变,即

$$\begin{vmatrix} a_{11} & a_{12} & \cdots & a_{1n} \\ \vdots & \vdots & & \vdots \\ a_{i1} & a_{i2} & \cdots & a_{in} \\ \vdots & \vdots & & \vdots \\ a_{j1} & a_{j2} & \cdots & a_{jn} \\ \vdots & \vdots & & \vdots \\ a_{n1} & a_{n2} & \cdots & a_{nn} \end{vmatrix} \xlongequal{r_j + kr_i} \begin{vmatrix} a_{11} & a_{12} & \cdots & a_{1n} \\ \vdots & \vdots & & \vdots \\ a_{i1} & a_{i2} & \cdots & a_{in} \\ \vdots & \vdots & & \vdots \\ a_{j1}+ka_{i1} & a_{j2}+ka_{i2} & \cdots & a_{jn}+ka_{in} \\ \vdots & \vdots & & \vdots \\ a_{n1} & a_{n2} & \cdots & a_{nn} \end{vmatrix}$$

为叙述方便,这里用 r_i 表示第 i 行,以后还将用 c_j 表示第 j 列.

这个性质易由性质 2.3 和性质 2.4 推得.

根据行列式性质可以简化行列式计算,如对例 2.1 的行列式作如下简化计算

$$\begin{vmatrix}1&0&2&0&0\\2&3&0&0&0\\1&0&1&0&0\\0&0&1&1&2\\1&2&1&2&0\end{vmatrix}\xlongequal[r_4\leftrightarrow r_5]{r_1+(-2)r_3}-\begin{vmatrix}-1&0&0&0&0\\2&3&0&0&0\\1&0&1&0&0\\1&2&1&2&0\\0&0&1&1&2\end{vmatrix}$$

$$=-(-1)\times 3\times 1\times 2\times 2=12$$

例 2.4 计算

$$\det\boldsymbol{A}=\begin{vmatrix}a&b&c\\a&a+b&a+b+c\\a&2a+b&3a+2b+c\end{vmatrix}$$

解

$$\det\boldsymbol{A}\xlongequal[r_2-r_1]{r_3-r_2}\begin{vmatrix}a&b&c\\0&a&a+b\\0&a&2a+b\end{vmatrix}\xlongequal{r_3-r_2}\begin{vmatrix}a&b&c\\0&a&a+b\\0&0&a\end{vmatrix}$$

$$=a^3$$

由此可见，根据行列式性质将行列式三角化是简化行列式计算的一种重要方法.

2.2 行列式计算

根据定义，行列式是按第一行展开计算的，其实按任一行(列)展开都可得到相同的值，这就是

定理 2.1 行列式 $\det\boldsymbol{A}$ 可以按任一行(列)展开，即

$$\det\boldsymbol{A}=\sum_{k=1}^{n}a_{ik}D_{ik}\quad(i=1,2,\cdots,n)\tag{2.7}$$

证

$$\det\boldsymbol{A}=\begin{vmatrix}a_{11}&a_{12}&\cdots&a_{1n}\\a_{21}&a_{22}&\cdots&a_{2n}\\\vdots&\vdots&&\vdots\\a_{i1}&a_{i2}&\cdots&a_{in}\\\vdots&\vdots&&\vdots\\a_{n1}&a_{n2}&\cdots&a_{nn}\end{vmatrix}=(-1)^{i-1}\begin{vmatrix}a_{i1}&a_{i2}&\cdots&a_{in}\\a_{11}&a_{12}&\cdots&a_{1n}\\\vdots&\vdots&&\vdots\\a_{i-1,1}&a_{i-1,2}&\cdots&a_{i-1,n}\\a_{i+1,1}&a_{i+1,2}&\cdots&a_{i+1,n}\\\vdots&\vdots&&\vdots\\a_{n1}&a_{n2}&\cdots&a_{nn}\end{vmatrix}$$

这是将第 i 行与第 $i-1$ 行交换，然后再与第 $i-2$ 行交换，一直交换 $i-1$ 次使第 i

行位于第一行. 再根据定义按第一行展开右端

$$\det\boldsymbol{A}=(-1)^{i-1}\sum_{k=1}^{n}(-1)^{1+k}a_{ik}M_{ik}=\sum_{k=1}^{n}(-1)^{i+k}a_{ik}M_{ik}=\sum_{k=1}^{n}a_{ik}D_{ik}$$

此即得证.

若按第 j 列展开就是

$$\det\boldsymbol{A}=\sum_{k=1}^{n}a_{kj}D_{kj}\qquad(j=1,2,\cdots,n)\tag{2.8}$$

例 2.5 计算行列式

$$\begin{vmatrix} a & b & c & d\\ 2a & b & c & d\\ a & 2b & c & d\\ 0 & b & c & 0\end{vmatrix}$$

解

$$\begin{vmatrix} a & b & c & d\\ 2a & b & c & d\\ a & 2b & c & d\\ 0 & b & c & 0\end{vmatrix}\xlongequal{r_3-r_1}\begin{vmatrix} a & b & c & d\\ 2a & b & c & d\\ 0 & b & 0 & 0\\ 0 & b & c & 0\end{vmatrix}$$

$$\xlongequal{\text{按 } r_3 \text{ 展开}}(-1)^{3+2}b\begin{vmatrix} a & c & d\\ 2a & c & d\\ 0 & c & 0\end{vmatrix}$$

$$\xlongequal{\text{按 } r_3 \text{ 展开}}(-1)^{5}b\cdot(-1)^{3+2}c\begin{vmatrix} a & d\\ 2a & d\end{vmatrix}$$

$$=-abcd$$

定理 2.2 行列式任一行(列)与另一行(列)对应元素的代数余子式的乘积之和等于零,即

$$\left.\begin{aligned}\sum_{k=1}^{n}a_{jk}D_{ik}=0\\ \sum_{k=1}^{n}a_{kj}D_{ki}=0\end{aligned}\right.\qquad(i,j=1,2,\cdots,n;i\neq j)\tag{2.9}$$

证 因 $i\neq j$ 时

$$\det\boldsymbol{A}+\sum_{k=1}^{n}a_{jk}D_{ik}=\sum_{k=1}^{n}a_{ik}D_{ik}+\sum_{k=1}^{n}a_{jk}D_{ik}=\sum_{k=1}^{n}(a_{ik}+a_{jk})D_{ik}$$

$$\xlongequal{(i\neq j)}\begin{vmatrix} a_{11} & \cdots & a_{1n} \\ \vdots & & \vdots \\ a_{i1}+a_{j1} & \cdots & a_{in}+a_{jn} \\ \vdots & & \vdots \\ a_{j1} & \cdots & a_{jn} \\ \vdots & & \vdots \\ a_{n1} & \cdots & a_{nn} \end{vmatrix} \xlongequal{r_i-r_j} \begin{vmatrix} a_{11} & \cdots & a_{1n} \\ \vdots & & \vdots \\ a_{i1} & \cdots & a_{in} \\ \vdots & & \vdots \\ a_{j1} & \cdots & a_{jn} \\ \vdots & & \vdots \\ a_{n1} & \cdots & a_{nn} \end{vmatrix} = \det\boldsymbol{A}$$

于是 $\sum_{k=1}^{n} a_{jk}D_{ik} = 0$.

综合定理 2.1 和定理 2.2，有

$$\sum_{k=1}^{n} a_{jk}D_{ik} = \begin{cases} \det\boldsymbol{A}, & i=j \\ 0, & i\neq j \end{cases} \tag{2.10}$$

下面给出一个应用广泛的**范德蒙行列式**[①].

例 2.6 证明范德蒙行列式

$$V_n(x_1,\cdots,x_n)=\begin{vmatrix} 1 & 1 & 1 & \cdots & 1 \\ x_1 & x_2 & x_3 & \cdots & x_n \\ x_1^2 & x_2^2 & x_3^2 & \cdots & x_n^2 \\ \vdots & \vdots & \vdots & & \vdots \\ x_1^{n-1} & x_2^{n-1} & x_3^{n-1} & \cdots & x_n^{n-1} \end{vmatrix} = \prod_{n\geqslant i>j\geqslant 1}(x_i-x_j) \tag{2.11}$$

其中记号 $\prod$ 表示连乘积，如 $\prod_{i=1}^{n} x_i = x_1\cdots x_n$. 因此式(2.11)的右端是

$$\begin{aligned} \prod_{n\geqslant i>j\geqslant 1}(x_i-x_j) = {} & (x_n-x_{n-1})(x_n-x_{n-2})\cdots(x_n-x_1) \\ & \cdot (x_{n-1}-x_{n-2})(x_{n-1}-x_{n-3})\cdots(x_{n-1}-x_1) \\ & \cdots \\ & \cdot (x_3-x_2)(x_3-x_1) \\ & \cdot (x_2-x_1) \end{aligned}$$

证 由行列式性质知

$$V_n = \begin{vmatrix} 1 & 1 & 1 & \cdots & 1 \\ x_1 & x_2 & x_3 & \cdots & x_n \\ x_1^2 & x_2^2 & x_3^2 & \cdots & x_n^2 \\ \vdots & \vdots & \vdots & & \vdots \\ x_1^{n-1} & x_2^{n-1} & x_3^{n-1} & \cdots & x_n^{n-1} \end{vmatrix}$$

① 法国数学家范德蒙(Vandermonde)(1735—1796)第一个对行列式理论作出系统研究和阐述.

$$
\xlongequal[\substack{r_{n-1}-x_1r_{n-2}\\ \cdots \\ r_2-x_1r_1}]{r_n-x_1r_{n-1}}
\begin{vmatrix}
1 & 1 & 1 & \cdots & 1 \\
0 & x_2-x_1 & x_3-x_1 & \cdots & x_n-x_1 \\
0 & x_2^2-x_2x_1 & x_3^2-x_3x_1 & \cdots & x_n^2-x_nx_1 \\
\vdots & \vdots & \vdots & & \vdots \\
0 & x_2^{n-1}-x_2^{n-2}x_1 & x_3^{n-1}-x_3^{n-2}x_1 & \cdots & x_n^{n-1}-x_n^{n-2}x_1
\end{vmatrix}
$$

$$
=\begin{vmatrix}
x_2-x_1 & x_3-x_1 & \cdots & x_n-x_1 \\
x_2(x_2-x_1) & x_3(x_3-x_1) & \cdots & x_n(x_n-x_1) \\
\vdots & \vdots & & \vdots \\
x_2^{n-2}(x_2-x_1) & x_3^{n-2}(x_3-x_1) & \cdots & x_n^{n-2}(x_n-x_1)
\end{vmatrix}
$$

$$
=(x_2-x_1)(x_3-x_1)\cdots(x_n-x_1)\begin{vmatrix}
1 & 1 & \cdots & 1 \\
x_2 & x_3 & \cdots & x_n \\
\vdots & \vdots & & \vdots \\
x_2^{n-2} & x_3^{n-2} & \cdots & x_n^{n-2}
\end{vmatrix}
$$

$$
=(x_2-x_1)(x_3-x_1)\cdots(x_n-x_1)V_{n-1}(x_2,\cdots,x_n)
$$

类似地可得

$$
V_{n-1}(x_2,\cdots,x_n)=(x_3-x_2)\cdots(x_n-x_2)V_{n-2}(x_3,\cdots,x_n)
$$

直到

$$
V_2(x_{n-1},x_n)=x_n-x_{n-1}
$$

将 $V_2,V_3,\cdots$逐次回代,得

$$
V_n(x_1,\cdots,x_n)=\prod_{n\geqslant i>j\geqslant 1}(x_i-x_j)
$$

对分块矩阵的行列式有如下结论:

定理 2.3 若 $\boldsymbol{A}=(a_{ij})_{m\times m},\boldsymbol{B}=(b_{ij})_{n\times n},\boldsymbol{C}=(c_{ij})_{n\times m}$,则

$$
\det\begin{pmatrix}\boldsymbol{A} & \boldsymbol{O} \\ \boldsymbol{C} & \boldsymbol{B}\end{pmatrix}=\det\boldsymbol{A}\det\boldsymbol{B} \tag{2.12}
$$

证 应用行列式性质 2.2 和性质 2.5,将 $\det\boldsymbol{A}$ 和 $\det\boldsymbol{B}$ 三角化

$$
\det\boldsymbol{A}=(-1)^k\begin{vmatrix}
a'_{11} & & & \\
a'_{21} & a'_{22} & & \\
\vdots & \vdots & \ddots & \\
a'_{m1} & a'_{m2} & \cdots & a'_{mm}
\end{vmatrix}\quad (k\text{ 为列交换次数})
$$

$$
=(-1)^k a'_{11}a'_{22}\cdots a'_{mm}
$$

$$
\det\boldsymbol{B}=(-1)^t\begin{vmatrix}
b'_{11} & & & \\
b'_{21} & b'_{22} & & \\
\vdots & \vdots & \ddots & \\
b'_{n1} & b'_{n2} & \cdots & b'_{nn}
\end{vmatrix}\quad (t\text{ 为列交换次数})
$$

$$= (-1)^t b'_{11} b'_{22} \cdots b'_{nn}$$

如果将以上对 det$\boldsymbol{A}$ 和 det$\boldsymbol{B}$ 的三角化过程分别施用于行列式 $\det\begin{pmatrix}\boldsymbol{A} & \boldsymbol{O}\\ \boldsymbol{C} & \boldsymbol{B}\end{pmatrix}$ 的前 m 列和后 n 列，有

$$\det\begin{pmatrix}\boldsymbol{A} & \boldsymbol{O}\\ \boldsymbol{C} & \boldsymbol{B}\end{pmatrix} = (-1)^{k+t}\begin{vmatrix} a'_{11} & & & & & & & \\ a'_{21} & a'_{22} & & & & & & \\ \vdots & \vdots & \ddots & & & & & \\ a'_{m1} & a'_{m2} & \cdots & a'_{mm} & & & & \\ & & & & b'_{11} & & & \\ & \boldsymbol{C}' & & & b'_{21} & b'_{22} & & \\ & & & & \vdots & \vdots & \ddots & \\ & & & & b'_{n1} & b'_{n2} & \cdots & b'_{nn}\end{vmatrix}$$

$$= (-1)^{k+t} a'_{11} a'_{22} \cdots a'_{mm} \cdot b'_{11} b'_{22} \cdots b'_{nn}$$

$$= \det\boldsymbol{A}\det\boldsymbol{B}$$

这就证明了定理 2.3.

推论 对于方阵 $\boldsymbol{A}_1, \boldsymbol{A}_2, \cdots, \boldsymbol{A}_k$ 有

$$\det(\mathrm{diag}(\boldsymbol{A}_1, \boldsymbol{A}_2, \cdots, \boldsymbol{A}_k)) = \det\boldsymbol{A}_1 \det\boldsymbol{A}_2 \cdots \det\boldsymbol{A}_k \tag{2.13}$$

定理 2.4（行列式相乘定理） 若 $\boldsymbol{A} = (a_{ij})_{n\times n}$，$\boldsymbol{B} = (b_{ij})_{n\times n}$，那么

$$\det(\boldsymbol{AB}) = \det\boldsymbol{A}\det\boldsymbol{B} \tag{2.14}$$

证 为简单计，仅就 $n=2$ 给出证明.

首先由给定的矩阵 $\boldsymbol{A}, \boldsymbol{B}$ 构造如下行列式

$$\det\begin{pmatrix}\boldsymbol{A} & \boldsymbol{O}\\ -\boldsymbol{I}_2 & \boldsymbol{B}\end{pmatrix} = \begin{vmatrix} a_{11} & a_{12} & 0 & 0\\ a_{21} & a_{22} & 0 & 0\\ -1 & 0 & b_{11} & b_{12}\\ 0 & -1 & b_{21} & b_{22}\end{vmatrix}$$

对列施行计算 $c_3 + b_{11}c_1$，$c_3 + b_{21}c_2$，$c_4 + b_{12}c_1$ 和 $c_4 + b_{22}c_2$，有

$$\det\begin{pmatrix}\boldsymbol{A} & \boldsymbol{O}\\ -\boldsymbol{I}_2 & \boldsymbol{B}\end{pmatrix} = \begin{vmatrix} a_{11} & a_{12} & a_{11}b_{11} + a_{12}b_{21} & a_{11}b_{12} + a_{12}b_{22}\\ a_{21} & a_{22} & a_{21}b_{11} + a_{22}b_{21} & a_{21}b_{12} + a_{22}b_{22}\\ -1 & 0 & 0 & 0\\ 0 & -1 & 0 & 0\end{vmatrix}$$

$$\xlongequal[c_2 \leftrightarrow c_4]{c_1 \leftrightarrow c_3} \begin{vmatrix} a_{11}b_{11} + a_{12}b_{21} & a_{11}b_{12} + a_{12}b_{22} & a_{11} & a_{12}\\ a_{21}b_{11} + a_{22}b_{21} & a_{21}b_{12} + a_{22}b_{22} & a_{21} & a_{22}\\ 0 & 0 & -1 & 0\\ 0 & 0 & 0 & -1\end{vmatrix}$$

$$= \det\begin{pmatrix} \boldsymbol{AB} & \boldsymbol{A} \\ \boldsymbol{O} & -\boldsymbol{I}_2 \end{pmatrix}$$

根据定理 2.3,上式左端

$$\det\begin{pmatrix} \boldsymbol{A} & \boldsymbol{O} \\ -\boldsymbol{I}_2 & \boldsymbol{B} \end{pmatrix} = \det\boldsymbol{A}\det\boldsymbol{B}$$

上式右端

$$\det\begin{pmatrix} \boldsymbol{AB} & \boldsymbol{A} \\ \boldsymbol{O} & -\boldsymbol{I}_2 \end{pmatrix} = \det(\boldsymbol{AB})\det(-\boldsymbol{I}_2) = \det(\boldsymbol{AB})$$

由此证得

$$\det(\boldsymbol{AB}) = \det\boldsymbol{A}\det\boldsymbol{B}$$

这里仅对 $n=2$ 给出证明,但对一般情形证明的方法一样.

推论 若 $\boldsymbol{A}$ 为方阵,则

$$\det\boldsymbol{A}^n = (\det\boldsymbol{A})^n \tag{2.15}$$

例 2.7 根据定理 2.3 计算

$$\begin{vmatrix} 2 & 1 & 3 & 0 & 0 \\ -1 & 1 & -1 & 0 & 0 \\ 3 & 0 & 1 & 0 & 0 \\ 0 & 0 & 0 & 2 & -1 \\ 0 & 0 & 0 & 3 & 1 \end{vmatrix} = \begin{vmatrix} 2 & 1 & 3 \\ -1 & 1 & -1 \\ 3 & 0 & 1 \end{vmatrix} \begin{vmatrix} 2 & -1 \\ 3 & 1 \end{vmatrix} = (-9)\times 5 = -45$$

例 2.8 由推论 2 知

$$\det\begin{pmatrix} \lambda & 1 & \\ & \lambda & 1 \\ & & \lambda \end{pmatrix}^n = \left\{\det\begin{pmatrix} \lambda & 1 & \\ & \lambda & 1 \\ & & \lambda \end{pmatrix}\right\}^n = (\lambda^3)^n = \lambda^{3n}$$

关于行列式计算的方法,大致可归纳为:

(1)利用定义直接计算,即按某行(列)展开;

(2)利用行列式性质将行列式三角化,或使某行(列)出现更多个零元素,然后按此行(列)展开;

(3)利用行列式相乘定理及推论.

2.3 克莱姆法则

上节的行列式相乘定理无论在理论上还是计算上都是相当重要的,以至人们把它作为行列式的一条重要性质.下面应用这个定理给出逆矩阵存在的充要条件,并由此证明著名的克莱姆(Cramer)法则.

2.3.1 逆矩阵存在的充要条件

现在讨论方阵 $\boldsymbol{A}$ 的逆矩阵何时存在,存在时如何求出 $\boldsymbol{A}^{-1}$.

定理 2.5 若 $\boldsymbol{A}$ 可逆,则 $\det\boldsymbol{A}\neq 0$.

证 $\boldsymbol{A}$ 可逆,则 $\boldsymbol{A}\boldsymbol{A}^{-1}=\boldsymbol{I}$,根据行列式相乘定理

$$\det(\boldsymbol{A}\boldsymbol{A}^{-1}) = \det\boldsymbol{A}\det\boldsymbol{A}^{-1} = 1$$

所以 $\det\boldsymbol{A}\neq 0$.

称 $\det\boldsymbol{A}\neq 0$ 的矩阵 $\boldsymbol{A}$ 为**非奇异矩阵**,$\det\boldsymbol{A}=0$ 的矩阵 $\boldsymbol{A}$ 为**奇异矩阵**,定理 2.5 说明 $\boldsymbol{A}$ 非奇异是 $\boldsymbol{A}$ 可逆的必要条件,其实这个条件还是充分的,下面的定理 2.6 说明了这一点.

定理 2.6(逆矩阵存在定理) 若 $\det\boldsymbol{A}\neq 0$,则 $\boldsymbol{A}$ 可逆,并且

$$\boldsymbol{A}^{-1} = \frac{\mathrm{adj}\boldsymbol{A}}{\det\boldsymbol{A}} \tag{2.16}$$

其中 $\mathrm{adj}\boldsymbol{A}$ 称为 $\boldsymbol{A}$ 的**伴随矩阵**,定义为

$$\mathrm{adj}\boldsymbol{A} = \begin{pmatrix} D_{11} & D_{21} & \cdots & D_{n1} \\ D_{12} & D_{22} & \cdots & D_{n2} \\ \vdots & \vdots & & \vdots \\ D_{1n} & D_{2n} & \cdots & D_{nn} \end{pmatrix} \tag{2.17}$$

其中 D_{ij} 为 a_{ij} 的**代数余子式**.

证 利用式(2.10)知

$$(\mathrm{adj}\boldsymbol{A})\boldsymbol{A} = \begin{pmatrix} D_{11} & D_{21} & \cdots & D_{n1} \\ D_{12} & D_{22} & \cdots & D_{n2} \\ \vdots & \vdots & & \vdots \\ D_{1n} & D_{2n} & \cdots & D_{nn} \end{pmatrix}\begin{pmatrix} a_{11} & a_{12} & \cdots & a_{1n} \\ a_{21} & a_{22} & \cdots & a_{2n} \\ \vdots & \vdots & & \vdots \\ a_{n1} & a_{n2} & \cdots & a_{nn} \end{pmatrix}$$

$$= \begin{pmatrix} \sum_{k=1}^{n} a_{k1}D_{k1} & & & \\ & \sum_{k=1}^{n} a_{k2}D_{k2} & & \\ & & \ddots & \\ & & & \sum_{k=1}^{n} a_{kn}D_{kn} \end{pmatrix}$$

$$= \begin{pmatrix} \det\boldsymbol{A} & & & \\ & \det\boldsymbol{A} & & \\ & & \ddots & \\ & & & \det\boldsymbol{A} \end{pmatrix} = \det\boldsymbol{A} \cdot \boldsymbol{I}$$

所以

$$\frac{\mathrm{adj}\boldsymbol{A}}{\det\boldsymbol{A}}\boldsymbol{A} = \boldsymbol{I}$$

同理可证

$$\boldsymbol{A}\,\frac{\mathrm{adj}\boldsymbol{A}}{\det\boldsymbol{A}} = \boldsymbol{I}$$

根据逆矩阵定义，$\boldsymbol{A}^{-1}$存在且为

$$\boldsymbol{A}^{-1} = \frac{\mathrm{adj}\boldsymbol{A}}{\det\boldsymbol{A}}$$

若 $\boldsymbol{A}$ 为 1 阶非奇异矩阵，规定 $\mathrm{adj}\boldsymbol{A}=1$.

由定理 2.5 和定理 2.6 可知，$\det\boldsymbol{A}\neq 0$(即 $\boldsymbol{A}$ 为非奇异)是 $\boldsymbol{A}$ 可逆的充要条件. 定理2.6同时给出了求逆矩阵的一种方法——伴随矩阵法，即按 $\boldsymbol{A}^{-1}=\dfrac{\mathrm{adj}\boldsymbol{A}}{\det\boldsymbol{A}}$求逆，第 1 章例 1.8 的 $\boldsymbol{A}^{-1}$就是根据此式写成的.

例 2.9 对于同阶方阵 $\boldsymbol{A}$ 和 $\boldsymbol{B}$，若 $\boldsymbol{A}\neq\boldsymbol{O}$，$\boldsymbol{B}\neq\boldsymbol{O}$，但 $\boldsymbol{AB}=\boldsymbol{O}$，试证 $\det\boldsymbol{A}=0$ 且 $\det\boldsymbol{B}=0$.

证 由 $\boldsymbol{AB}=\boldsymbol{O}$ 知 $\det(\boldsymbol{AB})=0$，由行列式相乘定理

$$\det\boldsymbol{A}\det\boldsymbol{B} = \det(\boldsymbol{AB}) = 0$$

于是

$$\det\boldsymbol{A} = 0 \quad \text{或} \quad \det\boldsymbol{B} = 0$$

若 $\det\boldsymbol{B}\neq 0$，那么 $\boldsymbol{B}^{-1}$存在，于是

$$\boldsymbol{A} = \boldsymbol{ABB}^{-1} = (\boldsymbol{AB})\boldsymbol{B}^{-1} = \boldsymbol{O}$$

这与题设 $\boldsymbol{A}\neq\boldsymbol{O}$ 矛盾，同样由 $\det\boldsymbol{A}\neq 0$ 将导致 $\boldsymbol{B}=\boldsymbol{O}$，亦与题设矛盾，由此证得本题结论.

例 2.10 设 $\boldsymbol{A}$ 为 n 阶方阵，若存在 n 阶方阵 $\boldsymbol{B}$ 使 $\boldsymbol{BA}=\boldsymbol{I}$，试证 $\boldsymbol{B}$ 是 $\boldsymbol{A}$ 的逆矩阵.

证 对 $\boldsymbol{BA}=\boldsymbol{I}$ 两端取行列式，有

$$\det\boldsymbol{B}\det\boldsymbol{A} = 1$$

由此 $\det\boldsymbol{A}\neq 0$，即 $\boldsymbol{A}^{-1}$存在，那么

$$\boldsymbol{AB} = \boldsymbol{AB}(\boldsymbol{AA}^{-1}) = \boldsymbol{A}(\boldsymbol{BA})\boldsymbol{A}^{-1} = \boldsymbol{AA}^{-1} = \boldsymbol{I}$$

由 $\boldsymbol{BA}=\boldsymbol{I}$ 及 $\boldsymbol{AB}=\boldsymbol{I}$ 知 $\boldsymbol{B}$ 为 $\boldsymbol{A}$ 的逆矩阵.

由此可见，若有 $\boldsymbol{BA}=\boldsymbol{I}$ 定有 $\boldsymbol{AB}=\boldsymbol{I}$，反之亦然，那么今后判定逆矩阵时，只需验证 $\boldsymbol{BA}=\boldsymbol{I}$ 及 $\boldsymbol{AB}=\boldsymbol{I}$ 之一成立即可.

例 2.11 求 $\boldsymbol{A}$ 的逆矩阵，

$$\boldsymbol{A}=\begin{pmatrix}-1 & 1 & 1\\ 1 & 0 & -2\\ 1 & -2 & 1\end{pmatrix}$$

解 由 $\det\boldsymbol{A}=-1\neq 0$ 知 $\boldsymbol{A}^{-1}$存在，求出

$$D_{11}=-4,\quad D_{21}=-3,\quad D_{31}=-2$$
$$D_{12}=-3,\quad D_{22}=-2,\quad D_{32}=-1$$
$$D_{13}=-2,\quad D_{23}=-1,\quad D_{33}=-1$$

于是

$$\boldsymbol{A}^{-1}=\frac{\mathrm{adj}\boldsymbol{A}}{\det\boldsymbol{A}}=\frac{1}{-1}\begin{pmatrix}-4 & -3 & -2\\ -3 & -2 & -1\\ -2 & -1 & -1\end{pmatrix}=\begin{pmatrix}4 & 3 & 2\\ 3 & 2 & 1\\ 2 & 1 & 1\end{pmatrix}$$

利用伴随矩阵法求高阶矩阵的逆矩阵是不可取的，后面将介绍更实用的矩阵求逆方法.

2.3.2 克莱姆法则

在中学里已经知道如何用行列式表示二阶或三阶线性方程组的解，现在将其推广到 n 阶线性方程组，这就是著名的克莱姆法则，它是克莱姆于 1750 年提出的.

定理 2.7(克莱姆法则) 若 $\boldsymbol{n}$ 阶线性方程组 $\boldsymbol{Ax}=\boldsymbol{b}$ 的系数行列式 $D=\det\boldsymbol{A}\neq 0$，则方程组有唯一解

$$x_1=\frac{D_1}{D},x_2=\frac{D_2}{D},\cdots,x_n=\frac{D_n}{D}\tag{2.18}$$

其中

$$D_j=\begin{vmatrix}a_{11} & \cdots & a_{1,j-1} & b_1 & a_{1,j+1} & \cdots & a_{1n}\\ a_{21} & \cdots & a_{2,j-1} & b_2 & a_{2,j+1} & \cdots & a_{2n}\\ \vdots & & \vdots & \vdots & \vdots & & \vdots\\ a_{n1} & \cdots & a_{n,j-1} & b_n & a_{n,j+1} & \cdots & a_{nn}\end{vmatrix}\quad (j=1,2,\cdots,n)$$

这个定理的结论包括两点，一是在 $D\neq 0$ 时方程组一定有解(解的存在性)，二是这个解只能是 $x_i=\dfrac{D_i}{D}$(解的唯一性). 以下按这两点证明.

证 先证解的存在性. 由 $\det\boldsymbol{A}\neq 0$，根据定理 2.5，矩阵 $\boldsymbol{A}$ 可逆. 令 $\boldsymbol{x}=\boldsymbol{A}^{-1}\boldsymbol{b}$，则由 $\boldsymbol{Ax}=\boldsymbol{AA}^{-1}\boldsymbol{b}=\boldsymbol{b}$ 知，$\boldsymbol{x}=\boldsymbol{A}^{-1}\boldsymbol{b}$ 是 $\boldsymbol{Ax}=\boldsymbol{b}$ 的解.

再证唯一性. 设 $\boldsymbol{x}_1,\boldsymbol{x}_2$ 都是 $\boldsymbol{Ax}=\boldsymbol{b}$ 的解，则 $\boldsymbol{x}_1=\boldsymbol{A}^{-1}\boldsymbol{b},\boldsymbol{x}_2=\boldsymbol{A}^{-1}\boldsymbol{b}$，由逆矩阵的唯一性即知 $\boldsymbol{x}_1=\boldsymbol{x}_2$.

利用逆矩阵存在定理及式(2.10)，这个唯一的解可进一步表达为

$$\boldsymbol{x}=\boldsymbol{A}^{-1}\boldsymbol{b}=\frac{\mathrm{adj}\boldsymbol{A}}{\det\boldsymbol{A}}\boldsymbol{b}=\frac{1}{D}\begin{pmatrix}D_{11} & D_{21} & \cdots & D_{n1}\\ D_{12} & D_{22} & \cdots & D_{n2}\\ \vdots & \vdots & & \vdots\\ D_{1n} & D_{2n} & \cdots & D_{nn}\end{pmatrix}\begin{pmatrix}b_1\\ b_2\\ \vdots\\ b_n\end{pmatrix}$$

$$=\frac{1}{D}\begin{pmatrix}\sum\limits_{k=1}^{n}b_kD_{k1}\\ \sum\limits_{k=1}^{n}b_kD_{k2}\\ \vdots\\ \sum\limits_{k=1}^{n}b_kD_{kn}\end{pmatrix}=\frac{1}{D}\begin{pmatrix}D_1\\ D_2\\ \vdots\\ D_n\end{pmatrix}=\begin{pmatrix}\dfrac{D_1}{D}\\ \dfrac{D_2}{D}\\ \vdots\\ \dfrac{D_n}{D}\end{pmatrix}$$

即

$$x_1=\frac{D_1}{D},x_2=\frac{D_2}{D},\cdots,x_n=\frac{D_n}{D}$$

例 2.12 解线性方程组

$$\begin{cases}x_1+x_2-x_3=9\\ 2x_1+3x_2+2x_3=4\\ -x_1+2x_2+x_3=-3\end{cases}$$

解 计算行列式知

$$D=\begin{vmatrix}1 & 1 & -1\\ 2 & 3 & 2\\ -1 & 2 & 1\end{vmatrix}=-12,\quad D_1=\begin{vmatrix}9 & 1 & -1\\ 4 & 3 & 2\\ -3 & 2 & 1\end{vmatrix}=-36$$

$$D_2=\begin{vmatrix}1 & 9 & -1\\ 2 & 4 & 2\\ -1 & -3 & 1\end{vmatrix}=-24,\quad D_3=\begin{vmatrix}1 & 1 & 9\\ 2 & 3 & 4\\ -1 & 2 & -3\end{vmatrix}=48$$

所以

$$x_1=\frac{D_1}{D}=\frac{-36}{-12}=3,\quad x_2=\frac{D_2}{D}=\frac{-24}{-12}=2,\quad x_3=\frac{D_3}{D}=\frac{48}{-12}=-4$$

习 题 2

2.1 设 $\det\boldsymbol{A}=\begin{vmatrix}1 & 2 & 3\\ 3 & 2 & 1\\ 0 & 0 & 2\end{vmatrix}$，写出 $M_{21},M_{22},M_{23},D_{21},D_{22},D_{23}$.

2.2 计算行列式

(1) $\begin{vmatrix} 3 & 1 & -1 & 2 \\ -5 & 1 & 3 & -4 \\ 2 & 0 & 1 & -1 \\ 1 & -5 & 3 & -3 \end{vmatrix}$ (2) $\begin{vmatrix} 3 & 1 & 1 & 1 \\ 1 & 3 & 1 & 1 \\ 1 & 1 & 3 & 1 \\ 1 & 1 & 1 & 3 \end{vmatrix}$

(3) $\begin{vmatrix} 1 & 1 & 1 & 1 \\ 4 & 3 & 7 & -5 \\ 16 & 9 & 49 & 25 \\ 64 & 27 & 343 & -125 \end{vmatrix}$ (4) $\begin{vmatrix} x & y & 0 & \cdots & 0 & 0 \\ 0 & x & y & \cdots & 0 & 0 \\ \vdots & \vdots & \vdots & & \vdots & \vdots \\ 0 & 0 & 0 & \cdots & x & y \\ y & 0 & 0 & \cdots & 0 & x \end{vmatrix}$

(5) $\begin{vmatrix} & & & \lambda_1 \\ & & \lambda_2 & \\ & \iddots & & \\ \lambda_n & & & \end{vmatrix}$

2.3 证明以下命题：

(1)证明行列式性质 2.3 的推论 2；

(2)证明行列式性质 2.5；

(3)证明 $\det(k\boldsymbol{A})=k^n\det\boldsymbol{A}$($\boldsymbol{A}$ 为 n 阶方阵,k 为任意常数)；

(4)若 $\boldsymbol{A}$ 为非奇异矩阵,证明 $\det(\boldsymbol{A}^{-1})=(\det\boldsymbol{A})^{-1}$；

(5)设 $\boldsymbol{A}$ 为 n 阶方阵,则 $\det(\mathrm{adj}\boldsymbol{A}) = (\det\boldsymbol{A})^{n-1}$；

(6) 试证:若 $\boldsymbol{A}$ 为 n 阶幂等矩阵,则 $\boldsymbol{A} = \boldsymbol{I}_n$,否则 $\boldsymbol{A}$ 必是奇异方阵；

(7) 设 $\boldsymbol{A},\boldsymbol{B}$ 为同阶方阵,且均可逆,则 $\mathrm{adj}(\boldsymbol{AB}) = \mathrm{adj}\boldsymbol{B}\,\mathrm{adj}\boldsymbol{A}$.

2.4 解下列矩阵方程

(1) $\begin{pmatrix} 2 & 5 \\ 1 & 3 \end{pmatrix}\boldsymbol{X}=\begin{pmatrix} 4 & -6 \\ 2 & 1 \end{pmatrix}$

(2) $\begin{pmatrix} 1 & 4 \\ -1 & 2 \end{pmatrix}\boldsymbol{X}\begin{pmatrix} 2 & 0 \\ -1 & 1 \end{pmatrix}=\begin{pmatrix} 3 & 1 \\ 0 & -1 \end{pmatrix}$

(3)△ $\boldsymbol{X}=\boldsymbol{AX}+\boldsymbol{B},\boldsymbol{A}=\begin{pmatrix} 0 & 1 & 0 \\ -1 & 1 & 1 \\ -1 & 0 & -1 \end{pmatrix},\boldsymbol{B}=\begin{pmatrix} 1 & -1 \\ 2 & 0 \\ 5 & -3 \end{pmatrix}$

2.5△ 设

$$\det\boldsymbol{A}=\begin{vmatrix} 1 & 1 & 1 & 1 \\ 1 & 1 & -1 & -1 \\ 1 & -1 & 1 & -1 \\ 1 & -1 & -1 & 1 \end{vmatrix},\quad \det\boldsymbol{B}=\begin{vmatrix} a & -a & b & -b \\ a & a & -b & -b \\ -b & b & a & -a \\ b & b & a & a \end{vmatrix}$$

求$(\det\boldsymbol{A}\det\boldsymbol{B})^2$.

2.6 根据克莱姆法则解方程组

(1) $\begin{cases} 2x+3y-z=-4 \\ x-y+z=5 \\ 7x-6y-4z=1 \end{cases}$

(2) $\begin{cases} 2x_1+x_2=1 \\ x_1+2x_2+x_3=0 \\ x_2+2x_3+x_4=0 \\ x_3+2x_4=1 \end{cases}$

2.7 设方程组

$$\begin{cases} x_1+ax_2+a^2x_3=a^3 \\ x_1+bx_2+b^2x_3=b^3 \\ x_1+cx_2+c^2x_3=c^3 \end{cases}$$

试问 a、b、c 满足什么条件时方程组有唯一解,并求出这个条件下的唯一解.

2.8 利用伴随矩阵法求下列矩阵的逆矩阵

(1) $\boldsymbol{A}=\begin{pmatrix} \cos\theta & -\sin\theta \\ \sin\theta & \cos\theta \end{pmatrix}$　　(2) $\boldsymbol{B}=\begin{pmatrix} 1 & 2 & 3 \\ 0 & 2 & 1 \\ 1 & -1 & 0 \end{pmatrix}$

2.9$^{\triangle}$ 设 $\boldsymbol{A}$,$\boldsymbol{B}$ 均为非奇异方阵,并且

$$\boldsymbol{X}=\begin{pmatrix} \boldsymbol{O} & \boldsymbol{A} \\ \boldsymbol{B} & \boldsymbol{O} \end{pmatrix},\quad 求\ \boldsymbol{X}^{-1}.$$

2.10 已知 $\boldsymbol{AP}=\boldsymbol{PB}$,其中

$$\boldsymbol{B}=\begin{pmatrix} 1 & 0 & 0 \\ 0 & 0 & 0 \\ 0 & 0 & -1 \end{pmatrix},\quad \boldsymbol{P}=\begin{pmatrix} 1 & 0 & 0 \\ 2 & -1 & 0 \\ 2 & 1 & 1 \end{pmatrix}$$

求 $\boldsymbol{A}$ 及 $\boldsymbol{A}^5$.

2.11$^{\triangle}$ 设 $\boldsymbol{A}$ 为 m 阶方阵,$\boldsymbol{B}$ 为 n 阶方阵,且 $|\boldsymbol{A}|=a$,$|\boldsymbol{B}|=b$,$\boldsymbol{C}=\begin{pmatrix} \boldsymbol{O} & \boldsymbol{A} \\ \boldsymbol{B} & \boldsymbol{O} \end{pmatrix}$,则 $|\boldsymbol{C}|=$(　).

A. ab　　B. $(-1)^{m+n}ab$　　C. $-ab$　　D. $(-1)^{mn}ab$

第 3 章　初等变换与矩阵的秩

克莱姆法则指出，对 n 阶线性方程组，当其系数矩阵为非奇异方阵时，方程组有唯一解. 而当系数矩阵为奇异方阵或不是方阵时，克莱姆法则无法使用. 因此需要进一步讨论一般线性方程组的求解问题. 本章将从分析求解方程组的消元法入手，引出矩阵的初等变换和矩阵秩的概念，揭示方程组求解的本质.

3.1　初等行变换与矩阵的秩

含有 m 个方程、n 个未知数的线性方程组的一般形式为

$$\begin{cases} a_{11}x_1 + a_{12}x_2 + \cdots + a_{1n}x_n = b_1 \\ a_{21}x_1 + a_{22}x_2 + \cdots + a_{2n}x_n = b_2 \\ \qquad\qquad \vdots \\ a_{m1}x_1 + a_{m2}x_2 + \cdots + a_{mn}x_n = b_m \end{cases} \tag{3.1}$$

记

$$\boldsymbol{A} = \begin{pmatrix} a_{11} & a_{12} & \cdots & a_{1n} \\ a_{21} & a_{22} & \cdots & a_{2n} \\ \vdots & \vdots & & \vdots \\ a_{m1} & a_{m2} & \cdots & a_{mn} \end{pmatrix}, \quad \boldsymbol{x} = \begin{pmatrix} x_1 \\ x_2 \\ \vdots \\ x_n \end{pmatrix}, \quad \boldsymbol{b} = \begin{pmatrix} b_1 \\ b_2 \\ \vdots \\ b_m \end{pmatrix}$$

则方程组(3.1)可写成矩阵形式

$$\boldsymbol{Ax} = \boldsymbol{b} \tag{3.2}$$

其中 $\boldsymbol{A}$ 称为方程组(3.1)的**系数矩阵**，$\boldsymbol{x}$ 称为**未知向量**，$\boldsymbol{b}$ 称为**常数列**. 当 $\boldsymbol{b} \neq \boldsymbol{0}$ 时，称方程组(3.1)或(3.2)为**非齐次线性方程组**；当 $\boldsymbol{b} = \boldsymbol{0}$ 时，即

$$\boldsymbol{Ax} = \boldsymbol{0} \tag{3.3}$$

称为**齐次线性方程组**.

方程(3.2)的系数矩阵和常数列拼成的矩阵

$$\boldsymbol{B} = (\boldsymbol{A}, \boldsymbol{b}) = \begin{pmatrix} a_{11} & a_{12} & \cdots & a_{1n} & b_1 \\ a_{21} & a_{22} & \cdots & a_{2n} & b_2 \\ \vdots & \vdots & & \vdots & \vdots \\ a_{m1} & a_{m2} & \cdots & a_{mn} & b_m \end{pmatrix} \tag{3.4}$$

称为方程组(3.1)或(3.2)的**增广矩阵**. 显然，方程组(3.1)或(3.2)由其增广矩阵完全确定，它们之间可建立一一对应关系. 如果某个向量 $\boldsymbol{x}$ 能使方程组(3.1)或(3.2)成立，则称此 $\boldsymbol{x}$ 为方程组(3.1)或(3.2)的一个**解**，方程组的全部解构成的集合称为**解集合**(或**解集**). 如果两个方程组的解集合相等，则说它们是**同解方程组**.

对于一般的线性方程组，需要解决以下三个问题：

(1)如何判断方程组是否有解？

(2)如果方程组有解，它有多少解？

(3)方程组有无穷多解时，如何表示全部解？

为了解决上述问题，我们回顾中学代数中求解线性方程组的(加减)消元法，同时考虑与其对应的增广矩阵的变化.

例 3.1 解线性方程组

$$\begin{cases} x_1 + x_2 + 2x_3 = 3 & ① \\ 2x_1 + 2x_2 + x_3 = 9 & ② \\ x_1 + 2x_2 + 2x_3 = 4 & ③ \end{cases}$$

解 下面对方程组用加减消元法进行同解变换，方程的编号分别用①②③表示，加减消元后的方程仍用原编号表示，但每一步变换后的新方程组仍与原方程组同解. 为了考查增广矩阵的变化，我们在右侧同时记录增广矩阵的同步变化. 为记录方便，我们用 r_i 代表增广矩阵第 i 行的各元素，对 r_i 的操作就意味着对增广矩阵第 i 行每个元素的操作.

方程组	增广矩阵
$\begin{cases} x_1 + x_2 + 2x_3 = 3 & ① \\ 2x_1 + 2x_2 + x_3 = 9 & ② \\ x_1 + 2x_2 + 2x_3 = 4 & ③ \end{cases}$	$\begin{pmatrix} 1 & 1 & 2 & 3 \\ 2 & 2 & 1 & 9 \\ 1 & 2 & 2 & 4 \end{pmatrix}$
↓ ②－2①，方程②减去①的 2 倍 ③－①，方程③减去①	↓ r_2-2r_1，矩阵第 2 行减去第 1 行的 2 倍 r_3-r_1，矩阵第 3 行减去第 1 行
$\begin{cases} x_1 + x_2 + 2x_3 = 3 & ① \\ -3x_3 = 3 & ② \\ x_2 = 1 & ③ \end{cases}$	$\begin{pmatrix} 1 & 1 & 2 & 3 \\ 0 & 0 & -3 & 3 \\ 0 & 1 & 0 & 1 \end{pmatrix}$
↓ ①－③，方程①减去③ $-\frac{1}{3}$②，方程②乘以$\left(-\frac{1}{3}\right)$	↓ r_1-r_3，矩阵第 1 行减去第 3 行 $-\frac{1}{3}r_2$，矩阵第 2 行乘以$\left(-\frac{1}{3}\right)$
$\begin{cases} x_1 + 2x_3 = 2 & ① \\ x_3 = -1 & ② \\ x_2 = 1 & ③ \end{cases}$	$\begin{pmatrix} 1 & 0 & 2 & 2 \\ 0 & 0 & 1 & -1 \\ 0 & 1 & 0 & 1 \end{pmatrix}$
↓ ① 2②，方程①减去②的 2 倍 ②↔③，交换方程②与③	↓ r_1-2r_2，矩阵第 1 行减去第 2 行的 2 倍 $r_2 \leftrightarrow r_3$，交换矩阵第 2 行与第 3 行
$\begin{cases} x_1 = 4 & ① \\ x_2 = 1 & ② \\ x_3 = -1 & ③ \end{cases}$	$\left(\begin{array}{ccc:c} 1 & 0 & 0 & 4 \\ 0 & 1 & 0 & 1 \\ 0 & 0 & 1 & -1 \end{array}\right)$

在上述变换中，当左边通过一系列同解变换把方程组变成最后一个最简单的同解方程组(其实已经是方程组的解了)时，右边对应的矩阵行变换也把增广矩阵变成了与最简单方程对应的增广矩阵，与此增广矩阵对应的方程为

$$\begin{pmatrix}1 & 0 & 0\\0 & 1 & 0\\0 & 0 & 1\end{pmatrix}\begin{pmatrix}x_1\\x_2\\x_3\end{pmatrix}=\begin{pmatrix}4\\1\\-1\end{pmatrix}$$

或方程的解为

$$\begin{pmatrix}x_1\\x_2\\x_3\end{pmatrix}=\begin{pmatrix}4\\1\\-1\end{pmatrix}$$

亦即，当矩阵的上述行变换把系数矩阵变成单位阵时，增广矩阵的最后一列就变成了方程组的解.

上述对增广矩阵行变换的方法正是我们要找的求解方程组的新方法，该方法对应了方程组的三种同解变换(即交换某两方程的位置，用一个非零数乘一个方程，用一个数乘一个方程加到另一个方程上)，与此对应的就是矩阵的三种初等行变换.

定义 3.1 下面三种变换称为矩阵的**初等行变换**：

(1)对调两行(对调 i,j 两行，记作 $r_i\leftrightarrow r_j$)；

(2)用数 $k\neq 0$ 乘某行的所有元素(第 i 行乘以 k，记作 kr_i)；

(3)把某一行所有元素的 k 倍加到另一行的对应元素上(第 j 行乘以 k 加到第 i 行上，记作 r_i+kr_j).

当矩阵的一系列初等行变换把一个方程组的增广矩阵变成新的增广矩阵时，原方程组就变成了与新增广矩阵对应的同解方程组. 特别地，新的增广矩阵中的系数矩阵部分变成单位阵时，新增广矩阵的最后一列就是原方程组的解.

例 3.2 解线性方程组

$$\begin{cases}4x_1+2x_2+5x_3=4\\x_1+2x_2=7\\2x_1-x_2+3x_3=1\end{cases}$$

解 对增广矩阵进行初等行变换有

$$\begin{pmatrix}4 & 2 & 5 & 4\\1 & 2 & 0 & 7\\2 & -1 & 3 & 1\end{pmatrix}\xrightarrow[r_3-2r_2]{r_1-4r_2}\begin{pmatrix}0 & -6 & 5 & -24\\1 & 2 & 0 & 7\\0 & -5 & 3 & -13\end{pmatrix}$$

$$\xrightarrow{r_3-r_1}\begin{pmatrix}0 & -6 & 5 & -24\\1 & 2 & 0 & 7\\0 & 1 & -2 & 11\end{pmatrix}$$

$$\xrightarrow[r_1+6r_3]{r_2-2r_3}\begin{pmatrix}0&0&-7&42\\1&0&4&-15\\0&1&-2&11\end{pmatrix}$$

$$\xrightarrow{-\frac{1}{7}r_1}\begin{pmatrix}0&0&1&-6\\1&0&4&-15\\0&1&-2&11\end{pmatrix}$$

$$\xrightarrow[r_3+2r_1]{r_2-4r_1}\begin{pmatrix}0&0&1&-6\\1&0&0&9\\0&1&0&-1\end{pmatrix}$$

$$\xrightarrow[r_2\leftrightarrow r_3]{r_1\leftrightarrow r_2}\begin{pmatrix}1&0&0&9\\0&1&0&-1\\0&0&1&-6\end{pmatrix}$$

所以方程的解为

$$\begin{pmatrix}x_1\\x_2\\x_3\end{pmatrix}=\begin{pmatrix}9\\-1\\-6\end{pmatrix}$$

显然,初等行变换可把矩阵化为**行阶梯形矩阵**.行阶梯形矩阵的特点是可画一条阶梯线,线的下方全为 0,每个台阶只有一行,台阶数即为非零行的行数,阶梯线的竖线右边的第一个元素为非零行的第一个非 0 元.如:

$$\begin{pmatrix}2&-3&0&5&1&1\\0&0&3&1&-2&0\\0&0&0&5&3&2\\0&0&0&0&0&0\end{pmatrix},\begin{pmatrix}3&2&-1\\0&1&4\\0&0&0\\0&0&0\end{pmatrix},\begin{pmatrix}1&-3&0&0&1\\0&0&1&0&-2\\0&0&0&1&3\\0&0&0&0&0\end{pmatrix}\qquad(3.5)$$

更进一步,初等行变换还可把矩阵化为**行最简形矩阵**,行最简形矩阵的特点是非 0 行的第一个非 0 元素均为 1,且该非 0 元素的上下元素均为 0.如(3.5)式的最后一个矩阵.显然,非奇异矩阵化成的行最简形矩阵必为单位阵.

综上,矩阵的初等行变换具有下面的性质.

性质 3.1 初等行变换可把矩阵化为行最简形矩阵,且非奇异矩阵化成的行最简形矩阵必为单位矩阵.

由行列式的性质不难知道,矩阵的第一种初等行变换只改变矩阵子式的符号,第二种初等行变换只改变矩阵子式的倍数,它们都不改变矩阵子式的非 0 性,当然也不改变矩阵的最高阶非 0 子式的阶数(即矩阵中行列式非 0 的最大子方阵的阶数).可以证明[①],矩阵的第三种初等行变换也不改变矩阵的最高阶非 0 子式的阶数.因此,我们有如下性质.

性质 3.2 初等行变换不改变矩阵的最高阶非 0 子式的阶数.

由于行阶梯形矩阵的最高阶非 0 子式的阶数显然就是它的非零行数(这时所有非零行的第一个非 0 元素所在的行列构成的子式非 0).故性质 3.2 表明,由初等行变换把矩阵变成的行阶梯形矩阵的非零行数是唯一的(它就是矩阵的最高阶非零子式的阶数).这个数与方程组是否有解有密切的关系.为此给出下面的定义.

定义 3.2 矩阵 $\boldsymbol{A}$ 中的最高阶非 0 子式的阶数称为**矩阵 $\boldsymbol{A}$ 的秩**,记作 $R(\boldsymbol{A})$.

根据矩阵秩的定义,并注意到行阶梯形矩阵的最高阶非 0 子式的阶数就是它的非零行数,我们立刻可把性质 3.2 改写为:

定理 3.1 初等行变换不改变矩阵的秩,且秩就是初等行变换把矩阵化成的行阶梯形矩阵的非零行数.特别地,非奇异矩阵的秩就是它的阶数,这时我们称非奇异矩阵是**满秩的**.

利用矩阵秩的概念,我们容易给出方程组是否有解的相容性定理(线性方程组有解,称它为**相容的**;如果无解,则称它**不相容**).

定理 3.2(方程组的相容性定理) 线性方程组(3.1)或方程(3.2)有解的充要条件是

$$R(\boldsymbol{B}) = R(\boldsymbol{A}) \tag{3.6}$$

其中 $\boldsymbol{B}=(\boldsymbol{A},\boldsymbol{b})$ 为方程组的增广矩阵.

证 (1)如果 $R(\boldsymbol{B})=R(\boldsymbol{A})$,则由定理 3.1 知增广矩阵 $\boldsymbol{B}$ 与系数矩阵 $\boldsymbol{A}$ 化成的行最简形矩阵 $\boldsymbol{B}^*$ 和 $\boldsymbol{A}^*$ 的非零行数相等,这时只要取 $\boldsymbol{B}^*$ 的非零行的第一个非 0 元素对应的未知数 x_i 等于 $\boldsymbol{B}^*$ 该非零行最右边的元素,其它未知数均取作 0,便得到方程组的一组解.如,与增广矩阵

---

① 为方便,记矩阵 $\boldsymbol{A},\boldsymbol{B}$ 的最高阶非 0 子式的阶数分别为 r,s,则 $\boldsymbol{A}$ 的所有 $r+1$ 阶子式均为 0.设有第三种初等行变换为 $\boldsymbol{A}\xrightarrow{r_i+kr_j}\boldsymbol{B}$,则 $\boldsymbol{B}$ 中只有含第 i 行的子方阵不同于 $\boldsymbol{A}$ 中相应的子方阵,用 $S_{r+1}(\boldsymbol{B})$ 表示 $\boldsymbol{B}$ 中含第 i 行的 $r+1$ 阶子方阵,$S_{r+1}(\boldsymbol{A})$ 表示 $\boldsymbol{A}$ 中相应的子方阵,对这样的 $S_{r+1}(\boldsymbol{B})$,有

(1)若它含有第 j 行,则由行列式的性质知 $|S_{r+1}(\boldsymbol{B})|=|S_{r+1}(\boldsymbol{A})|=0$.

(2)若它不含有第 j 行,为书写方便,不妨取 $S_{r+1}(\boldsymbol{B})$ 为由 $\boldsymbol{B}$ 的前 $r+1$ 列构成的子方阵,则由行列式的性质知(下式未标出的元素与 $\boldsymbol{A}$ 中相应位置上的元素相同)

$$|S_{r+1}(\boldsymbol{B})| = \begin{vmatrix} \cdots & \cdots & \cdots \\ a_{i1}+ka_{j1} & \cdots & a_{i,r+1}+ka_{j,r+1} \\ \cdots & \cdots & \cdots \end{vmatrix} = \begin{vmatrix} \cdots & \cdots & \cdots \\ a_{i1} & \cdots & a_{i,r+1} \\ \cdots & \cdots & \cdots \end{vmatrix} + k\begin{vmatrix} \cdots & \cdots & \cdots \\ a_{j1} & \cdots & a_{j,r+1} \\ \cdots & \cdots & \cdots \end{vmatrix} = 0$$

综上可知,在第三种初等行变换下,$\boldsymbol{B}$ 中含有第 i 行的子式 $|S_{r+1}(\boldsymbol{B})|$ 均为 0,从而 $\boldsymbol{B}$ 中所有 $r+1$ 阶子式均为 0,因此 $s\leqslant r$.

又因为 $\boldsymbol{A}\xrightarrow{r_i+kr_j}\boldsymbol{B}$ 的逆变换为 $\boldsymbol{B}\xrightarrow{r_i-kr_j}\boldsymbol{A}$,所以又有 $r\leqslant s$,故有 $r=s$,亦即,第三种初等行变换不改变矩阵的最高阶非 0 子式的阶数.

$$\begin{pmatrix}1 & -3 & 0 & 0 & \vdots & 1\\0 & 0 & 1 & 0 & \vdots & -2\\0 & 0 & 0 & 1 & \vdots & 3\\0 & 0 & 0 & 0 & \vdots & 0\end{pmatrix}$$

对应的方程组的一组解即为

$$x_1=1,x_2=0,x_3=-2,x_4=3$$

(2)如果 $R(\boldsymbol{B})\neq R(\boldsymbol{A})$,记 $R(\boldsymbol{A})=r$,则必有 $R(\boldsymbol{B})=r+1$,这时增广矩阵 $\boldsymbol{B}$ 的行最简形矩阵 $\boldsymbol{B}^*$ 的第 $r+1$ 行的最后一个元素必为 1,而该行其它元素均为 0.如

$$\begin{pmatrix}1 & 0 & 2 & 2 & 4 & \vdots & 3\\0 & 1 & 5 & 0 & 1 & \vdots & 0\\0 & 0 & 0 & 0 & 0 & \vdots & 1\\0 & 0 & 0 & 0 & 0 & \vdots & 0\end{pmatrix}$$

的第 3 行对应的方程为 $0=1$,这说明方程组无解.

综上可知方程组有解的充要条件是 $R(\boldsymbol{B})=R(\boldsymbol{A})$.

显然,对齐次线性方程(3.3),总有 $R(\boldsymbol{B})=R(\boldsymbol{A})$,因此,齐次线性方程总有解,事实上,$\boldsymbol{x}=\boldsymbol{0}$就是它的**平凡解**.

例 3.3 讨论线性方程组

$$\begin{cases}x_1+x_2+x_3+x_4=0\\x_2+2x_3+2x_4=1\\-x_2+(a-3)x_3-2x_4=b\\3x_1+2x_2+x_3+ax_4=-1\end{cases}$$

在 a,b 取何值时有解？何时无解？

解 对增广矩阵进行初等行变换,有

$$\begin{pmatrix}1 & 1 & 1 & 1 & \vdots & 0\\0 & 1 & 2 & 2 & \vdots & 1\\0 & -1 & a-3 & -2 & \vdots & b\\3 & 2 & 1 & a & \vdots & -1\end{pmatrix}\xrightarrow[r_3+r_2]{r_4-3r_1}\begin{pmatrix}1 & 1 & 1 & 1 & \vdots & 0\\0 & 1 & 2 & 2 & \vdots & 1\\0 & 0 & a-1 & 0 & \vdots & b+1\\0 & -1 & -2 & a-3 & \vdots & -1\end{pmatrix}$$

$$\xrightarrow{r_4+r_2}\begin{pmatrix}1 & 1 & 1 & 1 & \vdots & 0\\0 & 1 & 2 & 2 & \vdots & 1\\0 & 0 & a-1 & 0 & \vdots & b+1\\0 & 0 & 0 & a-1 & \vdots & 0\end{pmatrix}$$

所以当 $a\neq 1$ 时,$R(\boldsymbol{A},\boldsymbol{b})=4=R(\boldsymbol{A})$,当 $a=1,b=-1$ 时 $R(\boldsymbol{A},\boldsymbol{b})=2=R(\boldsymbol{A})$,故当 $a\neq 1$ 或 $a=1,b=-1$ 时方程组有解.

而当 $a=1,b\neq -1$ 时 $R(\boldsymbol{A},\boldsymbol{b})=3>2=R(\boldsymbol{A})$,此时方程组无解.

由矩阵秩的定义,我们还容易得到以下结论.

定理 3.3 设 $\boldsymbol{A}$ 是 $m\times n$ 维矩阵，则有

(1)$R(\boldsymbol{A})\leqslant\min(m,n)$；

(2)$R(\boldsymbol{A})=R(\boldsymbol{A}^{\mathrm{T}})$.

3.2 初等变换与矩阵的标准形

与矩阵的初等行变换对应的，我们可定义矩阵的初等列变换.

定义 3.3 下面三种变换称为矩阵的**初等列变换**：

(1)对调两列(对调 i,j 两列记作 $c_i\leftrightarrow c_j$)；

(2)用数 $k\neq0$ 乘某列的所有元素(第 i 列乘以 k 记作 kc_i)；

(3)把某一列所有元素的 k 倍加到另一列的对应元素上(第 j 列乘以 k 加到第 i 列上记作 c_i+kc_j).

与矩阵初等行变换的性质对应，我们有矩阵初等列变换的性质：

性质 3.3 初等列变换可把矩阵化为**列阶梯形矩阵**，列阶梯形矩阵的特征与行阶梯形矩阵的转置相同. 更进一步，初等列变换可把列阶梯形矩阵化为**列最简形矩阵**，列最简形矩阵的特征与行最简形矩阵的转置相同.

特别地，**非奇异矩阵化成的列最简形矩阵必为单位阵.**

性质 3.4 初等列变换不改变矩阵的秩，且秩就是初等列变换把矩阵化成的列阶梯形矩阵的非 0 列数.

矩阵的初等行变换和列变换统称为**矩阵的初等变换**. 如果矩阵 $\boldsymbol{A}$ 经过有限次初等变换变为矩阵 $\boldsymbol{B}$，则称**矩阵 $\boldsymbol{A}$ 与 $\boldsymbol{B}$ 等价**，记作 $\boldsymbol{A}\sim\boldsymbol{B}$.

由于初等变换不改变矩阵的秩，所以有下面的结论：

定理 3.4 若 $\boldsymbol{A}\sim\boldsymbol{B}$，则 $R(\boldsymbol{A})=R(\boldsymbol{B})$.

由行(列)最简形矩阵的定义不难知道，用初等变换把矩阵 $\boldsymbol{A}$ 化成的既是行最简形又是列最简形的矩阵是唯一的，且必为如下的结构

$$\begin{pmatrix}\boldsymbol{I}_r & \boldsymbol{O}\\ \boldsymbol{O} & \boldsymbol{O}\end{pmatrix} \tag{3.7}$$

其中 $r=R(\boldsymbol{A})$，矩阵(3.7)称为**矩阵 $\boldsymbol{A}$ 的标准形.**

例 3.4 用初等变换化矩阵

$$\boldsymbol{A}=\begin{pmatrix}1 & 2 & 4 & 1\\ 2 & 4 & 8 & 2\\ 3 & 6 & 2 & 0\end{pmatrix}$$

为标准形，并求矩阵的秩.

解 对矩阵 $\boldsymbol{A}$ 施加初等行变换和初等列变换有

$$
\begin{pmatrix}1&2&4&1\\2&4&8&2\\3&6&2&0\end{pmatrix}
\xrightarrow[r_3-3r_1]{r_2-2r_1}
\begin{pmatrix}1&2&4&1\\0&0&0&0\\0&0&-10&-3\end{pmatrix}
$$

$$
\xrightarrow[r_2\leftrightarrow r_3]{\substack{c_2-2c_1\\c_3-4c_1\\c_4-c_1}}
\begin{pmatrix}1&0&0&0\\0&0&-10&-3\\0&0&0&0\end{pmatrix}
\xrightarrow{-\frac{1}{10}c_3}
\begin{pmatrix}1&0&0&0\\0&0&1&-3\\0&0&0&0\end{pmatrix}
$$

$$
\xrightarrow{c_4+3c_3}
\begin{pmatrix}1&0&0&0\\0&0&1&0\\0&0&0&0\end{pmatrix}
\xrightarrow{c_2\leftrightarrow c_3}
\begin{pmatrix}1&0&0&0\\0&1&0&0\\0&0&0&0\end{pmatrix}
$$

故矩阵 $\boldsymbol{A}$ 的标准形为

$$
\begin{pmatrix}1&0&0&0\\0&1&0&0\\0&0&0&0\end{pmatrix}
$$

秩为 2.

矩阵的初等变换是矩阵的一种最基本、最常用的运算，它实际上都与被称为初等方阵的一些特殊矩阵对应. 而对矩阵施行初等变换相当于矩阵与这些初等方阵作乘法.

定义 3.4 单位阵经一次初等变换得到的矩阵称为**初等方阵**.

对应于三种初等变换，便有三种初等方阵：

(1)对调两行(或列).

把单位矩阵 $\boldsymbol{I}$ 中的第 i,j 两行对调(即 $r_i\leftrightarrow r_j$)得到的初等方阵记为 $\boldsymbol{E}_{ij}$，即

$$
\boldsymbol{E}_{ij}=\begin{pmatrix}
1 &&&&&&&&& \\
& \ddots &&&&&&&& \\
&& 1 &&&&&&& \\
&&& 0 & & \cdots & & 1 &&& \\
&&&& 1 &&&&& \\
&&& \vdots && \ddots && \vdots && \\
&&&&&& 1 &&& \\
&&& 1 & & \cdots & & 0 &&& \\
&&&&&&&& 1 && \\
&&&&&&&&& \ddots & \\
&&&&&&&&&& 1
\end{pmatrix}
\begin{matrix} \\ \\ \\ \text{第 } i \text{ 行} \\ \\ \\ \\ \text{第 } j \text{ 行} \\ \\ \\ \\ \end{matrix}
\qquad (3.8)
$$

容易验证，用 m 阶初等方阵 $\boldsymbol{E}_{ij}$ 左乘 $m\times n$ 维矩阵 $\boldsymbol{A}$，即 $\boldsymbol{E}_{ij}\boldsymbol{A}$ 就是对 $\boldsymbol{A}$ 施行 $r_i\leftrightarrow r_j$ 变换，类似地，用 n 阶初等方阵 $\boldsymbol{E}_{ij}$ 右乘 $\boldsymbol{A}$ 即 $\boldsymbol{A}\boldsymbol{E}_{ij}$ 相当于对 $\boldsymbol{A}$ 施行 $c_i\leftrightarrow c_j$ 变换. 即有

$$\boldsymbol{A} \xrightarrow{r_i \leftrightarrow r_j} \boldsymbol{B} = \boldsymbol{E}_{ij}\boldsymbol{A}, \quad \boldsymbol{A} \xrightarrow{c_i \leftrightarrow c_j} \boldsymbol{B} = \boldsymbol{A}\boldsymbol{E}_{ij}$$

(2)用数 $k \neq 0$ 乘某行(或列)的所有元素.

用数 $k \neq 0$ 乘单位矩阵 $\boldsymbol{I}$ 的第 i 行得到的初等方阵记为 $\boldsymbol{E}_i(k)$,即

$$\boldsymbol{E}_i(k) = \begin{pmatrix} 1 & & & & & & \\ & \ddots & & & & & \\ & & 1 & & & & \\ & & & k & & & \\ & & & & 1 & & \\ & & & & & \ddots & \\ & & & & & & 1 \end{pmatrix} \text{第 } i \text{ 行} \tag{3.9}$$

容易验证

$$\boldsymbol{A} \xrightarrow{kr_i} \boldsymbol{B} = \boldsymbol{E}_i(k)\boldsymbol{A}, \boldsymbol{A} \xrightarrow{kc_i} \boldsymbol{B} = \boldsymbol{A}\boldsymbol{E}_i(k)$$

(3)把某一行(或列)所有元素的 k 倍加到另一行(或列)的对应元素上.

用数 k 乘单位矩阵的第 j 行加到第 i 行上去得到的初等方阵记为 $\boldsymbol{E}_{ij}(k)$,即

$$\boldsymbol{E}_{ij}(k) = \begin{pmatrix} 1 & & & & & \\ & \ddots & & & & \\ & & 1 & \cdots & k & & \\ & & & \ddots & \vdots & & \\ & & & & 1 & & \\ & & & & & \ddots & \\ & & & & & & 1 \end{pmatrix} \begin{matrix} \\ \\ \text{第 } i \text{ 行} \\ \\ \text{第 } j \text{ 行} \\ \\ \\ \end{matrix} \tag{3.10}$$

容易验证

$$\boldsymbol{A} \xrightarrow{r_i + kr_j} \boldsymbol{B} = \boldsymbol{E}_{ij}(k)\boldsymbol{A}, \quad \boldsymbol{A} \xrightarrow{c_j + kc_i} \boldsymbol{B} = \boldsymbol{A}\boldsymbol{E}_{ij}(k)$$

这样一来,当我们对矩阵 $\boldsymbol{A}$ 进行一系列初等行变换时就相当于用一系列相应的初等方阵左乘 $\boldsymbol{A}$,而对 $\boldsymbol{A}$ 进行一系列初等列变换则相当于用一系列相应的初等方阵右乘 $\boldsymbol{A}$.

显然,三种初等方阵都是可逆的,且逆矩阵也是初等方阵:

$$(\boldsymbol{E}_{ij})^{-1} = \boldsymbol{E}_{ij} \tag{3.11}$$

$$[\boldsymbol{E}_i(k)]^{-1} = \boldsymbol{E}_i\left(\frac{1}{k}\right) \tag{3.12}$$

$$[\boldsymbol{E}_{ij}(k)]^{-1} = \boldsymbol{E}_{ij}(-k) \tag{3.13}$$

由于三种初等方阵都是可逆的,所以它们对应的初等变换自然也是可逆的,由此可知等价关系具有下面几个性质:

性质 3.5 矩阵的等价关系具有:

(1)反身性，即 $\boldsymbol{A}\sim\boldsymbol{A}$；

(2)对称性，即若 $\boldsymbol{A}\sim\boldsymbol{B}$，则 $\boldsymbol{B}\sim\boldsymbol{A}$；

(3)传递性，即若 $\boldsymbol{A}\sim\boldsymbol{B}$，$\boldsymbol{B}\sim\boldsymbol{C}$，则 $\boldsymbol{A}\sim\boldsymbol{C}$.

3.3 矩阵初等变换的应用

3.3.1 用初等行变换求矩阵的逆

由上节讨论知道，当我们对矩阵 $\boldsymbol{A}$ 进行一系列初等行变换时就相当于用一系列初等方阵左乘 $\boldsymbol{A}$，因此，若 $\boldsymbol{A}$ 非奇异，则由"非奇异矩阵的行最简形矩阵必为单位阵"的性质可知，必存在一系列初等方阵 $\boldsymbol{P}_1,\boldsymbol{P}_2,\cdots,\boldsymbol{P}_l$，使

$$(\boldsymbol{P}_l\boldsymbol{P}_{l-1}\cdots\boldsymbol{P}_2\boldsymbol{P}_1)\boldsymbol{A}=\boldsymbol{I} \tag{3.14}$$

由矩阵运算可知

$$\boldsymbol{A}^{-1}=\boldsymbol{P}_l\boldsymbol{P}_{l-1}\cdots\boldsymbol{P}_2\boldsymbol{P}_1 \tag{3.15}$$

$$\boldsymbol{A}=\boldsymbol{P}_1^{-1}\boldsymbol{P}_2^{-1}\cdots\boldsymbol{P}_{l-1}^{-1}\boldsymbol{P}_l^{-1} \tag{3.16}$$

注意到初等方阵的逆也是初等方阵，所以由式(3.16)可得结论：

定理 3.5 方阵可逆的充要条件是它可以表示成有限个初等方阵的乘积.

结合式(3.14)和(3.15)，可知

$$(\boldsymbol{P}_l\boldsymbol{P}_{l-1}\cdots\boldsymbol{P}_2\boldsymbol{P}_1)(\boldsymbol{A},\boldsymbol{I})=(\boldsymbol{I},\boldsymbol{A}^{-1}) \tag{3.17}$$

式(3.17)表明，当用一系列初等行变换把矩阵$(\boldsymbol{A},\boldsymbol{I})$中的 $\boldsymbol{A}$ 变成单位阵 $\boldsymbol{I}$ 时，矩阵$(\boldsymbol{A},\boldsymbol{I})$中的单位阵 $\boldsymbol{I}$ 就变成了 $\boldsymbol{A}^{-1}$，由此，我们获得了求矩阵逆的行变换方法：

$$(\boldsymbol{A},\boldsymbol{I})\xrightarrow{\text{初等行变换}}(\boldsymbol{I},\boldsymbol{A}^{-1}) \tag{3.18}$$

例 3.5 求矩阵

$$\boldsymbol{A}=\begin{pmatrix}2&1&-8\\1&4&-1\\-2&-7&3\end{pmatrix}$$

的逆.

解 对矩阵$(\boldsymbol{A},\boldsymbol{I})$作行变换有

$$\boldsymbol{A}=\left(\begin{array}{ccc|ccc}2&1&-8&1&0&0\\1&4&-1&0&1&0\\-2&-7&3&0&0&1\end{array}\right)\xrightarrow[r_3+2r_2]{r_1-2r_2}\begin{pmatrix}0&-7&-6&1&-2&0\\1&4&-1&0&1&0\\0&1&1&0&2&1\end{pmatrix}$$

$$\xrightarrow[r_2-4r_3]{r_1+7r_3}\begin{pmatrix}0&0&1&1&12&7\\1&0&-5&0&-7&-4\\0&1&1&0&2&1\end{pmatrix}$$

$$\xrightarrow[r_3-r_1]{r_2+5r_1}\begin{pmatrix}0&0&1&1&12&7\\1&0&0&5&53&31\\0&1&0&-1&-10&-6\end{pmatrix}\xrightarrow[r_2\leftrightarrow r_3]{r_1\leftrightarrow r_2}\begin{pmatrix}1&0&0&5&53&31\\0&1&0&-1&-10&-6\\0&0&1&1&12&7\end{pmatrix}$$

故 $\boldsymbol{A}$ 的逆矩阵为

$$\boldsymbol{A}^{-1}=\begin{pmatrix}5&53&31\\-1&-10&-6\\1&12&7\end{pmatrix}$$

3.3.2 用初等行变换求解矩阵方程

上面给出的求矩阵逆的方法也可以用来解矩阵方程.设有矩阵方程

$$\boldsymbol{AX}=\boldsymbol{B} \tag{3.19}$$

其中 $\boldsymbol{A}$ 可逆,则方程(3.19)的解为

$$\boldsymbol{X}=\boldsymbol{A}^{-1}\boldsymbol{B} \tag{3.20}$$

同(3.17)的推导过程一样,由于必存在一系列初等方阵 $\boldsymbol{P}_1,\boldsymbol{P}_2,\cdots,\boldsymbol{P}_l$,使(3.14)和(3.15)成立,故有

$$(\boldsymbol{P}_l\boldsymbol{P}_{l-1}\cdots\boldsymbol{P}_2\boldsymbol{P}_1)(\boldsymbol{A},\boldsymbol{B})=(\boldsymbol{I},\boldsymbol{A}^{-1}\boldsymbol{B}) \tag{3.21}$$

式(3.21)表明,当用一系列初等行变换把增广矩阵$(\boldsymbol{A},\boldsymbol{B})$中的 $\boldsymbol{A}$ 变成单位阵 $\boldsymbol{I}$ 时,增广矩阵$(\boldsymbol{A},\boldsymbol{B})$中的 $\boldsymbol{B}$ 就变成了矩阵方程(3.19)的解 $\boldsymbol{X}=\boldsymbol{A}^{-1}\boldsymbol{B}$.由此,我们获得了求解矩阵方程(3.19)的行变换方法:

$$(\boldsymbol{A},\boldsymbol{B})\xrightarrow{\text{初等行变换}}(\boldsymbol{I},\boldsymbol{A}^{-1}\boldsymbol{B}) \tag{3.22}$$

例 3.6 求解矩阵方程

$$\boldsymbol{AX}=2\boldsymbol{X}+\boldsymbol{B}$$

其中

$$\boldsymbol{A}=\begin{pmatrix}4&-4&-1\\-1&4&1\\1&-3&3\end{pmatrix},\quad \boldsymbol{B}=\begin{pmatrix}1&2\\3&0\\-1&1\end{pmatrix}$$

解 矩阵方程可变形为

$$(\boldsymbol{A}-2\boldsymbol{I})\boldsymbol{X}=\boldsymbol{B}$$

应用求解方法(3.22),有

$$(\boldsymbol{A}-2\boldsymbol{I},\boldsymbol{B})=\left(\begin{array}{ccc:cc}2&-4&-1&1&2\\-1&2&1&3&0\\1&-3&1&-1&1\end{array}\right)$$

$$\xrightarrow[r_2+r_3]{r_1-2r_3}\left(\begin{array}{ccc:cc}0&2&-3&3&0\\0&-1&2&2&1\\1&-3&1&-1&1\end{array}\right)$$

$$\xrightarrow[r_3-3r_2]{r_1+2r_2}\left(\begin{array}{ccc:cc}0 & 0 & 1 & 7 & 2\\ 0 & -1 & 2 & 2 & 1\\ 1 & 0 & -5 & -7 & -2\end{array}\right)$$

$$\xrightarrow[r_3+5r_1]{r_2-2r_1}\left(\begin{array}{ccc:cc}0 & 0 & 1 & 7 & 2\\ 0 & -1 & 0 & -12 & -3\\ 1 & 0 & 0 & 28 & 8\end{array}\right)\xrightarrow[r_1\leftrightarrow r_3]{-r_2}\left(\begin{array}{ccc:cc}1 & 0 & 0 & 28 & 8\\ 0 & 1 & 0 & 12 & 3\\ 0 & 0 & 1 & 7 & 2\end{array}\right)$$

故所求解为

$$\boldsymbol{X}=\begin{pmatrix}28 & 8\\ 12 & 3\\ 7 & 2\end{pmatrix}$$

3.3.3 矩阵标准化的等价变换矩阵求法

同上述推导，当我们对矩阵 $\boldsymbol{A}$ 进行一系列初等行(列)变换时就相当于用一系列初等方阵左(右)乘 $\boldsymbol{A}$. 亦即，若 $\boldsymbol{A}\sim\boldsymbol{B}$，则必存在一系列初等方阵 $\boldsymbol{P}_1,\boldsymbol{P}_2,\cdots,\boldsymbol{P}_l$ 和 $\boldsymbol{Q}_1,\boldsymbol{Q}_2,\cdots,\boldsymbol{Q}_s$，使

$$\boldsymbol{P}_l\boldsymbol{P}_{l-1}\cdots\boldsymbol{P}_2\boldsymbol{P}_1\boldsymbol{A}\boldsymbol{Q}_1\boldsymbol{Q}_2\cdots\boldsymbol{Q}_s=\boldsymbol{B}\tag{3.23}$$

记

$$\boldsymbol{P}=\boldsymbol{P}_l\boldsymbol{P}_{l-1}\cdots\boldsymbol{P}_2\boldsymbol{P}_1\tag{3.24}$$

$$\boldsymbol{Q}=\boldsymbol{Q}_1\boldsymbol{Q}_2\cdots\boldsymbol{Q}_s\tag{3.25}$$

则 $\boldsymbol{P},\boldsymbol{Q}$ 为非奇异矩阵且有 $\boldsymbol{PAQ}=\boldsymbol{B}$，于是我们已经获得了下面的结论：

定理 3.6 $m\times n$ 维矩阵 $\boldsymbol{A}\sim\boldsymbol{B}$ 的充要条件是存在可逆矩阵 $\boldsymbol{P}$ 和 $\boldsymbol{Q}$，使

$$\boldsymbol{PAQ}=\boldsymbol{B}\tag{3.26}$$

这时 $R(\boldsymbol{A})=R(\boldsymbol{B})$.

定理 3.6 中的 $\boldsymbol{P}$ 和 $\boldsymbol{Q}$，可通过初等变换时记录单位矩阵的变化而得到. 其方法是：将矩阵 $\boldsymbol{A}$ 与单位阵拼接成下式的样子

$$\begin{pmatrix}\boldsymbol{A} & \boldsymbol{I}_m\\ \boldsymbol{I}_n & \end{pmatrix}\xrightarrow{\text{初等行列变换}}\begin{pmatrix}\boldsymbol{B} & \boldsymbol{P}\\ \boldsymbol{Q} & \end{pmatrix}\tag{3.27}$$

只对矩阵 $\boldsymbol{A}$ 所在的行列进行初等行、列变换(变换时所在行列的单位阵随着改变)，当矩阵 $\boldsymbol{A}$ 变成 $\boldsymbol{B}$ 时，单位阵 $\boldsymbol{I}_m$ 就变成了 $\boldsymbol{P}$，$\boldsymbol{I}_n$ 就变成了 $\boldsymbol{Q}$. 当然此变换过程可要求 $\boldsymbol{B}$ 是 $\boldsymbol{A}$ 的标准形.

例 3.7 对矩阵

$$\boldsymbol{A}=\begin{pmatrix}1 & 2 & 2\\ 2 & 2 & 2\end{pmatrix}$$

求可逆方阵 $\boldsymbol{P},\boldsymbol{Q}$，使 $\boldsymbol{PAQ}$ 为 $\boldsymbol{A}$ 的标准形.

解 对$\begin{pmatrix} \boldsymbol{A} & \boldsymbol{I}_m \\ \boldsymbol{I}_n & \end{pmatrix}$进行初等行列变换有

$$\begin{pmatrix} \boldsymbol{A} & \boldsymbol{I}_m \\ \boldsymbol{I}_n & \end{pmatrix} = \left(\begin{array}{ccc:cc} 1 & 2 & 2 & 1 & 0 \\ 2 & 2 & 2 & 0 & 1 \\ \hdashline 1 & 0 & 0 & & \\ 0 & 1 & 0 & & \\ 0 & 0 & 1 & & \end{array}\right) \xrightarrow{r_2 - 2r_1} \left(\begin{array}{ccc:cc} 1 & 2 & 2 & 1 & 0 \\ 0 & -2 & -2 & -2 & 1 \\ \hdashline 1 & 0 & 0 & & \\ 0 & 1 & 0 & & \\ 0 & 0 & 1 & & \end{array}\right)$$

$$\xrightarrow[-\frac{1}{2}r_2]{r_1 + r_2} \left(\begin{array}{ccc:cc} 1 & 0 & 0 & -1 & 1 \\ 0 & 1 & 1 & 1 & -1/2 \\ \hdashline 1 & 0 & 0 & & \\ 0 & 1 & 0 & & \\ 0 & 0 & 1 & & \end{array}\right) \xrightarrow{c_3 - c_2} \left(\begin{array}{ccc:cc} 1 & 0 & 0 & -1 & 1 \\ 0 & 1 & 0 & 1 & -1/2 \\ \hdashline 1 & 0 & 0 & & \\ 0 & 1 & -1 & & \\ 0 & 0 & 1 & & \end{array}\right)$$

记

$$\boldsymbol{P} = \begin{pmatrix} -1 & 1 \\ 1 & -1/2 \end{pmatrix}, \quad \boldsymbol{Q} = \begin{pmatrix} 1 & 0 & 0 \\ 0 & 1 & -1 \\ 0 & 0 & 1 \end{pmatrix}$$

则有

$$\boldsymbol{PAQ} = \begin{pmatrix} 1 & 0 & 0 \\ 0 & 1 & 0 \end{pmatrix}$$

该矩阵就是 $\boldsymbol{A}$ 的标准形.

利用矩阵的初等变换和标准形,我们还可以证明下面的结论.

定理 3.7 (1)若矩阵 $\boldsymbol{A},\boldsymbol{B}$ 为同型矩阵,则 $R(\boldsymbol{A}\pm\boldsymbol{B})\leqslant R(\boldsymbol{A})+R(\boldsymbol{B})$;

(2)若矩阵 $\boldsymbol{A},\boldsymbol{B}$ 可乘,则 $R(\boldsymbol{AB})\leqslant \min\{R(\boldsymbol{A}),R(\boldsymbol{B})\}$.

(3)若矩阵 $\boldsymbol{A},\boldsymbol{B}$ 可乘,则 $R(\boldsymbol{AB})\geqslant R(\boldsymbol{A})+R(\boldsymbol{B})-n$,其中 n 为 $\boldsymbol{A}$ 的列数(即 $\boldsymbol{B}$ 的行数).

证 (1)对矩阵$\begin{pmatrix} \boldsymbol{A} & \boldsymbol{O} \\ \boldsymbol{O} & \boldsymbol{B} \end{pmatrix}$进行初等变换有

$$\begin{pmatrix} \boldsymbol{A} & \boldsymbol{O} \\ \boldsymbol{O} & \boldsymbol{B} \end{pmatrix} \xrightarrow{\text{初等行变换}} \begin{pmatrix} \boldsymbol{A} & \boldsymbol{O} \\ \boldsymbol{A} & \boldsymbol{B} \end{pmatrix} \xrightarrow{\text{初等列变换}} \begin{pmatrix} \boldsymbol{A} & \boldsymbol{A} \\ \boldsymbol{A} & \boldsymbol{A}+\boldsymbol{B} \end{pmatrix}$$

故

$$R(\boldsymbol{A}+\boldsymbol{B}) \leqslant R\begin{pmatrix} \boldsymbol{A} & \boldsymbol{A} \\ \boldsymbol{A} & \boldsymbol{A}+\boldsymbol{B} \end{pmatrix} = R\begin{pmatrix} \boldsymbol{A} & \boldsymbol{O} \\ \boldsymbol{O} & \boldsymbol{B} \end{pmatrix} = R(\boldsymbol{A}) + R(\boldsymbol{B})$$

同理可证 $R(\boldsymbol{A}-\boldsymbol{B})\leqslant R(\boldsymbol{A})+R(\boldsymbol{B})$.

(2)不妨设 $\min\{R(\boldsymbol{A}),R(\boldsymbol{B})\}=R(\boldsymbol{A})=r$ 则存在可逆矩阵 $\boldsymbol{P},\boldsymbol{Q}$,使

$$\boldsymbol{PAQ}=\begin{pmatrix}\boldsymbol{I}_r & \boldsymbol{O}\\ \boldsymbol{O} & \boldsymbol{O}\end{pmatrix}$$

记 $\boldsymbol{Q}^{-1}\boldsymbol{B}=\begin{pmatrix}\boldsymbol{B}_1^*\\ \boldsymbol{B}_2^*\end{pmatrix}$，其中 $\boldsymbol{B}_1^*$ 为 r 行的子块，则

$$\boldsymbol{PAB}=(\boldsymbol{PAQ})(\boldsymbol{Q}^{-1}\boldsymbol{B})=\begin{pmatrix}\boldsymbol{I}_r & \boldsymbol{O}\\ \boldsymbol{O} & \boldsymbol{O}\end{pmatrix}\begin{pmatrix}\boldsymbol{B}_1^*\\ \boldsymbol{B}_2^*\end{pmatrix}=\begin{pmatrix}\boldsymbol{B}_1^*\\ \boldsymbol{O}\end{pmatrix}$$

故由定理 3.6 知

$$R(\boldsymbol{AB})=R(\boldsymbol{PAB})=R(\boldsymbol{B}_1^*)\leqslant r \tag{3.28}$$

因此 $R(\boldsymbol{AB})\leqslant\min\{R(\boldsymbol{A}),R(\boldsymbol{B})\}$.

(3)设 $R(\boldsymbol{A})=r$，则存在可逆矩阵 $\boldsymbol{P},\boldsymbol{Q}$，使 $\boldsymbol{PAQ}=\begin{pmatrix}\boldsymbol{I}_r & \boldsymbol{O}\\ \boldsymbol{O} & \boldsymbol{O}\end{pmatrix}$，记 $\boldsymbol{Q}^{-1}\boldsymbol{B}=\begin{pmatrix}\boldsymbol{B}_1^*\\ \boldsymbol{B}_2^*\end{pmatrix}$，其中 $\boldsymbol{B}_1^*$ 为 r 行的子块，则

$$R(\boldsymbol{B})=R(\boldsymbol{Q}^{-1}\boldsymbol{B})=R\begin{pmatrix}\boldsymbol{B}_1^*\\ \boldsymbol{B}_2^*\end{pmatrix}\leqslant R(\boldsymbol{B}_1^*)+R(\boldsymbol{B}_2^*)$$

由式(3.28)知 $R(\boldsymbol{B}_1^*)=R(\boldsymbol{AB})$，而 $R(\boldsymbol{B}_2^*)\leqslant n-r=n-R(\boldsymbol{A})$，故

$$R(\boldsymbol{B})\leqslant R(\boldsymbol{AB})+n-R(\boldsymbol{A})$$

即

$$R(\boldsymbol{AB})\geqslant R(\boldsymbol{A})+R(\boldsymbol{B})-n$$

*3.4 初等行变换的算法实现

在 3.1 节给出的初等行变换法是求解线性方程组比较简单的方法，但在实际问题中我们遇到的方程组的阶数常常比较高，因此要用人工计算往往是很困难的，必须依赖于计算机的编程实现计算. 计算机的计算需要按一定的规则进行，下面介绍几种计算机计算的实现过程.

3.4.1 高斯消元法

根据 3.1 节的讨论，对于 n 阶方程组

$$\begin{cases}a_{11}x_1+a_{12}x+\cdots+a_{1n}x_n=b_1\\ a_{21}x_1+a_{22}x+\cdots+a_{2n}x_n=b_2\\ \qquad\vdots\\ a_{n1}x_1+a_{n2}x+\cdots+a_{nn}x_n=b_n\end{cases}$$

当系数矩阵非奇异时，可用初等行变换方法把它的系数矩阵变成单位阵，这时的右端项就是方程组的解.

按初等行变换法，首先写出方程的增广矩阵

$$\boldsymbol{B}=(\boldsymbol{A},\boldsymbol{b})=\begin{pmatrix} a_{11} & a_{12} & a_{13} & \cdots & a_{1n} & b_1 \\ a_{21} & a_{22} & a_{23} & \cdots & a_{2n} & b_2 \\ a_{31} & a_{32} & a_{33} & \cdots & a_{3n} & b_3 \\ \vdots & \vdots & \vdots & & \vdots & \vdots \\ a_{n1} & a_{n2} & a_{n3} & \cdots & a_{nn} & b_n \end{pmatrix}$$

行变换过程可通过以下步骤完成：

第 1 步　不妨设 $a_{11}\neq 0$（如果 $a_{11}=0$，则可通过行交换把 a_{11} 换成非 0，因为 $\boldsymbol{A}$ 非奇异，其第 1 列必有一个元素非 0），这时可用 a_{11} 所在行把其它行的第 1 列元素都消成 0，于是增广矩阵可变成

$$\begin{pmatrix} a_{11} & a_{12} & a_{13} & \cdots & a_{1n} & b_1 \\ 0 & a_{22}^{(1)} & a_{23}^{(1)} & \cdots & a_{2n}^{(1)} & b_2^{(1)} \\ 0 & a_{32}^{(1)} & a_{33}^{(1)} & \cdots & a_{3n}^{(1)} & b_3^{(1)} \\ \vdots & \vdots & \vdots & & \vdots & \vdots \\ 0 & a_{n2}^{(1)} & a_{n3}^{(1)} & \cdots & a_{nn}^{(1)} & b_n^{(1)} \end{pmatrix}$$

其中

$$a_{ij}^{(1)}=a_{ij}-\frac{a_{i1}}{a_{11}}a_{1j},\quad b_i^{(1)}=b_i-\frac{a_{i1}}{a_{11}}b_1\quad (i,j=2,3,\cdots,n)$$

第 2 步　不妨设 $a_{22}^{(1)}\neq 0$（如果 $a_{22}^{(1)}=0$，则可通过行交换把 $a_{22}^{(1)}$ 换成非 0，因为 $\boldsymbol{A}$ 非奇异，$a_{22}^{(1)},a_{32}^{(1)},\cdots,a_{n2}^{(1)}$ 中必有一个元素非 0），这时可用 $a_{22}^{(1)}$ 所在行把第 2 行以后行的第 2 列元素都消成 0，这时增广矩阵可变成

$$\begin{pmatrix} a_{11} & a_{12} & a_{13} & \cdots & a_{1n} & b_1 \\ 0 & a_{22}^{(1)} & a_{23}^{(1)} & \cdots & a_{2n}^{(1)} & b_2^{(1)} \\ 0 & 0 & a_{33}^{(2)} & \cdots & a_{3n}^{(2)} & b_3^{(2)} \\ \vdots & \vdots & \vdots & & \vdots & \vdots \\ 0 & 0 & a_{n3}^{(2)} & \cdots & a_{nn}^{(2)} & b_n^{(2)} \end{pmatrix}$$

其中

$$a_{ij}^{(2)}=a_{ij}^{(1)}-\frac{a_{i2}^{(1)}}{a_{22}^{(1)}}a_{2j}^{(1)},$$

$$b_i^{(2)}=b_i^{(1)}-\frac{a_{i2}^{(1)}}{a_{22}^{(1)}}b_2^{(1)}\quad (i,j=3,4,\cdots,n)$$

继续这样做下去，第 k 步的计算公式为

$$a_{ij}^{(k)}=a_{ij}^{(k-1)}-\frac{a_{ik}^{(k-1)}}{a_{kk}^{(k-1)}}a_{kj}^{(k-1)},$$

$$b_i^{(k)}=b_i^{(k-1)}-\frac{a_{ik}^{(k-1)}}{a_{kk}^{(k-1)}}b_k^{(k-1)}\quad(i,j=k+1,k+2,\cdots,n)$$

到第 $n-1$ 步，增广矩阵可变成

$$\begin{pmatrix} a_{11} & a_{12} & a_{13} & \cdots & a_{1n} & b_1 \\ 0 & a_{22}^{(1)} & a_{23}^{(1)} & \cdots & a_{2n}^{(1)} & b_2^{(1)} \\ 0 & 0 & a_{33}^{(2)} & \cdots & a_{3n}^{(2)} & b_3^{(2)} \\ \vdots & \vdots & \vdots & & \vdots & \vdots \\ 0 & 0 & 0 & \cdots & a_{nn}^{(n-1)} & b_n^{(n-1)} \end{pmatrix}$$

其中

$$a_{ij}^{(n-1)}=a_{ij}^{(n-2)}-\frac{a_{i,n-1}^{(n-2)}}{a_{n-1,n-1}^{(n-2)}}a_{n-1,j}^{(n-2)},$$

$$b_i^{(n-1)}=b_i^{(n-2)}-\frac{a_{i,n-1}^{(n-2)}}{a_{n-1,n-1}^{(n-2)}}b_{n-1}^{(n-2)}\quad(i,j=n)$$

接下来逐一回代，可得方程组的解，其公式为

$$x_n=\frac{b_n^{(n-1)}}{a_{n,n}^{(n-1)}},$$

$$x_i=\frac{1}{a_{i,i}^{(i-1)}}\left(b_i^{(i-1)}-\sum_{j=i+1}^{n}a_{ij}^{(i-1)}x_j\right)\quad(i=n-1,n-2,\cdots,2,1)$$

这就是求方程组解的实现过程，称其为高斯消元法，它是设计计算机程序的重要依据.

3.4.2 按列选主元的高斯消元法

由于计算机计算时要进行四舍五入，如果在上述高斯消元法计算中元素 $a_{i,i}^{(i-1)}$ 的绝对值太小，将会导致因 $\frac{1}{a_{i,i}^{(i-1)}}$ 绝对值太大而出现错误，譬如，在下例的计算过程中就会出现错误的结果.

例 3.8 作为计算机身份(假设计算机只保留 7 位有效数字)，用高斯消元法求下列方程组的解

$$\begin{cases} 0.00000001x_1+x_2=1 \\ x_1+x_2=2 \end{cases}$$

解 (作为计算机身份)对增广矩阵施行初等行变换法，有

$$\boldsymbol{B}=(\boldsymbol{A},\boldsymbol{b})=\left(\begin{array}{cc|c} 0.00000001 & 1 & 1 \\ 1 & 1 & 2 \end{array}\right)$$

$$\xrightarrow{r_2-10^8r_1}\left(\begin{array}{cc|c} 0.00000001 & 1 & 1 \\ 0 & -100000000 & -100000000 \end{array}\right)$$

$$\xrightarrow{10^{-8}r_2}\left(\begin{array}{cc:c}0.00000001 & 1 & 1\\ 0 & 1 & 1\end{array}\right)$$

$$\xrightarrow{r_1-r_2}\left(\begin{array}{cc:c}0.00000001 & 0 & 0\\ 0 & 1 & 1\end{array}\right)\xrightarrow{10^{8}r_1}\left(\begin{array}{cc:c}1 & 0 & 0\\ 0 & 1 & 1\end{array}\right)$$

所以计算机求得的解为

$$x_1=0,\quad x_2=1$$

这个解显然是错的,明显它不满足第二个方程.

上述解错在何处呢,错就错在计算机只保留 7 位有效数字,但计算机保留有限位有效数字是必然的、不可避免的.为了解决这个问题,就需要把消元列绝对值较大的数(称为主元)交换到主对角线上,用交换后的主元行消去主元下方该列的其它元素.这样就不会出现上面的错误,如:

$$\boldsymbol{B}=(\boldsymbol{A},\boldsymbol{b})=\left(\begin{array}{cc:c}0.00000001 & 1 & 1\\ 1 & 1 & 2\end{array}\right)\xrightarrow{r_1\leftrightarrow r_2}\left(\begin{array}{cc:c}1 & 1 & 2\\ 0.00000001 & 1 & 1\end{array}\right)$$

$$\xrightarrow{r_2-10^{-8}r_1}\left(\begin{array}{cc:c}1 & 1 & 2\\ 0 & 1 & 1\end{array}\right)\xrightarrow{r_1-r_2}\left(\begin{array}{cc:c}1 & 0 & 1\\ 0 & 1 & 1\end{array}\right)$$

故计算机求得的解为

$$x_1=1,\quad x_2=1$$

这个结论完全正确.

为了避免因计算机的舍入误差造成错误,我们要求在高斯消元法的每一步消元前都从 $a_{i,i}^{(i-1)}$ 及其下方该列的其它元素中选择绝对值最大的元素作为主元,并把主元交换到主对角线上,然后用交换后的主元所在行消去主元下方该列的其它元素,这种消元法叫做**按列选主元的高斯消元法**.

例 3.9 用按列选主元的高斯消元法解方程组

$$\begin{cases}-3x_1+2x_2+6x_3=4\\ 10x_1-7x_2=7\\ 5x_1-x_2+5x_3=6\end{cases}$$

解 用按列选主元的高斯消元法对增广矩阵施行初等行变换(画方框的为主元),有

$$(\boldsymbol{A},\boldsymbol{b})=\begin{pmatrix}-3 & 2 & 6 & 4\\ \boxed{10} & -7 & 0 & 7\\ 5 & -1 & 5 & 6\end{pmatrix}\xrightarrow{r_1\leftrightarrow r_2}\begin{pmatrix}\boxed{10} & -7 & 0 & 7\\ -3 & 2 & 6 & 4\\ 5 & -1 & 5 & 6\end{pmatrix}$$

$$\xrightarrow[r_3-\frac{5}{10}r_1]{r_2+\frac{3}{10}r_1}\begin{pmatrix}\boxed{10} & -7 & 0 & 7\\ 0 & -0.1 & 6 & 6.1\\ 0 & \boxed{2.5} & 5 & 2.5\end{pmatrix}\xrightarrow[r_3+\frac{0.1}{2.5}r_2]{r_2\leftrightarrow r_1}\begin{pmatrix}\boxed{10} & -7 & 0 & 7\\ 0 & \boxed{2.5} & 5 & 2.5\\ 0 & 0 & \boxed{6.2} & 6.2\end{pmatrix}$$

进而可得 $x_3=1,x_2=-1,x_1=0$.

3.4.3 高斯-若当消元法

按列选主元的高斯消元法的求解特点是:按列选主元后,用行交换把主元交换到主对角线上,然后用主元所在行把主元下方本列的其它元素都消成 0,最后通过回代依次求出 $x_n,x_{n-1},\cdots,x_2,x_1$ 的值.

高斯-若当消元法的求解特点是:按列选主元后,用行交换把主元交换到主对角线上,然后把主元化成 1,再用主元所在行把主元上方和下方本列的其它元素都消成 0,此过程完成后不用回代即可获得全部未知数 $x_1,x_2,\cdots,x_n$ 的值.

高斯-若当消元法的过程是,对方程的增广矩阵

$$\boldsymbol{B}=(\boldsymbol{A},\boldsymbol{b})=\begin{pmatrix}a_{11} & a_{12} & a_{13} & \cdots & a_{1n} & b_1\\ a_{21} & a_{22} & a_{23} & \cdots & a_{2n} & b_2\\ a_{31} & a_{32} & a_{33} & \cdots & a_{3n} & b_3\\ \vdots & \vdots & \vdots & & \vdots & \vdots\\ a_{n1} & a_{n2} & a_{n3} & \cdots & a_{nn} & b_n\end{pmatrix}$$

进行如下变换:

第 1 步　先通过第 1 列选主元(即第 1 列的最大元素),用行交换把主元交换到第 1 行使 $a_{11}\neq0$,然后把 a_{11} 化成 1,再用本行把其它行的第 1 列元素都消成 0,使增广矩阵变成

$$\begin{pmatrix}1 & a_{12}^{(1)} & a_{13}^{(1)} & \cdots & a_{1n}^{(1)} & b_1^{(1)}\\ 0 & a_{22}^{(1)} & a_{23}^{(1)} & \cdots & a_{2n}^{(1)} & b_2^{(1)}\\ 0 & a_{32}^{(1)} & a_{33}^{(1)} & \cdots & a_{3n}^{(1)} & b_3^{(1)}\\ \vdots & \vdots & \vdots & & \vdots & \vdots\\ 0 & a_{n2}^{(1)} & a_{n3}^{(1)} & \cdots & a_{nn}^{(1)} & b_n^{(1)}\end{pmatrix}$$

其中

$$a_{1j}^{(1)}=\frac{a_{1j}}{a_{11}},\quad b_1^{(1)}=\frac{b_1}{a_{11}}\quad (j=2,3,\cdots,n)$$

$$a_{ij}^{(1)}=a_{ij}-\frac{a_{i1}}{a_{11}}a_{1j},\quad b_i^{(1)}=b_i-\frac{a_{i1}}{a_{11}}b_1\quad (i\neq1;j=2,3,\cdots,n)$$

第 2 步　在第 2 列的 $a_{22}^{(1)},a_{32}^{(1)},\cdots,a_{n2}^{(1)}$ 中选主元,把主元所在行交换到第 2 行,

使 $a_{22}^{(1)} \neq 0$,然后把 $a_{22}^{(1)}$ 化成 1,再用本行把其它行的第 2 列元素都消成 0,使增广矩阵变成

$$\begin{pmatrix} 1 & 0 & a_{13}^{(2)} & \cdots & a_{1n}^{(2)} & b_1^{(2)} \\ 0 & 1 & a_{23}^{(2)} & \cdots & a_{2n}^{(2)} & b_2^{(2)} \\ 0 & 0 & a_{33}^{(2)} & \cdots & a_{3n}^{(2)} & b_3^{(2)} \\ \vdots & \vdots & \vdots & & \vdots & \vdots \\ 0 & 0 & a_{n3}^{(2)} & \cdots & a_{nn}^{(2)} & b_n^{(2)} \end{pmatrix}$$

其中

$$a_{2j}^{(2)} = \frac{a_{2j}^{(1)}}{a_{22}^{(1)}}, \quad b_2^{(2)} = \frac{b_2^{(1)}}{a_{22}^{(1)}} \quad (j=3,4,\cdots,n)$$

$$a_{ij}^{(2)} = a_{ij}^{(1)} - \frac{a_{i2}^{(1)}}{a_{22}^{(1)}} a_{2j}^{(1)}, \quad b_i^{(2)} = b_i^{(1)} - \frac{a_{i2}^{(1)}}{a_{22}^{(1)}} b_2^{(1)} \quad (i \neq 2; j=3,4,\cdots,n)$$

继续这样做下去,第 k 步的计算公式为

$$a_{kj}^{(k)} = \frac{a_{kj}^{(k-1)}}{a_{kk}^{(k-1)}}, \quad b_k^{(k)} = \frac{b_k^{(k-1)}}{a_{kk}^{(k-1)}} \quad (j=k+1,k+2,\cdots,n)$$

$$a_{ij}^{(k)} = a_{ij}^{(k-1)} - \frac{a_{ik}^{(k-1)}}{a_{kk}^{(k-1)}} a_{kj}^{(k-1)},$$

$$b_i^{(k)} = b_i^{(k-1)} - \frac{a_{ik}^{(k-1)}}{a_{kk}^{(k-1)}} b_k^{(k-1)} \quad (i \neq k; j=k+1,k+2,\cdots,n)$$

第 $n-1$ 步　增广矩阵可变成

$$\begin{pmatrix} 1 & 0 & \cdots & 0 & a_{1n}^{(n-1)} & b_1^{(n-1)} \\ 0 & 1 & \cdots & 0 & a_{2n}^{(n-1)} & b_2^{(n-1)} \\ \vdots & \vdots & \ddots & 0 & a_{3n}^{(n-1)} & b_3^{(n-1)} \\ 0 & 0 & 0 & 1 & \vdots & \vdots \\ 0 & 0 & 0 & 0 & a_{nn}^{(n-1)} & b_n^{(n-1)} \end{pmatrix}$$

其中

$$a_{n-1,j}^{(n-1)} = \frac{a_{n-1,j}^{(n-2)}}{a_{n-1,n-1}^{(n-2)}}, \quad b_{n-1}^{(n-1)} = \frac{b_{n-1}^{(n-2)}}{a_{n-1,n-1}^{(n-2)}} \quad (j=n)$$

$$a_{ij}^{(n-1)} = a_{ij}^{(n-2)} - \frac{a_{i,n-1}^{(n-2)}}{a_{n-1,n-1}^{(n-2)}} a_{n-1,j}^{(n-2)},$$

$$b_i^{(n-1)} = b_i^{(n-2)} - \frac{a_{i,n-1}^{(n-2)}}{a_{n-1,n-1}^{(n-2)}} b_{n-1}^{(n-2)} \quad (i \neq n-1; j=n)$$

第 n 步　增广矩阵可变成

$$\begin{pmatrix} 1 & 0 & 0 & \cdots & 0 & b_1^{(n)} \\ 0 & 1 & 0 & \cdots & 0 & b_2^{(n)} \\ 0 & 0 & 1 & \cdots & 0 & b_3^{(n)} \\ \vdots & \vdots & \vdots & \ddots & \vdots & \vdots \\ 0 & 0 & 0 & \cdots & 1 & b_n^{(n)} \end{pmatrix}$$

其中

$$b_n^{(n)}=\frac{b_n^{(n-1)}}{a_{nn}^{(n-1)}}$$

$$b_i^{(n)}=b_i^{(n-1)}-\frac{a_{in}^{(n-1)}}{a_{nn}^{(n-1)}}b_n^{(n-1)}\,(i\neq n)$$

这时增广矩阵的最后一列就是所求解,即

$$x_i = b_i^{(n)}\,(i = 1,2,\cdots,n)$$

这种方法不需要回代,其中的公式是设计计算机程序的重要依据.

习 题 3

3.1 用增广矩阵初等变换的方法解方程组

(1) $\begin{cases} 3x-2y+5z=-1 \\ x+2y-z=5 \\ 5x-y+2z=3 \end{cases}$

(2) $\begin{cases} x_1+4x_2-2x_3+3x_4=6 \\ 2x_1+2x_2+4x_4=2 \\ 3x_1-x_3+2x_4=1 \\ x_1+2x_2+2x_3-3x_4=8 \end{cases}$

3.2 用矩阵的初等变换求下列矩阵的秩

(1) $\boldsymbol{A}=\begin{pmatrix} 1 & 2 & -1 & -3 & -2 \\ 2 & -1 & 3 & 1 & -3 \\ 7 & 0 & 5 & -1 & 8 \end{pmatrix}$

(2) $\boldsymbol{B}=\begin{pmatrix} 25 & 31 & 17 & 4 \\ 75 & 94 & 53 & 13 \\ 75 & 94 & 54 & 12 \\ 25 & 32 & 20 & 4 \end{pmatrix}$

(3) $\boldsymbol{C}=\begin{pmatrix} 1 & 1 & 2 & 2 & 1 \\ 0 & 2 & 1 & 5 & -1 \\ 2 & 0 & 3 & -1 & 3 \\ 1 & 1 & 0 & 4 & -1 \end{pmatrix}$

(4)$\boldsymbol{D}=\begin{pmatrix} a_1b_1 & a_1b_2 & \cdots & a_1b_n \\ a_2b_1 & a_2b_2 & \cdots & a_2b_n \\ \vdots & \vdots & & \vdots \\ a_nb_1 & a_nb_2 & \cdots & a_nb_n \end{pmatrix}$　$(a_ib_i\neq 0, i=1,2,\cdots,n)$

3.3　根据秩的定义求矩阵 $\boldsymbol{A}$ 的秩

$$\boldsymbol{A}=\begin{pmatrix} 3 & 2 & 1 \\ 3 & 1 & 5 \\ 3 & 2 & 2 \end{pmatrix}$$

3.4　判别下列方程组的相容性(或有无非零解)

(1)$\begin{cases} x_1+x_2+2x_3-x_4=0 \\ 2x_1+x_2+x_3-x_4=0 \\ 2x_1+2x_2+x_3+2x_4=0 \end{cases}$

(2)$\begin{cases} x_1+2x_2+x_3=0 \\ 3x_1+5x_2-x_3=0 \\ 5x_1+10x_2+x_3=0 \end{cases}$

(3)$\begin{cases} 4x_1+2x_2-x_3=2 \\ 3x_1-x_2+2x_3=10 \\ 11x_1+3x_2=8 \end{cases}$

(4)$\begin{cases} 2x_1+x_2-x_3+x_4=1 \\ 4x_1+2x_2-2x_3+x_4=2 \\ 2x_1+x_2-x_3-x_4=1 \end{cases}$

3.5　λ 取何值时,下列方程组有解

$$\begin{cases} -2x_1+x_2+x_3=-2 \\ x_1-2x_2+x_3=\lambda \\ x_1+x_2-2x_3=\lambda^2 \end{cases}$$

3.6　矩阵 $\boldsymbol{A}$ 的秩为 r 时,$\boldsymbol{A}$ 中 $r-1$ 阶子式是否全非 0? 能否存在 r 阶子式为 0? 能否存在 $r+1$ 阶子式不为 0?

3.7　矩阵 $\boldsymbol{A}$ 去掉一行得矩阵 $\boldsymbol{B}$,问 $R(\boldsymbol{B})$ 与 $R(\boldsymbol{A})$ 的关系.

3.8　求作一秩为 4 的方阵,使其两行是

$$(1,0,1,0,0),(1,-1,0,0,0).$$

3.9　设 $\boldsymbol{A}$ 与 $\boldsymbol{B}$ 为 $m\times n$ 维矩阵,试证 $R(\boldsymbol{B})=R(\boldsymbol{A})$ 时,$\boldsymbol{A}\sim\boldsymbol{B}$.

3.10　证明:$R(\boldsymbol{A})=R(\boldsymbol{A}_1)+R(\boldsymbol{A}_2)$,其中 $\boldsymbol{A}=\begin{pmatrix} \boldsymbol{A}_1 & \boldsymbol{O} \\ \boldsymbol{O} & \boldsymbol{A}_2 \end{pmatrix}$.

3.11　对习题 3.2 中的矩阵 $\boldsymbol{A},\boldsymbol{B},\boldsymbol{C}$,分别求 $\boldsymbol{P},\boldsymbol{Q}$,使 $\boldsymbol{PAQ},\boldsymbol{PBQ},\boldsymbol{PCQ}$ 分别为

$\boldsymbol{A}, \boldsymbol{B}, \boldsymbol{C}$ 的标准形.

3.12 利用初等行变换求下列矩阵的逆矩阵

(1) $\boldsymbol{A}=\begin{pmatrix}1&0&1\\2&2&1\\1&0&2\end{pmatrix}$

(2)△设 $\boldsymbol{B}=\begin{pmatrix}3&0&0\\1&4&3\\0&0&3\end{pmatrix}$,求$(\boldsymbol{B}-2\boldsymbol{I}_3)^{-1}$

(3) $\boldsymbol{C}=\begin{pmatrix}0&c_1&0&\cdots&0\\0&0&c_2&\cdots&0\\\vdots&\vdots&\vdots&&\vdots\\0&0&0&\cdots&c_{n-1}\\c_n&0&0&\cdots&0\end{pmatrix}$ $(c_i\neq 0, i=1,2,\cdots,n)$

3.13 对矩阵

$$\boldsymbol{A}=\begin{pmatrix}1&-1&2&-1\\3&1&0&2\\1&3&-4&4\end{pmatrix}$$

求可逆矩阵 $\boldsymbol{P}$,使

$$\boldsymbol{PA}=\begin{pmatrix}1&-1&2&-1\\0&4&-6&5\\0&0&0&0\end{pmatrix}=\boldsymbol{B}$$

再求可逆矩阵 $\boldsymbol{Q}$,使

$$\boldsymbol{BQ}=\begin{pmatrix}1&0&0&0\\0&1&0&0\\0&0&0&0\end{pmatrix}=\boldsymbol{N}$$

从而得到 $\boldsymbol{PAQ}=\boldsymbol{N}$.

3.14△ 4 阶方阵 $\boldsymbol{A}$ 的秩为 2,则 $\boldsymbol{A}$ 的伴随矩阵的秩=________.

第4章　向量空间与线性方程组求解

在上一章，我们已经找到了判别方程组(3.1)是否有解的相容性定理3.2，也找到了求解方程的行变换方法，且在系数矩阵非奇异时能直接求得方程组的解. 但当系数矩阵非方阵或为奇异矩阵但方程组有解时，解是否唯一或如何写出全部解，并没有解决. 为了描述方程组的全部解，我们需要用向量来刻画. 因此，先讨论有关向量的知识.

4.1　向量组的线性表示与向量组的秩

先看一个简单方程

$$x_1 + x_2 + x_3 = 0 \tag{4.1}$$

根据相容性定理3.2知方程(4.1)有解，且由解析几何知识知道方程(4.1)代表三维空间的平面

$$\Pi\text{:过原点}(0,0,0)\text{ 且以 }\boldsymbol{n} = (1,1,1)\text{ 为法向量的平面}$$

即平面 Π 上的点(或向量)集

$$S = \{\boldsymbol{x} = (x_1, x_2, x_3) \mid x \in \Pi\} \tag{4.2}$$

构成了方程(4.1)的全部解(称为解集). 那如何方便的表示这个解集合呢? 由几何意义不难知道，只要找到了平面 Π 上的任意两个不平行的向量，就可以组合出整个平面上的全部向量. 与 Π 平行(或与 $\boldsymbol{n}=(1,1,1)$ 垂直)的向量很多，显然

$$\boldsymbol{\alpha}_1 = (1, -1, 0), \quad \boldsymbol{\alpha}_2 = (1, 0, -1)$$

就是其中的两个，因此方程(4.1)的全部解可表示为

$$\boldsymbol{x} = k_1\boldsymbol{\alpha}_1 + k_2\boldsymbol{\alpha}_2 \quad (k_1, k_2\text{ 为任意实数}) \tag{4.3}$$

亦即，只要我们找到了平面 Π 上的任意两个不平行的向量，就可以组合出方程(4.1)的全部解.

为了表示一般线性方程组的解，我们需要引进向量组的线性组合、线性相关性以及向量空间等概念.

定义4.1　给定 n 维列(行)向量组 A:$\boldsymbol{\alpha}_1, \boldsymbol{\alpha}_2, \cdots, \boldsymbol{\alpha}_m$ 和 n 维列(行)向量 $\boldsymbol{\beta}$，如果有数 $k_1, k_2, \cdots, k_m$，使

$$\boldsymbol{\beta} = k_1\boldsymbol{\alpha}_1 + k_2\boldsymbol{\alpha}_2 + \cdots + k_m\boldsymbol{\alpha}_m \tag{4.4}$$

则称向量 $\boldsymbol{\beta}$ 是向量组 A(或向量组 $\boldsymbol{\alpha}_1, \boldsymbol{\alpha}_2, \cdots, \boldsymbol{\alpha}_m$)的**线性组合**，或者说向量 $\boldsymbol{\beta}$ 可由向量组 $\boldsymbol{\alpha}_1, \boldsymbol{\alpha}_2, \cdots, \boldsymbol{\alpha}_m$ **线性表示**.

对于列向量来说，向量 $\boldsymbol{\beta}$ 能否由 $\boldsymbol{\alpha}_1, \boldsymbol{\alpha}_2, \cdots, \boldsymbol{\alpha}_m$ 线性表示相当于方程组

$$(\boldsymbol{\alpha}_1,\boldsymbol{\alpha}_2,\cdots,\boldsymbol{\alpha}_m)\begin{pmatrix}x_1\\x_2\\\vdots\\x_m\end{pmatrix}=\boldsymbol{\beta} \tag{4.5}$$

是否有解.

对方程(4.5)应用相容性定理3.2,立即可得:

定理4.1 对列向量来说,向量$\boldsymbol{\beta}$能由向量组$A:\boldsymbol{\alpha}_1,\boldsymbol{\alpha}_2,\cdots,\boldsymbol{\alpha}_m$线性表示的充要条件是矩阵$\boldsymbol{B}=(\boldsymbol{\alpha}_1,\boldsymbol{\alpha}_2,\cdots,\boldsymbol{\alpha}_m,\boldsymbol{\beta})$的秩等于矩阵$\boldsymbol{A}=(\boldsymbol{\alpha}_1,\boldsymbol{\alpha}_2,\cdots,\boldsymbol{\alpha}_m)$的秩,即$R(\boldsymbol{B})=R(\boldsymbol{A})$,或

$$R((\boldsymbol{\alpha}_1,\boldsymbol{\alpha}_2,\cdots,\boldsymbol{\alpha}_m,\boldsymbol{\beta}))=R((\boldsymbol{\alpha}_1,\boldsymbol{\alpha}_2,\cdots,\boldsymbol{\alpha}_m)) \tag{4.6}$$

这里,为书写方便,我们常常用向量组$A:\boldsymbol{\alpha}_1,\boldsymbol{\alpha}_2,\cdots,\boldsymbol{\alpha}_m$的名字$A$既代表向量组,又表示由该向量组拼接出的矩阵$\boldsymbol{A}=(\boldsymbol{\alpha}_1,\boldsymbol{\alpha}_2,\cdots,\boldsymbol{\alpha}_m)$.

像定理4.1的结论一样,向量组线性表示的许多结论都与向量组拼接成的矩阵的秩有密切的关系,因此我们引入如下向量组的秩的定义:

定义4.2 对于**列向量组**$A:\boldsymbol{\alpha}_1,\boldsymbol{\alpha}_2,\cdots,\boldsymbol{\alpha}_m$,定义它的**秩**为由该向量组**按列**拼接出的矩阵$\boldsymbol{A}=(\boldsymbol{\alpha}_1,\boldsymbol{\alpha}_2,\cdots,\boldsymbol{\alpha}_m)$的秩,即

$$R(\boldsymbol{\alpha}_1,\boldsymbol{\alpha}_2,\cdots,\boldsymbol{\alpha}_m)=R(\boldsymbol{A})=R((\boldsymbol{\alpha}_1,\boldsymbol{\alpha}_2,\cdots,\boldsymbol{\alpha}_m))$$

作为矩阵的秩,该秩也称为矩阵$\boldsymbol{A}$的**列秩**.

对于**行向量组**$A:\boldsymbol{\alpha}_1,\boldsymbol{\alpha}_2,\cdots,\boldsymbol{\alpha}_m$,定义它的**秩**为由该向量组**按行**拼接出的矩阵

$$\boldsymbol{A}=\begin{pmatrix}\boldsymbol{\alpha}_1\\\boldsymbol{\alpha}_2\\\vdots\\\boldsymbol{\alpha}_m\end{pmatrix}=(\boldsymbol{\alpha}_1^{\mathrm{T}},\boldsymbol{\alpha}_2^{\mathrm{T}},\cdots,\boldsymbol{\alpha}_m^{\mathrm{T}})^{\mathrm{T}}$$

的秩,即

$$R(\boldsymbol{\alpha}_1,\boldsymbol{\alpha}_2,\cdots,\boldsymbol{\alpha}_m)=R(\boldsymbol{A})=R((\boldsymbol{\alpha}_1^{\mathrm{T}},\boldsymbol{\alpha}_2^{\mathrm{T}},\cdots,\boldsymbol{\alpha}_m^{\mathrm{T}})^{\mathrm{T}})$$

作为矩阵的秩,该秩也称为矩阵$\boldsymbol{A}$的**行秩**.

显然,对一个矩阵来说,它的列秩等于它的行秩,且就是它的秩.

有了定义4.2,我们就可把定理4.1改写成:

定理4.2 向量$\boldsymbol{\beta}$能由向量组$A:\boldsymbol{\alpha}_1,\boldsymbol{\alpha}_2,\cdots,\boldsymbol{\alpha}_m$线性表示的充要条件是向量组$\boldsymbol{\alpha}_1,\boldsymbol{\alpha}_2,\cdots,\boldsymbol{\alpha}_m,\boldsymbol{\beta}$与向量组$\boldsymbol{\alpha}_1,\boldsymbol{\alpha}_2,\cdots,\boldsymbol{\alpha}_m$同秩,即

$$R(\boldsymbol{\alpha}_1,\boldsymbol{\alpha}_2,\cdots,\boldsymbol{\alpha}_m,\boldsymbol{\beta})=R(\boldsymbol{\alpha}_1,\boldsymbol{\alpha}_2,\cdots,\boldsymbol{\alpha}_m) \tag{4.7}$$

注意:定理4.2对列向量组与行向量组都成立.

为了考虑一个向量组用另一个向量组的线性表示问题,我们引入:

定义4.3 对两同维向量组$A:\boldsymbol{\alpha}_1,\boldsymbol{\alpha}_2,\cdots,\boldsymbol{\alpha}_m$和$B:\boldsymbol{\beta}_1,\boldsymbol{\beta}_2,\cdots,\boldsymbol{\beta}_s$,如果向量组$B$中的每一个向量都可用向量组$A$线性表示,则称向量组$B$可由向量组$A$**线性表**

示. 若向量组 B 可由向量组 A 线性表示，向量组 A 也可由向量组 B 线性表示，则称向量组 A 与向量组 B **等价**.

如果向量组 B 可由向量组 A 线性表示，则存在矩阵

$$\boldsymbol{C}=\begin{pmatrix} c_{11} & c_{12} & \cdots & c_{1s} \\ c_{21} & c_{22} & \cdots & c_{2s} \\ \vdots & \vdots & & \vdots \\ c_{m1} & c_{m2} & \cdots & c_{ms} \end{pmatrix} \tag{4.8}$$

使

$$(\boldsymbol{\beta}_1,\boldsymbol{\beta}_2,\cdots,\boldsymbol{\beta}_s)=(\boldsymbol{\alpha}_1,\boldsymbol{\alpha}_2,\cdots,\boldsymbol{\alpha}_m)\begin{pmatrix} c_{11} & c_{12} & \cdots & c_{1s} \\ c_{21} & c_{22} & \cdots & c_{2s} \\ \vdots & \vdots & & \vdots \\ c_{m1} & c_{m2} & \cdots & c_{ms} \end{pmatrix} \tag{4.9}$$

反之，如果存在矩阵 $\boldsymbol{C}$ 使(4.9)式成立，则向量组 B 可由向量组 A 线性表示. 其中的矩阵 $\boldsymbol{C}$ 称为由向量组 A 到向量组 B 的**过渡矩阵**. 过渡矩阵的求法可通过解矩阵方程实现.

对于向量组之间的线性表示，我们有结论：

定理 4.3 对同维向量组 $A:\boldsymbol{\alpha}_1,\boldsymbol{\alpha}_2,\cdots,\boldsymbol{\alpha}_m$ 与 $B:\boldsymbol{\beta}_1,\boldsymbol{\beta}_2,\cdots,\boldsymbol{\beta}_s$，有

(1) 向量组 $B:\boldsymbol{\beta}_1,\boldsymbol{\beta}_2,\cdots,\boldsymbol{\beta}_s$ 能由 $A:\boldsymbol{\alpha}_1,\boldsymbol{\alpha}_2,\cdots,\boldsymbol{\alpha}_m$ 线性表示的充要条件是

$$R(\boldsymbol{\alpha}_1,\boldsymbol{\alpha}_2,\cdots,\boldsymbol{\alpha}_m,\boldsymbol{\beta}_1,\boldsymbol{\beta}_2,\cdots,\boldsymbol{\beta}_s)=R(\boldsymbol{\alpha}_1,\boldsymbol{\alpha}_2,\cdots,\boldsymbol{\alpha}_m) \tag{4.10}$$

(2) 向量组 $A:\boldsymbol{\alpha}_1,\boldsymbol{\alpha}_2,\cdots,\boldsymbol{\alpha}_m$ 与向量组 $B:\boldsymbol{\beta}_1,\boldsymbol{\beta}_2,\cdots,\boldsymbol{\beta}_s$ 等价的充要条件是

$$R(\boldsymbol{\alpha}_1,\boldsymbol{\alpha}_2,\cdots,\boldsymbol{\alpha}_m,\boldsymbol{\beta}_1,\boldsymbol{\beta}_2,\cdots,\boldsymbol{\beta}_s)=R(\boldsymbol{\alpha}_1,\boldsymbol{\alpha}_2,\cdots,\boldsymbol{\alpha}_m)=R(\boldsymbol{\beta}_1,\boldsymbol{\beta}_2,\cdots,\boldsymbol{\beta}_s) \tag{4.11}$$

证 (1)(充分性)由式(4.10)知对每一个 $i=1,2,\cdots,s$，都有

$$R(\boldsymbol{\alpha}_1,\boldsymbol{\alpha}_2,\cdots,\boldsymbol{\alpha}_m,\boldsymbol{\beta}_i)\leqslant R(\boldsymbol{\alpha}_1,\boldsymbol{\alpha}_2,\cdots,\boldsymbol{\alpha}_m,\boldsymbol{\beta}_1,\boldsymbol{\beta}_2,\cdots,\boldsymbol{\beta}_s)=R(\boldsymbol{\alpha}_1,\boldsymbol{\alpha}_2,\cdots,\boldsymbol{\alpha}_m)$$

又因为 $R(\boldsymbol{\alpha}_1,\boldsymbol{\alpha}_2,\cdots,\boldsymbol{\alpha}_m,\boldsymbol{\beta}_i)\geqslant R(\boldsymbol{\alpha}_1,\boldsymbol{\alpha}_2,\cdots,\boldsymbol{\alpha}_m)$，所以

$$R(\boldsymbol{\alpha}_1,\boldsymbol{\alpha}_2,\cdots,\boldsymbol{\alpha}_m,\boldsymbol{\beta}_i)=R(\boldsymbol{\alpha}_1,\boldsymbol{\alpha}_2,\cdots,\boldsymbol{\alpha}_m)\quad(i=1,2,\cdots,s)$$

故由定理 4.2 知 $B:\boldsymbol{\beta}_1,\boldsymbol{\beta}_2,\cdots,\boldsymbol{\beta}_s$ 中的每一个向量都可用 $A:\boldsymbol{\alpha}_1,\boldsymbol{\alpha}_2,\cdots,\boldsymbol{\alpha}_m$ 线性表示，亦即向量组 B 可由向量组 A 线性表示.

(必要性)以列向量组为例，若向量组 B 可由向量组 A 线性表示，则存在(4.8)式给出的过渡矩阵 $\boldsymbol{C}$ 使(4.9)成立，于是有

$$((\boldsymbol{\alpha}_1,\boldsymbol{\alpha}_2,\cdots,\boldsymbol{\alpha}_m),(\boldsymbol{\beta}_1,\boldsymbol{\beta}_2,\cdots,\boldsymbol{\beta}_s))=(\boldsymbol{\alpha}_1,\boldsymbol{\alpha}_2,\cdots,\boldsymbol{\alpha}_m)(\boldsymbol{I}_m,\boldsymbol{C})$$

由定理 3.7(2)知 $R(\boldsymbol{AB})\leqslant R(\boldsymbol{A})$，故

$$R((\boldsymbol{\alpha}_1,\boldsymbol{\alpha}_2,\cdots,\boldsymbol{\alpha}_m),(\boldsymbol{\beta}_1,\boldsymbol{\beta}_2,\cdots,\boldsymbol{\beta}_s))\leqslant R(\boldsymbol{\alpha}_1,\boldsymbol{\alpha}_2,\cdots,\boldsymbol{\alpha}_m)$$

又因为 $R((\boldsymbol{\alpha}_1,\boldsymbol{\alpha}_2,\cdots,\boldsymbol{\alpha}_m),(\boldsymbol{\beta}_1,\boldsymbol{\beta}_2,\cdots,\boldsymbol{\beta}_s))\geqslant R(\boldsymbol{\alpha}_1,\boldsymbol{\alpha}_2,\cdots,\boldsymbol{\alpha}_m)$，所以

$$R((\boldsymbol{\alpha}_1,\boldsymbol{\alpha}_2,\cdots,\boldsymbol{\alpha}_m),(\boldsymbol{\beta}_1,\boldsymbol{\beta}_2,\cdots,\boldsymbol{\beta}_s))=R(\boldsymbol{\alpha}_1,\boldsymbol{\alpha}_2,\cdots,\boldsymbol{\alpha}_m)$$

亦即(4.10)成立.

(2)利用向量组等价的定义及由(1)的结论知

向量组 $A:\boldsymbol{\alpha}_1,\boldsymbol{\alpha}_2,\cdots,\boldsymbol{\alpha}_m$ 与向量组 $B:\boldsymbol{\beta}_1,\boldsymbol{\beta}_2,\cdots,\boldsymbol{\beta}_s$ 等价

$\Leftrightarrow$向量组 B 可由向量组 A 线性表示,且向量组 A 也可由向量组 B 线性表示

$\Leftrightarrow R(\boldsymbol{\alpha}_1,\boldsymbol{\alpha}_2,\cdots,\boldsymbol{\alpha}_m,\boldsymbol{\beta}_1,\boldsymbol{\beta}_2,\cdots,\boldsymbol{\beta}_s)=R(\boldsymbol{\alpha}_1,\boldsymbol{\alpha}_2,\cdots,\boldsymbol{\alpha}_m)$

且 $R(\boldsymbol{\beta}_1,\boldsymbol{\beta}_2,\cdots,\boldsymbol{\beta}_s,\boldsymbol{\alpha}_1,\boldsymbol{\alpha}_2,\cdots,\boldsymbol{\alpha}_m)=R(\boldsymbol{\beta}_1,\boldsymbol{\beta}_2,\cdots,\boldsymbol{\beta}_s)$

$\Leftrightarrow R(\boldsymbol{\alpha}_1,\boldsymbol{\alpha}_2,\cdots,\boldsymbol{\alpha}_m,\boldsymbol{\beta}_1,\boldsymbol{\beta}_2,\cdots,\boldsymbol{\beta}_s)=R(\boldsymbol{\alpha}_1,\boldsymbol{\alpha}_2,\cdots,\boldsymbol{\alpha}_m)=R(\boldsymbol{\beta}_1,\boldsymbol{\beta}_2,\cdots,\boldsymbol{\beta}_s)$

例 4.1 讨论向量组 A 与向量组 B 的等价性

$$A:\boldsymbol{\alpha}_1=\begin{pmatrix}1\\2\\1\end{pmatrix},\boldsymbol{\alpha}_2=\begin{pmatrix}2\\5\\3\end{pmatrix},\boldsymbol{\alpha}_3=\begin{pmatrix}4\\9\\5\end{pmatrix},\quad B:\boldsymbol{\beta}_1=\begin{pmatrix}2\\4\\2\end{pmatrix},\boldsymbol{\beta}_2=\begin{pmatrix}3\\7\\4\end{pmatrix}$$

解 把所有向量按列拼成矩阵作行变换,有

$$(\boldsymbol{\alpha}_1,\boldsymbol{\alpha}_2,\boldsymbol{\alpha}_3,\boldsymbol{\beta}_1,\boldsymbol{\beta}_2)=\left(\begin{array}{ccc:cc}1&2&4&2&3\\2&5&9&4&7\\1&3&5&2&4\end{array}\right)\xrightarrow[r_2-2r_1]{r_3+r_1-r_2}\left(\begin{array}{ccc:cc}1&2&4&2&3\\0&1&1&0&1\\0&0&0&0&0\end{array}\right)$$

由于行变换不改变矩阵的秩,也不改变向量的相对位置,所以由变换后的矩阵立刻可看出

$$R(\boldsymbol{\alpha}_1,\boldsymbol{\alpha}_2,\boldsymbol{\alpha}_3,\boldsymbol{\beta}_1,\boldsymbol{\beta}_2)=R(\boldsymbol{\alpha}_1,\boldsymbol{\alpha}_2,\boldsymbol{\alpha}_3)=R(\boldsymbol{\beta}_1,\boldsymbol{\beta}_2)=2$$

因而向量组 A 与向量组 B 等价.

4.2 向量组的线性相关性

在 4.1 节,我们研究了一个向量用一个向量组表示的问题,但表示方式常常不唯一.

例 4.2 对向量 $\boldsymbol{\beta}$ 和向量组 A

$$\boldsymbol{\beta}=\begin{pmatrix}1\\2\\-1\end{pmatrix},\quad A:\boldsymbol{\alpha}_1=\begin{pmatrix}1\\1\\0\end{pmatrix},\boldsymbol{\alpha}_2=\begin{pmatrix}1\\0\\1\end{pmatrix},\boldsymbol{\alpha}_3=\begin{pmatrix}0\\1\\-1\end{pmatrix}$$

考虑用向量组 A 线性表示向量 $\boldsymbol{\beta}$,则有不同的表示,如

$$\boldsymbol{\beta}=3\boldsymbol{\alpha}_1-2\boldsymbol{\alpha}_2-\boldsymbol{\alpha}_3,\quad \boldsymbol{\beta}=2\boldsymbol{\alpha}_1-\boldsymbol{\alpha}_2$$

显然,在上述这两种表示中,第二个表示更简练. 我们的问题是,在一般的线性表示问题中,能否用向量组中较少的向量表示其它的向量? 这种较少的个数是多少? 它具有什么含义? 为此,我们引入向量组线性相关性的概念.

定义 4.4 对向量组 $A:\boldsymbol{\alpha}_1,\boldsymbol{\alpha}_2,\cdots,\boldsymbol{\alpha}_m$,如果存在不全为 0 的数 $k_1,k_2,\cdots,k_m$,使

$$k_1\boldsymbol{\alpha}_1 + k_2\boldsymbol{\alpha}_2 + \cdots + k_m\boldsymbol{\alpha}_m = \mathbf{0} \tag{4.12}$$

则称向量组 A 是**线性相关**的，否则称它**线性无关**.

如果向量组 A：$\boldsymbol{\alpha}_1,\boldsymbol{\alpha}_2,\cdots,\boldsymbol{\alpha}_m$ 线性相关，则存在不全为 0 的数 $k_1,k_2,\cdots,k_m$（不妨设 $k_1\neq 0$）使式(4.4)成立，于是有

$$\boldsymbol{\alpha}_1 = -\frac{1}{k_1}(k_2\boldsymbol{\alpha}_2 + \cdots + k_m\boldsymbol{\alpha}_m)$$

亦即，向量组 A：$\boldsymbol{\alpha}_1,\boldsymbol{\alpha}_2,\cdots,\boldsymbol{\alpha}_m$ 中的某个向量就能用其它的向量线性表示，反之，如果向量组 A：$\boldsymbol{\alpha}_1,\boldsymbol{\alpha}_2,\cdots,\boldsymbol{\alpha}_m$ 中的某个向量能用其它的向量线性表示，则移项便知该向量组线性相关. 于是我们得到了：

定理 4.4 向量组 A：$\boldsymbol{\alpha}_1,\boldsymbol{\alpha}_2,\cdots,\boldsymbol{\alpha}_m$ 线性相关的充要条件是至少其中有一个向量能用其它向量线性表示.

如果在式(4.12)中记 $\boldsymbol{x}=(k_1,k_2,\cdots,k_m)^{\mathrm{T}}$，由定义 4.4 可知列向量组 A：$\boldsymbol{\alpha}_1,\boldsymbol{\alpha}_2,\cdots,\boldsymbol{\alpha}_m$ 线性无关的充要条件是方程组

$$(\boldsymbol{\alpha}_1,\boldsymbol{\alpha}_2,\cdots,\boldsymbol{\alpha}_m)\boldsymbol{x} = \mathbf{0} \tag{4.13}$$

只有$\mathbf{0}$解.

对行向量组，只需将(4.13)中的各 $\boldsymbol{\alpha}_i$ 换做它的转置，则结论照样成立.

根据 3.1 节解方程的行变换方法容易证明下面的定理.

定理 4.5 向量组 A：$\boldsymbol{\alpha}_1,\boldsymbol{\alpha}_2,\cdots,\boldsymbol{\alpha}_m$ 线性无关的充要条件是

$$R(\boldsymbol{\alpha}_1,\boldsymbol{\alpha}_2,\cdots,\boldsymbol{\alpha}_m) = m \tag{4.14}$$

证 以列向量组为例，首先向量组 A：$\boldsymbol{\alpha}_1,\boldsymbol{\alpha}_2,\cdots,\boldsymbol{\alpha}_m$ 线性无关的充要条件是方程组(4.13)只有$\mathbf{0}$解，故只需证明方程组(4.13)只有$\mathbf{0}$解的充要条件是(4.14)即可. 又由于 $R(\boldsymbol{\alpha}_1,\boldsymbol{\alpha}_2,\cdots,\boldsymbol{\alpha}_m)\leqslant m$，故下面分两种情况证明：

(1)如果 $R(\boldsymbol{\alpha}_1,\boldsymbol{\alpha}_2,\cdots,\boldsymbol{\alpha}_m)=m$，则系数矩阵的行最简形矩阵为

$$\begin{pmatrix} \boldsymbol{I}_m \\ \boldsymbol{O} \end{pmatrix}$$

这时方程(4.13)的同解方程为

$$\boldsymbol{x} = \mathbf{0}$$

故方程(4.13)只有零解，向量组 A：$\boldsymbol{\alpha}_1,\boldsymbol{\alpha}_2,\cdots,\boldsymbol{\alpha}_m$ 线性无关.

(2)如果 $R(\boldsymbol{\alpha}_1,\boldsymbol{\alpha}_2,\cdots,\boldsymbol{\alpha}_m)=r<m$（不妨设前 r 列的秩为 r），则系数矩阵的行最简形矩阵为

$$\begin{pmatrix} \boldsymbol{I}_r & \boldsymbol{A}_{12}^* \\ \boldsymbol{O} & \boldsymbol{O} \end{pmatrix}$$

这时方程(4.13)的同解方程为

$$(\boldsymbol{I}_r \quad \boldsymbol{A}_{12}^*)\begin{pmatrix} \boldsymbol{x}^{(1)} \\ \boldsymbol{x}^{(2)} \end{pmatrix} = \mathbf{0}$$

由于

$$(\boldsymbol{I}_r \quad \boldsymbol{A}_{12}^*)\begin{pmatrix} \boldsymbol{A}_{12}^* \\ -\boldsymbol{I}_{m-r} \end{pmatrix} = \boldsymbol{0}$$

所以矩阵

$$\begin{pmatrix} \boldsymbol{A}_{12}^* \\ -\boldsymbol{I}_{m-r} \end{pmatrix}$$

的每一列都是方程(4.13)的非零解，这时向量组 $A:\boldsymbol{\alpha}_1,\boldsymbol{\alpha}_2,\cdots,\boldsymbol{\alpha}_m$ 线性相关.

综上，向量组 $A:\boldsymbol{\alpha}_1,\boldsymbol{\alpha}_2,\cdots,\boldsymbol{\alpha}_m$ 线性无关的充要条件是 $R(\boldsymbol{\alpha}_1,\boldsymbol{\alpha}_2,\cdots,\boldsymbol{\alpha}_m)=m$.

由定理 4.5 立即可得：

推论 1 当 $m>n$ 时，n 维向量组 $\boldsymbol{\alpha}_1,\boldsymbol{\alpha}_2,\cdots,\boldsymbol{\alpha}_m$ 必定线性相关.

推论 2 非奇异矩阵的列(行)构成的向量组线性无关.

例 4.3 判断下列向量组的线性相关性

(1) $A:\boldsymbol{\alpha}_1=(1,1,1)^{\mathrm{T}},\boldsymbol{\alpha}_2=(0,2,5)^{\mathrm{T}},\boldsymbol{\alpha}_3=(1,3,6)^{\mathrm{T}}$;

(2) $B:\boldsymbol{\beta}_1=(1,-1,2,4)^{\mathrm{T}},\boldsymbol{\beta}_2=(2,3,1,0)^{\mathrm{T}},\boldsymbol{\beta}_3=(-1,3,1,2)^{\mathrm{T}}$.

解 (1)把 A 中各向量按列拼成矩阵作行变换，有

$$\boldsymbol{A}=\begin{pmatrix} 1 & 0 & 1 \\ 1 & 2 & 3 \\ 1 & 5 & 6 \end{pmatrix} \xrightarrow[r_3-r_1]{r_2-r_1} \begin{pmatrix} 1 & 0 & 1 \\ 0 & 2 & 2 \\ 0 & 5 & 5 \end{pmatrix} \xrightarrow[\frac{1}{2}r_2]{r_3-\frac{5}{2}r_2} \begin{pmatrix} 1 & 0 & 1 \\ 0 & 1 & 1 \\ 0 & 0 & 0 \end{pmatrix}$$

由 $R(\boldsymbol{A})=2<3$ 知，向量组 A 线性相关.

(2)把 B 中向量按列拼成矩阵作行变换，有

$$\boldsymbol{B}=\begin{pmatrix} 1 & 2 & -1 \\ -1 & 3 & 3 \\ 2 & 1 & 1 \\ 4 & 0 & 2 \end{pmatrix} \xrightarrow[r_4-4r_1]{\substack{r_2+r_1 \\ r_3-2r_1}} \begin{pmatrix} 1 & 2 & -1 \\ 0 & 5 & 2 \\ 0 & -3 & 3 \\ 0 & -8 & 6 \end{pmatrix} \xrightarrow[-\frac{1}{3}r_3]{\substack{r_2+\frac{5}{3}r_3 \\ r_4-\frac{8}{3}r_3}} \begin{pmatrix} 1 & 2 & -1 \\ 0 & 0 & 7 \\ 0 & 1 & -1 \\ 0 & 0 & 14 \end{pmatrix}$$

$$\xrightarrow[r_2\leftrightarrow r_3]{\substack{r_4-2r_2 \\ \frac{1}{7}r_2}} \begin{pmatrix} 1 & 2 & -1 \\ 0 & 1 & -1 \\ 0 & 0 & 1 \\ 0 & 0 & 0 \end{pmatrix}$$

由 $R(\boldsymbol{B})=3$ 知，向量组 B 线性无关.

利用向量组秩与矩阵秩的关系，我们还容易知道下面的结论：

定理 4.6 线性无关向量组的(部分向量构成的)子向量组仍线性无关；线性相关向量组扩充后(增加向量个数)的向量组仍线性相关.

定理 4.7 线性无关的向量组增加每个向量的分量(扩大维数)后所得的向量组仍线性无关；线性相关向量组去掉每个向量的一些分量(降低维数)后的向量组

仍线性相关.

4.3 向量空间

在 4.1 节中,我们曾把方程(4.1)的解表示为两个向量 $\boldsymbol{\alpha}_1,\boldsymbol{\alpha}_2$ 的线性组合

$$\boldsymbol{x}=k_1\boldsymbol{\alpha}_1+k_2\boldsymbol{\alpha}_2 \quad (k_1,k_2\text{ 为任意常数})$$

当常数 k_1,k_2 遍取任意实数时上式就表示了方程(4.1)的全部解. 由此我们想到了用向量的线性组合的方法来刻画一般线性方程组的解. 或更一般地研究用线性组合表示一般的向量组(或向量集合).

在向量集合中,有一类集合对于向量的加法和数乘运算是封闭的,我们称之为向量空间,即有定义:

定义 4.5 设 V 为 n 维向量构成的非空集合,且集合 V 对于向量的加法和数乘运算是封闭的,即若 $\boldsymbol{\alpha}\in V,\boldsymbol{\beta}\in V$,则 $\boldsymbol{\alpha}+\boldsymbol{\beta}\in V$;若 $\boldsymbol{\alpha}\in V,\lambda\in\mathbf{R}$,则 $\lambda\boldsymbol{\alpha}\in V$,那么我们称集合 V 为**向量空间**.

例 4.4 集合

$$V_1=\{\boldsymbol{x}=(0,x_2,\cdots,x_n)\mid x_i\in\mathbf{R},i=2,3,\cdots,n\}$$

是向量空间,因为对任何

$$\boldsymbol{\alpha}=(0,a_2,\cdots,a_n)\in V_1,\quad \boldsymbol{\beta}=(0,b_2,\cdots,b_n)\in V_1$$

有

$$\boldsymbol{\alpha}+\boldsymbol{\beta}=(0,a_2+b_2,\cdots,a_n+b_n)\in V_1,k\boldsymbol{\alpha}=(0,ka_2,\cdots,ka_n)\in V_1$$

例 4.5 集合

$$V_2=\{\boldsymbol{x}=(1,x_2,\cdots,x_n)\mid x_i\in\mathbf{R},i=2,3,\cdots,n\}$$

不是向量空间,因

$$2\boldsymbol{x}=(2,2x_2,\cdots,2x_n)\notin V_2$$

例 4.6 $\mathbf{R}^3$ 的子集合 $S_1=\{\boldsymbol{x}=(x_1,x_2,x_3)\mid x_1+x_2+x_3=0\}$是向量空间,因为对任意 $\boldsymbol{x}=(x_1,x_2,x_3)\in S_1,\boldsymbol{y}=(y_1,y_2,y_3)\in S_1,\lambda\in\mathbf{R}$,有

$$(x_1+y_1)+(x_2+y_2)+(x_3+y_3)=(x_1+x_2+x_3)+(y_1+y_2+y_3)=0$$

$$\lambda x_1+\lambda x_2+\lambda x_3=\lambda(x_1+x_2+x_3)=0$$

故 $\boldsymbol{x}+\boldsymbol{y}=(x_1+y_1,x_2+y_2,x_3+y_3)\in S_1,\lambda\boldsymbol{x}=(\lambda x_1,\lambda x_2,\lambda x_3)\in S_1$,即 S_1 是向量空间.

例 4.7 $\mathbf{R}^3$ 的子集合 $S_2=\{\boldsymbol{x}=(x_1,x_2,x_3)\mid x_1+x_2+x_3=1\}$不是向量空间,因为对任意 $\boldsymbol{x}=(x_1,x_2,x_3)\in S_2$,有

$$2x_1+2x_2+2x_3=2(x_1+x_2+x_3)=2$$

故 $2\boldsymbol{x}=(2x_1,2x_2,2x_3)\notin S_2$,所以 S_2 不是向量空间.

例 4.8 设 $\boldsymbol{\alpha},\boldsymbol{\beta}$ 是两个已知的 n 维向量,则集合

$$V=\{\boldsymbol{x}=\lambda\boldsymbol{\alpha}+\mu\boldsymbol{\beta}\mid\lambda,\mu\in\mathbf{R}\}$$

是向量空间，因为对 $\boldsymbol{x}_1=\lambda_1\boldsymbol{\alpha}+\mu_1\boldsymbol{\beta}\in V,x_2=\lambda_2\boldsymbol{\alpha}+\mu_2\boldsymbol{\beta}\in V$ 有

$$\boldsymbol{x}_1+\boldsymbol{x}_2=(\lambda_1+\lambda_2)\boldsymbol{\alpha}+(\mu_1+\mu_2)\boldsymbol{\beta}\in V$$

$$k\boldsymbol{x}_1=(k\lambda_1)\boldsymbol{\alpha}+(k\mu_1)\boldsymbol{\beta}\in V$$

即 V 对加法和数乘封闭. 称 V 为**由 $\boldsymbol{\alpha}$ 和 $\boldsymbol{\beta}$ 生成的向量空间**.

一般地，由向量组 $\boldsymbol{\alpha}_1,\boldsymbol{\alpha}_2,\cdots,\boldsymbol{\alpha}_m$ 的线性组合产生的集合

$$\{\boldsymbol{x}=k_1\boldsymbol{\alpha}_1+k_2\boldsymbol{\alpha}_2+\cdots+k_m\boldsymbol{\alpha}_m\mid k_1,k_2,\cdots,k_m\in\mathbf{R}\}$$

构成一个向量空间，称为由向量组 $\boldsymbol{\alpha}_1,\boldsymbol{\alpha}_2,\cdots,\boldsymbol{\alpha}_m$ 生成的向量空间，记作

$$[\boldsymbol{\alpha}_1,\boldsymbol{\alpha}_2,\cdots,\boldsymbol{\alpha}_m]=\{\boldsymbol{x}=k_1\boldsymbol{\alpha}_1+k_2\boldsymbol{\alpha}_2+\cdots+k_m\boldsymbol{\alpha}_m\mid k_1,k_2,\cdots,k_m\in\mathbf{R}\}\tag{4.15}$$

结合向量组等价的概念，我们可证明：

定理 4.8 等价向量组生成的向量空间相同.

证 设向量组 $A:\boldsymbol{\alpha}_1,\boldsymbol{\alpha}_2,\cdots,\boldsymbol{\alpha}_m$ 和 $B:\boldsymbol{\beta}_1,\boldsymbol{\beta}_2,\cdots,\boldsymbol{\beta}_s$ 等价（不妨设为列向量），则向量组 B 可由向量组 A 线性表示，由式(4.9)知，存在 $m\times s$ 维矩阵 $\boldsymbol{C}$，使

$$(\boldsymbol{\beta}_1,\boldsymbol{\beta}_2,\cdots,\boldsymbol{\beta}_s)=(\boldsymbol{\alpha}_1,\boldsymbol{\alpha}_2,\cdots,\boldsymbol{\alpha}_m)\boldsymbol{C}$$

因此对任意 $\boldsymbol{x}\in[\boldsymbol{\beta}_1,\boldsymbol{\beta}_2,\cdots,\boldsymbol{\beta}_s]$，都有一组常数 $k_1,k_2,\cdots,k_s\in\mathbf{R}$，使

$$\boldsymbol{x}=(\boldsymbol{\beta}_1,\boldsymbol{\beta}_2,\cdots,\boldsymbol{\beta}_s)\begin{pmatrix}k_1\\k_2\\\vdots\\k_s\end{pmatrix}=(\boldsymbol{\alpha}_1,\boldsymbol{\alpha}_2,\cdots,\boldsymbol{\alpha}_m)\boldsymbol{C}\begin{pmatrix}k_1\\k_2\\\vdots\\k_s\end{pmatrix}=(\boldsymbol{\alpha}_1,\boldsymbol{\alpha}_2,\cdots,\boldsymbol{\alpha}_m)\left(\boldsymbol{C}\begin{pmatrix}k_1\\k_2\\\vdots\\k_s\end{pmatrix}\right)$$

即 $\boldsymbol{x}$ 可由向量组 $A:\boldsymbol{\alpha}_1,\boldsymbol{\alpha}_2,\cdots,\boldsymbol{\alpha}_m$ 线性表出，亦即 $\boldsymbol{x}\in[\boldsymbol{\alpha}_1,\boldsymbol{\alpha}_2,\cdots,\boldsymbol{\alpha}_m]$，故

$$[\boldsymbol{\beta}_1,\boldsymbol{\beta}_2,\cdots,\boldsymbol{\beta}_s]\subset[\boldsymbol{\alpha}_1,\boldsymbol{\alpha}_2,\cdots,\boldsymbol{\alpha}_m]$$

同理，由向量组 A 可由向量组 B 线性表示知

$$[\boldsymbol{\alpha}_1,\boldsymbol{\alpha}_2,\cdots,\boldsymbol{\alpha}_m]\subset[\boldsymbol{\beta}_1,\boldsymbol{\beta}_2,\cdots,\boldsymbol{\beta}_s]$$

因而

$$[\boldsymbol{\alpha}_1,\boldsymbol{\alpha}_2,\cdots,\boldsymbol{\alpha}_m]=[\boldsymbol{\beta}_1,\boldsymbol{\beta}_2,\cdots,\boldsymbol{\beta}_s]$$

定义 4.6 设 V_1 和 V_2 都是向量空间，且 $V_1\subset V_2$，则称 V_1 是 V_2 的**子空间**.

定义 4.7 设 A 是 n 维向量组成的向量组（或集合），若存在 A 的 r 个向量 $\boldsymbol{\alpha}_1,\boldsymbol{\alpha}_2,\cdots,\boldsymbol{\alpha}_r$，满足

(1) $\boldsymbol{\alpha}_1,\boldsymbol{\alpha}_2,\cdots,\boldsymbol{\alpha}_r$ 线性无关；

(2) 任取 $\boldsymbol{\alpha}\in A$，总有 $\boldsymbol{\alpha},\boldsymbol{\alpha}_1,\boldsymbol{\alpha}_2,\cdots,\boldsymbol{\alpha}_r$ 线性相关；

那么称 $\boldsymbol{\alpha}_1,\boldsymbol{\alpha}_2,\cdots,\boldsymbol{\alpha}_r$ 为向量组 A 的一个最大无关组，简称为**最大无关组**.

由最大无关组的定义可知，对任取的 $\boldsymbol{\alpha}\in A$，都有 $\boldsymbol{\alpha},\boldsymbol{\alpha}_1,\boldsymbol{\alpha}_2,\cdots,\boldsymbol{\alpha}_r$ 线性相关，所以存在不全为 0 的常数 $k,k_1,k_2,\cdots,k_r$，使

$$k\boldsymbol{\alpha}+k_1\boldsymbol{\alpha}_1+k_2\boldsymbol{\alpha}_2+\cdots+k_r\boldsymbol{\alpha}_r=\mathbf{0}\tag{4.16}$$

又因 $\boldsymbol{\alpha}_1,\boldsymbol{\alpha}_2,\cdots,\boldsymbol{\alpha}_r$ 线性无关，所以式(4.16)中 $k\neq0$，于是有

$$\boldsymbol{\alpha}=-\frac{1}{k}(k_1\boldsymbol{\alpha}_1+k_2\boldsymbol{\alpha}_2+\cdots+k_r\boldsymbol{\alpha}_r)$$

这表明，向量组 A 的任一向量 $\boldsymbol{\alpha}$ 都可由最大无关组 $\boldsymbol{\alpha}_1,\boldsymbol{\alpha}_2,\cdots,\boldsymbol{\alpha}_r$ 线性表示，从而 A 可由 $\boldsymbol{\alpha}_1,\boldsymbol{\alpha}_2,\cdots,\boldsymbol{\alpha}_r$ 线性表示，又由于 $\boldsymbol{\alpha}_1,\boldsymbol{\alpha}_2,\cdots,\boldsymbol{\alpha}_r$ 就是 A 的元素，自然可以由 A 线性表示，所以，A 与它的最大无关组 $\boldsymbol{\alpha}_1,\boldsymbol{\alpha}_2,\cdots,\boldsymbol{\alpha}_r$ 等价，故由定理 4.3 可知

$$r=R(\boldsymbol{\alpha}_1,\boldsymbol{\alpha}_2,\cdots,\boldsymbol{\alpha}_r)=R(A) \tag{4.17}$$

式(4.17)表明，向量组的最大无关组中包含向量的个数是唯一的.

向量组 $A:\boldsymbol{\alpha}_1,\boldsymbol{\alpha}_2,\cdots,\boldsymbol{\alpha}_m$ 的最大无关组的求法可利用 3.1 节给出的初等行变换法直接获得，其方法(以列向量组为例)是：

(1)把向量组**按列**拼接成矩阵 $\boldsymbol{A}=(\boldsymbol{\alpha}_1,\boldsymbol{\alpha}_2,\cdots,\boldsymbol{\alpha}_m)$；

(2)对 $\boldsymbol{A}$ 作**行变换**，把 $\boldsymbol{A}$ 化为行阶梯形矩阵；

这时行阶梯矩阵的非零行数就是 A 的秩数 $r=R(\boldsymbol{A})$，也是 A 的最大无关组中包含向量的个数，行阶梯矩阵非零行的第 1 个非零元素所在的列对应的向量构成 A 的一个最大无关组.

例 4.9 判断向量组

$$A:\boldsymbol{\alpha}_1=\begin{pmatrix}1\\2\\3\end{pmatrix},\quad \boldsymbol{\alpha}_2=\begin{pmatrix}2\\4\\6\end{pmatrix},\quad \boldsymbol{\alpha}_3=\begin{pmatrix}0\\1\\2\end{pmatrix}$$

的线性相关性并求它的秩和一个最大无关组.

解 对向量组 $\boldsymbol{\alpha}_1,\boldsymbol{\alpha}_2,\boldsymbol{\alpha}_3$ 按列拼接的矩阵进行初等行变换，有

$$(\boldsymbol{\alpha}_1,\boldsymbol{\alpha}_2,\boldsymbol{\alpha}_3)=\begin{pmatrix}1&2&0\\2&4&1\\3&6&2\end{pmatrix}\xrightarrow[r_3-3r_1]{r_2-2r_1}\begin{pmatrix}1&2&0\\0&0&1\\0&0&2\end{pmatrix}\xrightarrow{r_3-2r_2}\begin{pmatrix}1&2&0\\0&0&1\\0&0&0\end{pmatrix}$$

因此，向量组 $\boldsymbol{\alpha}_1,\boldsymbol{\alpha}_2,\boldsymbol{\alpha}_3$ 线性相关，秩为 2，$\boldsymbol{\alpha}_1,\boldsymbol{\alpha}_3$ 是它的一个最大无关组.

如果在定义 4.7 中，进一步设 A 为向量空间 V，则 V 中任一元素 $\boldsymbol{\alpha}$ 都可表示为 $\boldsymbol{\alpha}_1,\boldsymbol{\alpha}_2,\cdots,\boldsymbol{\alpha}_m$ 的线性组合，且 $\boldsymbol{\alpha}_1,\boldsymbol{\alpha}_2,\cdots,\boldsymbol{\alpha}_m$ 的所有线性组合都是 V 的元素，故有下面的结论：

定理 4.9 向量空间 V 等于它的任一最大无关组生成的向量空间，即

$$V=[\boldsymbol{\alpha}_1,\boldsymbol{\alpha}_2,\cdots,\boldsymbol{\alpha}_r] \tag{4.18}$$

其中 $\boldsymbol{\alpha}_1,\boldsymbol{\alpha}_2,\cdots,\boldsymbol{\alpha}_r$ 为向量组 V 的最大无关组.

我们把最大无关组 $\boldsymbol{\alpha}_1,\boldsymbol{\alpha}_2,\cdots,\boldsymbol{\alpha}_r$ 就称为向量空间 V 的一个**基**(或**基底**)，r 称为向量空间 V 的**维数**，并称 V 为 r 维向量空间. 如果向量空间 V 没有基，那么 V 的维数为 0，0 维向量空间只包含一个零向量$\mathbf{0}$.

例 4.10 记全体 n 维向量构成的向量组为 $\mathbf{R}^n$，证明 $\mathbf{R}^n$ 是一向量空间，并求 $\mathbf{R}^n$ 的一个基.

证 因为任意两个 n 维向量的和仍是 n 维向量，数 k 乘 n 维向量仍是 n 维向量，即 $\mathbf{R}^n$ 对向量的加法和数乘运算封闭. 所以证明 $\mathbf{R}^n$ 是一向量空间.

记 $\boldsymbol{e}_1,\boldsymbol{e}_2,\cdots,\boldsymbol{e}_n$ 为单位矩阵 $\boldsymbol{I}_n$ 的各列对应的向量，则

$$R(\boldsymbol{e}_1,\boldsymbol{e}_2,\cdots,\boldsymbol{e}_n)=R(\boldsymbol{I}_n)=n$$

所以向量组 $\boldsymbol{e}_1,\boldsymbol{e}_2,\cdots,\boldsymbol{e}_n$ 线性无关，又因对任一向量 $\boldsymbol{x}=(x_1,x_2,\cdots,x_n)^{\mathrm{T}}\in\mathbf{R}^n$ 都有

$$\boldsymbol{x}=x_1\boldsymbol{e}_1+x_2\boldsymbol{e}_2+\cdots+x_n\boldsymbol{e}_n$$

所以，$\boldsymbol{e}_1,\boldsymbol{e}_2,\cdots,\boldsymbol{e}_n$ 是 $\mathbf{R}^n$ 的一个最大无关组，从而也是向量空间 $\mathbf{R}^n$ 的一个基.

例 4.11 证明向量组 $\boldsymbol{\alpha}_1=\begin{pmatrix}1\\0\end{pmatrix},\boldsymbol{\alpha}_2=\begin{pmatrix}1\\-1\end{pmatrix}$ 和 $\boldsymbol{\beta}_1=\begin{pmatrix}1\\1\end{pmatrix},\boldsymbol{\beta}_2=\begin{pmatrix}1\\2\end{pmatrix}$ 都是空间 $\mathbf{R}^2$ 的基，并求由基$(\boldsymbol{\alpha}_1,\boldsymbol{\alpha}_2)$到基$(\boldsymbol{\beta}_1,\boldsymbol{\beta}_2)$的过渡矩阵.

证 由 $R(\boldsymbol{\alpha}_1,\boldsymbol{\alpha}_2)=R(\boldsymbol{\beta}_1,\boldsymbol{\beta}_2)=R(\mathbf{R}^2)=2$ 知$(\boldsymbol{\alpha}_1,\boldsymbol{\alpha}_2)$和$(\boldsymbol{\beta}_1,\boldsymbol{\beta}_2)$都是 $\mathbf{R}^2$ 的最大无关组，从而都是 $\mathbf{R}^2$ 的基，设 $\boldsymbol{C}$ 为所求过渡矩阵，则

$$(\boldsymbol{\alpha}_1,\boldsymbol{\alpha}_2)\boldsymbol{C}=(\boldsymbol{\beta}_1,\boldsymbol{\beta}_2)$$

解矩阵方程，即对增广矩阵做行变换有

$$(\boldsymbol{\alpha}_1,\boldsymbol{\alpha}_2;\boldsymbol{\beta}_1,\boldsymbol{\beta}_2)=\left(\begin{array}{cc:cc}1&1&1&1\\0&-1&1&2\end{array}\right)\xrightarrow[-r_2]{r_1+r_2}\left(\begin{array}{cc:cc}1&0&2&3\\0&1&-1&-2\end{array}\right)$$

故所求过渡矩阵为

$$\boldsymbol{C}=\begin{pmatrix}2&3\\-1&-2\end{pmatrix}$$

例 4.11 表明，一个向量空间的基未必是唯一的. 但在同一个基底下，一个向量用该基的线性表示却是唯一的. 事实上，若 $\boldsymbol{\alpha}_1,\boldsymbol{\alpha}_2,\cdots,\boldsymbol{\alpha}_r$ 是向量空间 V 的一个基，则任何 $\boldsymbol{\alpha}\in V$ 均可由这组基线性表示. 即

$$\boldsymbol{\alpha}=x_1\boldsymbol{\alpha}_1+x_2\boldsymbol{\alpha}_2+\cdots+x_r\boldsymbol{\alpha}_r \tag{4.19}$$

若 $\boldsymbol{\alpha}$ 还可表示为

$$\boldsymbol{\alpha}=y_1\boldsymbol{\alpha}_1+y_2\boldsymbol{\alpha}_2+\cdots+y_r\boldsymbol{\alpha}_r$$

则两式相减有

$$(x_1-y_1)\boldsymbol{\alpha}_1+(x_2-y_2)\boldsymbol{\alpha}_2+\cdots+(x_r-y_r)\boldsymbol{\alpha}_r=\mathbf{0}$$

由于基 $\boldsymbol{\alpha}_1,\boldsymbol{\alpha}_2,\cdots,\boldsymbol{\alpha}_r$ 线性无关，所以

$$x_1-y_1=x_2-y_2=\cdots=x_r-y_r=0$$

或

$$x_1=y_1,x_2=y_2,\cdots,x_r=y_r$$

亦即，对任何 $\boldsymbol{\alpha}\in V$，在基 $\boldsymbol{\alpha}_1,\boldsymbol{\alpha}_2,\cdots,\boldsymbol{\alpha}_r$ 下的线性表达式(4.19)的系数 $x_1,x_2,\cdots,x_r$ 是唯一的. 称这个唯一的有序数组$(x_1,x_2,\cdots,x_r)$为 $\boldsymbol{\alpha}$ 在基 $\boldsymbol{\alpha}_1,\boldsymbol{\alpha}_2,\cdots,\boldsymbol{\alpha}_r$ 下的**坐标**. 该坐标构成的向量 $\boldsymbol{x}=(x_1,x_2,\cdots,x_r)^{\mathrm{T}}$ 可通过求解方程组

$$(\boldsymbol{\alpha}_1,\boldsymbol{\alpha}_2,\cdots,\boldsymbol{\alpha}_r)\boldsymbol{x}=\boldsymbol{\alpha}$$

获得.

一般来说,一个向量在不同基底下的坐标是不一样的,但它们与基底的过渡矩阵有密切的关系.

定理 4.10 设 $\boldsymbol{\alpha}_1,\boldsymbol{\alpha}_2,\cdots,\boldsymbol{\alpha}_r$ 和 $\boldsymbol{\beta}_1,\boldsymbol{\beta}_2,\cdots,\boldsymbol{\beta}_r$ 是向量空间 V 的两个不同基. 向量 $\boldsymbol{\alpha}$ 在基 $\boldsymbol{\alpha}_1,\boldsymbol{\alpha}_2,\cdots,\boldsymbol{\alpha}_r$ 下的坐标向量为 $\boldsymbol{x}=(x_1,x_2,\cdots,x_r)^{\mathrm{T}}$,在基 $\boldsymbol{\beta}_1,\boldsymbol{\beta}_2,\cdots,\boldsymbol{\beta}_r$ 下的坐标向量为 $\boldsymbol{y}=(y_1,y_2,\cdots,y_r)^{\mathrm{T}}$,记由基 $\boldsymbol{\alpha}_1,\boldsymbol{\alpha}_2,\cdots,\boldsymbol{\alpha}_r$ 到基 $\boldsymbol{\beta}_1,\boldsymbol{\beta}_2,\cdots,\boldsymbol{\beta}_r$ 的过渡矩阵为 $\boldsymbol{C}$,即

$$(\boldsymbol{\beta}_1,\boldsymbol{\beta}_2,\cdots,\boldsymbol{\beta}_r)=(\boldsymbol{\alpha}_1,\boldsymbol{\alpha}_2,\cdots,\boldsymbol{\alpha}_r)\boldsymbol{C} \tag{4.20}$$

则 $\boldsymbol{C}$ 是可逆矩阵且

$$\boldsymbol{x}=\boldsymbol{C}\boldsymbol{y} \quad 或 \quad \boldsymbol{y}=\boldsymbol{C}^{-1}\boldsymbol{x} \tag{4.21}$$

证 由(4.20)及矩阵乘法规则知 $\boldsymbol{C}$ 为 r 阶方阵,而由

$$r=R(\boldsymbol{\beta}_1,\boldsymbol{\beta}_2,\cdots,\boldsymbol{\beta}_r)=R((\boldsymbol{\alpha}_1,\boldsymbol{\alpha}_2,\cdots,\boldsymbol{\alpha}_r)\boldsymbol{C})\leqslant R(\boldsymbol{C})$$

知 $R(\boldsymbol{C})=r$,故 $\boldsymbol{C}$ 是可逆矩阵.

又由

$$\boldsymbol{\alpha}=(\boldsymbol{\beta}_1,\boldsymbol{\beta}_2,\cdots,\boldsymbol{\beta}_r)\boldsymbol{y}=(\boldsymbol{\alpha}_1,\boldsymbol{\alpha}_2,\cdots,\boldsymbol{\alpha}_r)\boldsymbol{C}\boldsymbol{y}=(\boldsymbol{\alpha}_1,\boldsymbol{\alpha}_2,\cdots,\boldsymbol{\alpha}_r)(\boldsymbol{C}\boldsymbol{y})$$

和

$$\boldsymbol{\alpha}=(\boldsymbol{\alpha}_1,\boldsymbol{\alpha}_2,\cdots,\boldsymbol{\alpha}_r)\boldsymbol{x}$$

及坐标表示的唯一性知 $\boldsymbol{x}=\boldsymbol{C}\boldsymbol{y}$ 或 $\boldsymbol{y}=\boldsymbol{C}^{-1}\boldsymbol{x}$.

例 4.12 设 $\boldsymbol{P}$ 是 n 阶非奇异矩阵,$\boldsymbol{p}_1,\boldsymbol{p}_2,\cdots,\boldsymbol{p}_n$ 是 $\boldsymbol{P}$ 的列构成的向量组,证明 $\boldsymbol{p}_1,\boldsymbol{p}_2,\cdots,\boldsymbol{p}_n$ 是 $\mathbf{R}^n$ 的一个基,若 $\boldsymbol{y}=(y_1,y_2,\cdots,y_n)^{\mathrm{T}}$ 是向量 $\boldsymbol{x}=(x_1,x_2,\cdots,x_n)^{\mathrm{T}}$ 在基 $\boldsymbol{p}_1,\boldsymbol{p}_2,\cdots,\boldsymbol{p}_n$ 下的坐标,求 $\boldsymbol{y}$ 与 $\boldsymbol{x}$ 的关系.

解 记 $\boldsymbol{e}_1,\boldsymbol{e}_2,\cdots,\boldsymbol{e}_n$ 为单位矩阵 $\boldsymbol{I}_n$ 的各列对应的向量,则由例 4.10 的证明过程知 $\boldsymbol{x}$ 是与基 $\boldsymbol{e}_1,\boldsymbol{e}_2,\cdots,\boldsymbol{e}_n$ 对应的坐标,又因

$$(\boldsymbol{p}_1,\boldsymbol{p}_2,\cdots,\boldsymbol{p}_n)=(\boldsymbol{e}_1,\boldsymbol{e}_2,\cdots,\boldsymbol{e}_n)\boldsymbol{P}$$

所以 $\boldsymbol{P}$ 为基 $\boldsymbol{e}_1,\boldsymbol{e}_2,\cdots,\boldsymbol{e}_n$ 到基 $\boldsymbol{p}_1,\boldsymbol{p}_2,\cdots,\boldsymbol{p}_n$ 的过渡矩阵. 故由定理 4.10 知

$$\boldsymbol{x}=\boldsymbol{P}\boldsymbol{y} \quad 或 \quad \boldsymbol{y}=\boldsymbol{P}^{-1}\boldsymbol{x}$$

4.4 齐次线性方程组求解

设有 n 元齐次线性方程组

$$\begin{cases} a_{11}x_1+a_{12}x_2+\cdots+a_{1n}x_n=0 \\ a_{21}x_1+a_{22}x_2+\cdots+a_{2n}x_n=0 \\ \qquad\qquad\vdots \\ a_{m1}x_1+a_{m2}x_2+\cdots+a_{mn}x_n=0 \end{cases} \tag{4.22}$$

记

$$A=\begin{pmatrix} a_{11} & a_{12} & \cdots & a_{1n} \\ a_{21} & a_{21} & \cdots & a_{2n} \\ \vdots & \vdots & & \vdots \\ a_{m1} & a_{m2} & \cdots & a_{mn} \end{pmatrix},\quad x=\begin{pmatrix} x_1 \\ x_2 \\ \vdots \\ x_n \end{pmatrix} \tag{4.23}$$

则方程组(4.22)可写成

$$Ax=0 \tag{4.24}$$

方程(4.24)的解满足：

定理 4.11 齐次线性方程组 $Ax=0$ 的解集合 $S=\{x\mid Ax=0\}$ 是向量空间(称之为 $Ax=0$ 的**解空间**).

证 若 $\xi_1,\xi_2\in S$，即 $A\xi_1=0,A\xi_2=0$，则

$$A(\xi_1+\xi_2)=A\xi_1+A\xi_2=0+0=0$$

$$A(k\xi_1)=kA\xi_1=k(A\xi_1)=k\cdot 0=0$$

于是 $\xi_1+\xi_2$ 和 $k\xi_1$ 是 $Ax=0$ 的解，即 S 是向量空间.

注意，非齐次线性方程组的解集合 $S_1=\{x\mid Ax=b\}$ 不是向量空间. 这是因为若 S_1 为空集时，不是向量空间；若 S_1 非空时，对 $x\in S_1$ 有

$$A(2x)=2Ax=2b\neq b$$

即 $2x\notin S_1$.

由定理 4.11 知，如果能求出解空间的一组基，则解空间就是由这组基生成的向量空间. 齐次线性方程组解空间的基也称为方程组的**基础解系**. 只要找到了解空间的一个基础解系

$$\xi_1,\xi_2,\cdots,\xi_s \tag{4.25}$$

则解空间 S 可表示为

$$S=\{x\mid x=k_1\xi_1+k_2\xi_2+\cdots+k_s\xi_s,k_i\in\mathbf{R}\} \tag{4.26}$$

其中

$$x=k_1\xi_1+k_2\xi_2+\cdots+k_s\xi_s \tag{4.27}$$

是所有解的一般表达式，称为齐次线性方程(4.24)的**通解**.

关于齐次线性方程(4.24)的基础解系，有下面的结论.

定理 4.12(基础解系的构造) 如果方程(4.24)系数矩阵 A 经初等行变换后的行最简形矩阵为

$$A\xrightarrow{\text{初等行变换}}\begin{pmatrix} I_r & A_{12}^* \\ O & O \end{pmatrix}\begin{matrix} r \\ m-r \end{matrix} \quad (\text{列块宽度 } r,\ n-r) \tag{4.28}$$

则 $R(A)=r$. 如果 $r=n$，则方程**只有零解**，这时的解空间为 0 维空间. 如果 $r<n$，则方程有无穷多个解(或**有非零解**)，这时方程的解空间为 $n-r$ 维向量空间，且矩阵

$$\begin{pmatrix} \boldsymbol{A}_{12}^{*} \\ -\boldsymbol{I}_{n-r} \end{pmatrix} \tag{4.29}$$

的各列构成方程(4.24)的一个基础解系.

证 由于方程(4.24)的系数矩阵 $\boldsymbol{A}$ 经初等行变换后的行最简形矩阵为(4.28),故方程(4.24)的同解方程为

$$(\boldsymbol{I}_r \quad \boldsymbol{A}_{12}^{*}) \begin{pmatrix} \boldsymbol{x}^{(1)} \\ \boldsymbol{x}^{(2)} \end{pmatrix} = \boldsymbol{0} \tag{4.30}$$

其中

$$\boldsymbol{x}^{(1)} = \begin{pmatrix} x_1 \\ x_2 \\ \vdots \\ x_r \end{pmatrix}, \quad \boldsymbol{x}^{(2)} = \begin{pmatrix} x_{r+1} \\ x_{r+2} \\ \vdots \\ x_n \end{pmatrix} \tag{4.31}$$

若 $r=n$,则 $n-r=0$,$\boldsymbol{A}_{12}^{*}$ 消失,方程(4.30)变为 $\boldsymbol{x}=\boldsymbol{0}$,故方程只有零解.

若 $r<n$,则由

$$(\boldsymbol{I}_r \quad \boldsymbol{A}_{12}^{*}) \begin{pmatrix} \boldsymbol{A}_{12}^{*} \\ -\boldsymbol{I}_{n-r} \end{pmatrix} = \boldsymbol{0}$$

知矩阵(4.29)的 $n-r$ 个列向量

$$\boldsymbol{\xi}_1, \boldsymbol{\xi}_2, \cdots, \boldsymbol{\xi}_{n-r} \tag{4.32}$$

都是齐次线性方程(4.30)的解.

若向量

$$\boldsymbol{x} = \begin{pmatrix} \boldsymbol{x}^{(1)} \\ \boldsymbol{x}^{(2)} \end{pmatrix} \begin{matrix} r \\ n-r \end{matrix}$$

是方程(4.30)的任一非零解,其中 $\boldsymbol{x}^{(1)}, \boldsymbol{x}^{(2)}$ 由式(4.31)给出. 则由

$$(\boldsymbol{I}_r \quad \boldsymbol{A}_{12}^{*}) \begin{pmatrix} \boldsymbol{x}^{(1)} \\ \boldsymbol{x}^{(2)} \end{pmatrix} = \boldsymbol{0}$$

知

$$\boldsymbol{x}^{(1)} = -\boldsymbol{A}_{12}^{*} \boldsymbol{x}^{(2)}$$

于是

$$\begin{aligned} \boldsymbol{x} &= \begin{pmatrix} \boldsymbol{x}^{(1)} \\ \boldsymbol{x}^{(2)} \end{pmatrix} = \begin{pmatrix} -\boldsymbol{A}_{12}^{*} \boldsymbol{x}^{(2)} \\ \boldsymbol{I}_{n-r} \boldsymbol{x}^{(2)} \end{pmatrix} = \begin{pmatrix} \boldsymbol{A}_{12}^{*} \\ -\boldsymbol{I}_{n-r} \end{pmatrix} (-\boldsymbol{x}^{(2)}) \\ &= -x_{r+1}\boldsymbol{\xi}_1 - x_{r+2}\boldsymbol{\xi}_2 - \cdots - x_n \boldsymbol{\xi}_{n-r} \end{aligned}$$

即 $\boldsymbol{x}$ 可由向量组(4.32)(即矩阵(4.29)的列向量)线性表示. 又由

$$R\left(\begin{pmatrix} \boldsymbol{A}_{12}^{*} \\ -\boldsymbol{I}_{n-r} \end{pmatrix} \right) \geqslant R(-\boldsymbol{I}_{n-r}) = n-r$$

知向量组(4.32)线性无关,故该向量组构成解空间的一个基,从而是方程(4.30)或(4.24)的一个基础解系.

例 4.13 求下列方程的通解

$$\begin{cases} x_1 + x_2 + x_3 + x_4 = 0 \\ x_1 + 2x_2 - x_3 + 4x_4 = 0 \\ 2x_1 - 3x_2 - x_3 = 0 \\ 3x_1 + x_2 + 2x_3 + 2x_4 = 0 \end{cases}$$

解 将系数矩阵 $\boldsymbol{A}$ 化为行最简形矩阵,有

$$\boldsymbol{A} = \begin{pmatrix} 1 & 1 & 1 & 1 \\ 1 & 2 & -1 & 4 \\ 2 & -3 & -1 & 0 \\ 3 & 1 & 2 & 2 \end{pmatrix} \xrightarrow[r_4 - 3r_1]{\substack{r_2 - r_1 \\ r_3 - 2r_1}} \begin{pmatrix} 1 & 1 & 1 & 1 \\ 0 & 1 & -2 & 3 \\ 0 & -5 & -3 & -2 \\ 0 & -2 & -1 & -1 \end{pmatrix}$$

$$\xrightarrow[r_4 + 2r_2]{\substack{r_3 + 5r_2 \\ r_1 - r_2}} \begin{pmatrix} 1 & 0 & 3 & -2 \\ 0 & 1 & -2 & 3 \\ 0 & 0 & -13 & 13 \\ 0 & 0 & -5 & 5 \end{pmatrix} \xrightarrow[\frac{1}{5} r_4]{-\frac{1}{13} r_3} \begin{pmatrix} 1 & 0 & 3 & -2 \\ 0 & 1 & -2 & 3 \\ 0 & 0 & 1 & -1 \\ 0 & 0 & -1 & 1 \end{pmatrix}$$

$$\xrightarrow[r_1 - 3r_3]{\substack{r_2 + 2r_3 \\ r_4 + r_3}} \left(\begin{array}{ccc:c} 1 & 0 & 0 & 1 \\ 0 & 1 & 0 & 1 \\ 0 & 0 & 1 & -1 \\ \hdashline 0 & 0 & 0 & 0 \end{array}\right)$$

这时 $r = R(\boldsymbol{A}) = 3$,故由定理 4.6 知该方程的基础解系为

$$\boldsymbol{\xi} = \begin{pmatrix} 1 \\ 1 \\ -1 \\ -1 \end{pmatrix}$$

通解为 $\boldsymbol{x} = k\boldsymbol{\xi}$.

注:如果系数矩阵 $\boldsymbol{A}$ 的行最简形矩阵中非零行的第一个非 0 元素不在主对角线上,或矩阵的行数不等于列数,则可将行最简形矩阵**变形**,然后根据**变形矩阵**直接写出通解,其方法是:

(1)**拉开**,通过插入(或删除)零行把行最简形矩阵变为方阵,同时使非零行的第一个非 0 元素(即数 1)在主对角线上;

(2)**改 −1**,将零行的主对角元素改为 −1;

(3)**写通解**,主对角元素改为 −1 的列构成基础解系.

齐次方程的行最简形矩阵变形方法[①]如式(4.33)所示.

$$\begin{pmatrix}1 & h_1 & 0 & h_2 & h_3\\0 & 0 & 1 & h_4 & h_5\\0 & 0 & 0 & 0 & 0\end{pmatrix}\xrightarrow{\text{变形}}\begin{pmatrix}1 & h_1 & 0 & h_2 & h_3\\0 & -1 & 0 & 0 & 0\\0 & 0 & 1 & h_4 & h_5\\0 & 0 & 0 & -1 & 0\\0 & 0 & 0 & 0 & -1\end{pmatrix}\begin{matrix}\leftarrow \text{原非 0 行}\\ \\ \leftarrow \text{原非 0 行}\\ \\ \\ \end{matrix} \tag{4.33}$$

基础解系：$\boldsymbol{\xi}_1$（第 2 列），$\boldsymbol{\xi}_2$（第 4 列），$\boldsymbol{\xi}_3$（第 5 列）

例 4.14 求方程组

$$\begin{cases}x_1-x_2-x_3+x_4=0\\x_1-x_2+x_3-3x_4=0\\x_1-x_2-2x_3+3x_4=0\end{cases}$$

的基础解系和通解.

解 将系数矩阵 $\boldsymbol{A}$ 化为行最简形矩阵,有

$$\boldsymbol{A}=\begin{pmatrix}1 & -1 & -1 & 1\\1 & -1 & 1 & -3\\1 & -1 & -2 & 3\end{pmatrix}\xrightarrow[r_3-r_1]{r_2-r_1}\begin{pmatrix}1 & -1 & -1 & 1\\0 & 0 & 2 & -4\\0 & 0 & -1 & 2\end{pmatrix}$$

$$\xrightarrow[\substack{r_3+r_2\\r_1+r_2}]{\frac{1}{2}r_2}\begin{pmatrix}1 & -1 & 0 & -1\\0 & 0 & 1 & -2\\0 & 0 & 0 & 0\end{pmatrix}$$

行最简形矩阵变形为

---

① 事实上,对(4.33)式左边的行最简形矩阵,可通过交换 2,3 列(即 $c_2\leftrightarrow c_3$)得到未知向量$(x_1,x_3,x_2,x_4,x_5)^{\mathrm{T}}$(即同时交换 2,3 两未知数)对应的行最简形矩阵为

$$\begin{pmatrix}1 & 0 & h_1 & h_2 & h_3\\0 & 1 & 0 & h_4 & h_5\\0 & 0 & 0 & 0 & 0\end{pmatrix}$$

根据定理 4.12 可知与未知向量$(x_1,x_3,x_2,x_4,x_5)^{\mathrm{T}}$ 对应的基础解系为矩阵

$$\left(\begin{array}{cc:ccc}1 & 0 & h_1 & h_2 & h_3\\0 & 1 & 0 & h_4 & h_5\\ \hdashline 0 & 0 & -1 & 0 & 0\\0 & 0 & 0 & -1 & 0\\0 & 0 & 0 & 0 & -1\end{array}\right)$$

的后 3 列.然后再交换回原未知数所在的位置(只需再做相应的行交换 $r_2\leftrightarrow r_3$,同时做相应的列交换 $c_2\leftrightarrow c_3$),则可知原未知向量$(x_1,x_2,x_3,x_4,x_5)^{\mathrm{T}}$ 对应的基础解系为式(4.33)中变形后矩阵的主对角元素-1所在的列.

$$\begin{pmatrix}1 & -1 & 0 & -1\\0 & -1 & 0 & 0\\0 & 0 & 1 & -2\\0 & 0 & 0 & -1\end{pmatrix}$$

故方程的一个基础解系为

$$\boldsymbol{\xi}_1=\begin{pmatrix}-1\\-1\\0\\0\end{pmatrix},\quad \boldsymbol{\xi}_2=\begin{pmatrix}-1\\0\\-2\\-1\end{pmatrix}$$

基础解系也可取作$(-\boldsymbol{\xi}_1,-\boldsymbol{\xi}_2)$.

方程的通解为

$$\boldsymbol{x}=k_1\boldsymbol{\xi}_1+k_2\boldsymbol{\xi}_2$$

例 4.15 求方程组

$$\begin{cases}x_1+2x_2+3x_3=0\\2x_1+4x_2+7x_3=0\\x_1+2x_2+5x_3=0\\3x_1+6x_2+8x_3=0\end{cases}$$

的通解.

解 将系数矩阵 $\boldsymbol{A}$ 化为行最简形矩阵,有

$$\boldsymbol{A}=\begin{pmatrix}1 & 2 & 3\\2 & 4 & 7\\1 & 2 & 5\\3 & 6 & 8\end{pmatrix}\xrightarrow[r_4-3r_1]{\substack{r_2-2r_1\\r_3-r_1}}\begin{pmatrix}1 & 2 & 3\\0 & 0 & 1\\0 & 0 & 2\\0 & 0 & -1\end{pmatrix}\xrightarrow[r_4+r_2]{\substack{r_1-3r_2\\r_3-2r_2}}\begin{pmatrix}1 & 2 & 0\\0 & 0 & 1\\0 & 0 & 0\\0 & 0 & 0\end{pmatrix}$$

行最简形矩阵变形为

$$\begin{pmatrix}1 & 2 & 0\\0 & -1 & 0\\0 & 0 & 1\end{pmatrix}$$

故方程的通解为

$$\boldsymbol{x}=k\begin{pmatrix}2\\-1\\0\end{pmatrix}$$

例 4.16 判断下列方程组是否有非零解

$$\begin{cases}x_1-2x_2+4x_3-7x_4=0\\2x_1+3x_2-x_3+5x_4=0\\3x_1+x_2+2x_3-7x_4=0\\4x_1-x_2-3x_3+6x_4=0\end{cases}$$

解 对其系数矩阵 $\boldsymbol{A}$ 施行初等行变换

$$\boldsymbol{A}=\begin{pmatrix}1&-2&4&-7\\2&3&-1&5\\3&1&2&-7\\4&-1&-3&6\end{pmatrix}\xrightarrow[\substack{r_3-3r_1\\r_4-4r_1}]{r_2-2r_1}\begin{pmatrix}1&-2&4&-7\\0&7&-9&19\\0&7&-10&14\\0&7&-19&34\end{pmatrix}$$

$$\xrightarrow[r_4-r_2]{r_3-r_2}\begin{pmatrix}1&-2&4&-7\\0&7&-9&19\\0&0&-1&-5\\0&0&-10&15\end{pmatrix}\xrightarrow{r_4-10r_3}\begin{pmatrix}1&-2&4&-7\\0&7&-9&19\\0&0&-1&-5\\0&0&0&65\end{pmatrix}$$

由于 $R(\boldsymbol{A})=4$(恰为未知数个数),所以原方程组只有零解,变换不必继续进行.

4.5 非齐次线性方程组求解

设有非齐次线性方程组

$$\begin{cases}a_{11}x_1+a_{12}x_2+\cdots+a_{1n}x_n=b_1\\a_{21}x_1+a_{22}x_2+\cdots+a_{2n}x_n=b_2\\\qquad\vdots\\a_{m1}x_1+a_{m2}x_2+\cdots+a_{mn}x_n=b_m\end{cases}\tag{4.34}$$

记

$$\boldsymbol{A}=\begin{pmatrix}a_{11}&a_{12}&\cdots&a_{1n}\\a_{21}&a_{22}&\cdots&a_{2n}\\\vdots&\vdots&&\vdots\\a_{m1}&a_{m2}&\cdots&a_{mn}\end{pmatrix},\quad\boldsymbol{x}=\begin{pmatrix}x_1\\x_2\\\vdots\\x_n\end{pmatrix},\quad\boldsymbol{b}=\begin{pmatrix}b_1\\b_2\\\vdots\\b_m\end{pmatrix}$$

则方程组(4.34)可写成

$$\boldsymbol{Ax}=\boldsymbol{b}\tag{4.35}$$

与之对应的齐次方程为

$$\boldsymbol{Ax}=\boldsymbol{0}\tag{4.36}$$

非齐次方程的解具有如下性质:

性质 4.1 非齐次方程 $\boldsymbol{Ax}=\boldsymbol{b}$ 的解具有下列性质

(1)若 $\boldsymbol{\xi}^*$ 是 $\boldsymbol{Ax}=\boldsymbol{b}$ 的一个特解,则对 $\boldsymbol{Ax}=\boldsymbol{b}$ 的任何一个解 $\boldsymbol{x}$,都有 $\boldsymbol{\xi}=\boldsymbol{x}-\boldsymbol{\xi}^*$ 是 $\boldsymbol{Ax}=\boldsymbol{0}$的解,从而非齐次方程的任何解都可表示为 $\boldsymbol{x}=\boldsymbol{\xi}+\boldsymbol{\xi}^*$;

(2)若 $\boldsymbol{\xi}^*$ 是 $\boldsymbol{Ax}=\boldsymbol{b}$ 的一个特解，$\boldsymbol{\xi}$ 是 $\boldsymbol{Ax}=\boldsymbol{0}$ 的任一解，则 $\boldsymbol{x}=\boldsymbol{\xi}+\boldsymbol{\xi}^*$ 也是 $\boldsymbol{Ax}=\boldsymbol{b}$ 的解.

证 (1) $\boldsymbol{A\xi}=\boldsymbol{A}(\boldsymbol{x}-\boldsymbol{\xi}^*)=\boldsymbol{Ax}-\boldsymbol{A\xi}^*=\boldsymbol{b}-\boldsymbol{b}=\boldsymbol{0}$，故之.

(2) $\boldsymbol{Ax}=\boldsymbol{A}(\boldsymbol{\xi}+\boldsymbol{\xi}^*)=\boldsymbol{A\xi}+\boldsymbol{A\xi}^*=\boldsymbol{0}+\boldsymbol{b}=\boldsymbol{b}$，故之.

性质 4.1 表明：若 $\boldsymbol{\xi}^*$ 是 $\boldsymbol{Ax}=\boldsymbol{b}$ 的一个特解，$\boldsymbol{\xi}$ 是对应的齐次方程 $\boldsymbol{Ax}=\boldsymbol{0}$ 的通解，则 $\boldsymbol{Ax}=\boldsymbol{b}$ 的任何一个解 $\boldsymbol{x}$ 都可表示为

$$\boldsymbol{x}=\boldsymbol{\xi}+\boldsymbol{\xi}^*$$

因此，若

$$\boldsymbol{\xi}_1,\boldsymbol{\xi}_2,\cdots,\boldsymbol{\xi}_s \tag{4.37}$$

是对应的齐次方程 $\boldsymbol{Ax}=\boldsymbol{0}$ 的一个基础解系，则

$$\boldsymbol{x}=k_1\boldsymbol{\xi}_1+k_2\boldsymbol{\xi}_2+\cdots+k_s\boldsymbol{\xi}_s+\boldsymbol{\xi}^* \tag{4.38}$$

就是非齐次方程 $\boldsymbol{Ax}=\boldsymbol{b}$ 所有解的一般表达式，称其为非齐次线性方程的**通解**. 这时，非齐次方程的**解集合**就可表示为

$$S=\{\boldsymbol{x}\mid \boldsymbol{x}=k_1\boldsymbol{\xi}_1+k_2\boldsymbol{\xi}_2+\cdots+k_s\boldsymbol{\xi}_s+\boldsymbol{\xi}^*,k_i\in\mathbf{R}\} \tag{4.39}$$

亦即，只要能找到了非齐次方程的一个特解 $\boldsymbol{\xi}^*$ 和对应的齐次方程 $\boldsymbol{Ax}=\boldsymbol{0}$ 的基础解系，就可写出非齐次方程的通解.

对非齐次方程组的通解，我们也可以由行最简形矩阵直接得到.

若非齐次方程(4.35)的增广矩阵$(\boldsymbol{A},\boldsymbol{b})$的行最简形矩阵为

$$\begin{array}{c} \begin{matrix} r & n-r & 1 \end{matrix} \\ \begin{pmatrix} \boldsymbol{I}_r & \boldsymbol{A}_{12}^* & \boldsymbol{b}_1^* \\ \boldsymbol{O} & \boldsymbol{O} & \boldsymbol{0} \end{pmatrix} \begin{matrix} r \\ m-r \end{matrix} \end{array}$$

则 $R(\boldsymbol{A},\boldsymbol{b})=R(\boldsymbol{A})=r$. 这时方程(4.35)的同解方程为

$$(\boldsymbol{I}_r \quad \boldsymbol{A}_{12}^*)\begin{pmatrix} \boldsymbol{x}^{(1)} \\ \boldsymbol{x}^{(2)} \end{pmatrix}=\boldsymbol{b}_1^* \tag{4.40}$$

其中

$$\boldsymbol{x}^{(1)}=\begin{pmatrix} x_1 \\ x_2 \\ \vdots \\ x_r \end{pmatrix},\quad \boldsymbol{x}^{(2)}=\begin{pmatrix} x_{r+1} \\ x_{r+2} \\ \vdots \\ x_n \end{pmatrix}$$

若 $r=n$，则 $n-r=0$，矩阵 $\boldsymbol{A}_{12}^*$ 和向量 $\boldsymbol{x}^{(2)}$ 消失，$\boldsymbol{x}=\boldsymbol{x}^{(1)}$，方程(4.40)变为

$$\boldsymbol{x}^{(1)}=\boldsymbol{b}_1^* \tag{4.41}$$

这时方程有唯一解 $\boldsymbol{x}=\boldsymbol{x}^{(1)}=\boldsymbol{b}_1^*$.

若 $r<n$，则方程(4.40)变为

$$\boldsymbol{x}^{(1)}+\boldsymbol{A}_{12}^*\boldsymbol{x}^{(2)}=\boldsymbol{b}_1^*$$

令 $\boldsymbol{x}^{(2)}=\boldsymbol{0}$,即得方程(4.40)的一个特解

$$\boldsymbol{\xi}^{*}=\begin{pmatrix}\boldsymbol{x}^{(1)}\\ \boldsymbol{x}^{(2)}\end{pmatrix}=\begin{pmatrix}\boldsymbol{b}_1^{*}\\ \boldsymbol{0}\end{pmatrix}\tag{4.42}$$

再结合齐次方程的基础解系的构造可得非齐次方程(4.35)的通解结构.

定理 4.13(非齐次方程的通解构造) 如果非齐次方程(4.35)的增广矩阵$\boldsymbol{B}=(\boldsymbol{A},\boldsymbol{b})$的行最简形矩阵为

$$\begin{array}{c} \quad r \qquad n-r \qquad 1 \\ \begin{pmatrix}\boldsymbol{I}_r & \boldsymbol{A}_{12}^{*} & \boldsymbol{b}_1^{*}\\ \boldsymbol{O} & \boldsymbol{O} & \boldsymbol{0}\end{pmatrix}\begin{matrix}r\\ m-r\end{matrix}\end{array}\tag{4.43}$$

则 $R(\boldsymbol{B})=R(\boldsymbol{A})=r$. 如果 $r=n$,则方程有唯一解 $\boldsymbol{x}=\boldsymbol{b}_1^{*}$,如果 $r<n$,则方程有无穷多个解,其通解可表示为

$$\boldsymbol{x}=k_1\boldsymbol{\xi}_1+k_2\boldsymbol{\xi}_2+\cdots+k_{n-r}\boldsymbol{\xi}_{n-r}+\boldsymbol{\xi}^{*}\tag{4.44}$$

其中 $\boldsymbol{\xi}_1,\boldsymbol{\xi}_2,\cdots,\boldsymbol{\xi}_{n-r},\boldsymbol{\xi}^{*}$ 是矩阵

$$\begin{pmatrix}\boldsymbol{A}_{12}^{*} & \boldsymbol{b}_1^{*}\\ -\boldsymbol{I}_{n-r} & \boldsymbol{0}\end{pmatrix}\tag{4.45}$$

的各个对应列构成的向量.

例 4.17 求方程组

$$\begin{cases}x_1+x_2-3x_3-x_4=1\\ 3x_1+2x_2-3x_3+4x_4=4\\ x_1+2x_2-9x_3-8x_4=0\end{cases}$$

的通解.

解 将增广矩阵化为行最简形矩阵,有

$$(\boldsymbol{A},\boldsymbol{b})=\begin{pmatrix}1&1&-3&-1&1\\3&2&-3&4&4\\1&2&-9&-8&0\end{pmatrix}\xrightarrow[r_2-3r_1]{r_3-r_1}\begin{pmatrix}1&1&-3&-1&1\\0&-1&6&7&1\\0&1&-6&-7&-1\end{pmatrix}$$

$$\xrightarrow[-r_2]{\substack{r_1+r_2\\ r_3+r_2}}\left(\begin{array}{cccc:c}1&0&3&6&2\\0&1&-6&-7&-1\\0&0&0&0&0\end{array}\right)$$

故方程的通解为

$$\boldsymbol{x}=k_1\begin{pmatrix}3\\-6\\-1\\0\end{pmatrix}+k_2\begin{pmatrix}6\\-7\\0\\-1\end{pmatrix}+\begin{pmatrix}2\\-1\\0\\0\end{pmatrix}$$

注:同齐次方程通解的说明一样,如果系数矩阵 $\boldsymbol{A}$ 的行最简形矩阵中非零行的第一个非 0 元素不在主对角线上,或矩阵的行数不等于未知数个数,则可将行最

简形矩阵**变形**，然后根据**变形矩阵**直接写出通解，其方法是：

(1)**拉开**，通过插入(或删除)零行把行最简形矩阵的行数变为同未知数的个数，同时使非零行的第一个非0元素(即数1)在主对角线上；

(2)**改－1**，将零行的主对角元素改为－1；

(3)**写通解**，主对角线元素改为－1的列构成齐次方程的基础解系，最后一列构成非齐次方程的特解，并由此写出非齐次方程的通解.

非齐次方程的行最简形矩阵变形方法如式(4.46)所示.

$$\left(\begin{array}{ccccc:c}1 & h_1 & 0 & h_2 & h_3 & s_1\\ 0 & 0 & 1 & h_4 & h_5 & s_2\\ 0 & 0 & 0 & 0 & 0 & 0\end{array}\right)\xrightarrow{\text{变形}}\left(\begin{array}{ccccc:c}1 & h_1 & 0 & h_2 & h_3 & s_1\\ 0 & -1 & 0 & 0 & 0 & 0\\ 0 & 0 & 1 & h_4 & h_5 & s_2\\ 0 & 0 & 0 & -1 & 0 & 0\\ 0 & 0 & 0 & 0 & -1 & 0\end{array}\right) \tag{4.46}$$

基础解系与特解：$\boldsymbol{\xi}_1$ (第2列)，$\boldsymbol{\xi}_2$ (第4列)，$\boldsymbol{\xi}_3$ (第5列)，$\boldsymbol{\xi}^*$ (最后一列)

例 4.18 求解方程组

$$\begin{cases}-x_1+2x_2+3x_3+3x_4=2\\ x_1-2x_2+x_3+x_4=2\\ 2x_1-4x_2+2x_3+3x_4=4\end{cases}$$

解 将增广矩阵化为行最简形，有

$$(\boldsymbol{A},\boldsymbol{b})=\begin{pmatrix}-1 & 2 & 3 & 3 & 2\\ 1 & -2 & 1 & 1 & 2\\ 2 & -4 & 2 & 3 & 4\end{pmatrix}\xrightarrow[r_3+2r_1]{r_2+r_1}\begin{pmatrix}-1 & 2 & 3 & 3 & 2\\ 0 & 0 & 4 & 4 & 4\\ 0 & 0 & 8 & 9 & 8\end{pmatrix}$$

$$\xrightarrow[\frac{1}{4}r_2]{r_3-2r_2}\begin{pmatrix}-1 & 2 & 3 & 3 & 2\\ 0 & 0 & 1 & 1 & 1\\ 0 & 0 & 0 & 1 & 0\end{pmatrix}\xrightarrow[r_2-r_3]{r_1-3r_2}\begin{pmatrix}-1 & 2 & 0 & 0 & -1\\ 0 & 0 & 1 & 0 & 1\\ 0 & 0 & 0 & 1 & 0\end{pmatrix}$$

$$\xrightarrow{(-1)r_1}\left(\begin{array}{cccc:c}1 & -2 & 0 & 0 & 1\\ 0 & 0 & 1 & 0 & 1\\ 0 & 0 & 0 & 1 & 0\end{array}\right)$$

行最简形矩阵变形为

$$\left(\begin{array}{cccc:c}1 & -2 & 0 & 0 & 1\\ 0 & -1 & 0 & 0 & 0\\ 0 & 0 & 1 & 0 & 1\\ 0 & 0 & 0 & 1 & 0\end{array}\right)$$

故所求通解为

$$x = k\begin{pmatrix}-2\\-1\\0\\0\end{pmatrix}+\begin{pmatrix}1\\0\\1\\0\end{pmatrix}$$

例 4.19 λ 为何值时，方程组

$$\begin{cases}\lambda x_1+x_2+x_3=1\\x_1+\lambda x_2+x_3=\lambda\\x_1+x_2+\lambda x_3=\lambda^2\end{cases}$$

(1)无解；(2)有无穷多个解；(3)有唯一解；有解时求出全部解.

解 对增广矩阵施行初等行变换得

$$\boldsymbol{B}=(\boldsymbol{A},\boldsymbol{b})=\begin{pmatrix}\lambda&1&1&1\\1&\lambda&1&\lambda\\1&1&\lambda&\lambda^2\end{pmatrix}\xrightarrow{r_1\leftrightarrow r_3}\begin{pmatrix}1&1&\lambda&\lambda^2\\1&\lambda&1&\lambda\\\lambda&1&1&1\end{pmatrix}$$

$$\xrightarrow[r_3-\lambda r_1]{r_2-r_1}\begin{pmatrix}1&1&\lambda&\lambda^2\\0&\lambda-1&1-\lambda&\lambda-\lambda^2\\0&1-\lambda&1-\lambda^2&1-\lambda^3\end{pmatrix}$$

$$\xrightarrow{r_3+r_2}\left(\begin{array}{ccc:c}1&1&\lambda&\lambda^2\\0&\lambda-1&1-\lambda&\lambda(1-\lambda)\\0&0&(1-\lambda)(2+\lambda)&(1-\lambda)(1+\lambda)^2\end{array}\right)$$

由增广矩阵的阶梯形可看出：

(1)当 $\lambda=-2$ 时，$R(\boldsymbol{B})=3>2=R(\boldsymbol{A})$，方程组无解.

(2)当 $\lambda=1$ 时，$R(\boldsymbol{A})=R(\boldsymbol{B})=1<3$，方程组有无穷多解，此时行最简形为

$$\left(\begin{array}{ccc:c}1&1&1&1\\0&0&0&0\\0&0&0&0\end{array}\right)\xrightarrow{\text{变形}}\left(\begin{array}{ccc:c}1&1&1&1\\0&-1&0&0\\0&0&-1&0\end{array}\right)$$

故通解为

$$x=k_1\begin{pmatrix}1\\-1\\0\end{pmatrix}+k_2\begin{pmatrix}1\\0\\-1\end{pmatrix}+\begin{pmatrix}1\\0\\0\end{pmatrix}$$

(3)当 $\lambda\neq1,\lambda\neq-2$ 时，$R(\boldsymbol{B})=R(\boldsymbol{A})=3$，方程组有唯一解. 这时对增广矩阵继续进行初等行变换，有

$$\boldsymbol{B}=(\boldsymbol{A},\boldsymbol{b})\xrightarrow[\frac{1}{(1-\lambda)(2+\lambda)}r_3]{\frac{1}{\lambda-1}r_2}\left(\begin{array}{ccc:c}1&1&\lambda&\lambda^2\\0&1&-1&-\lambda\\0&0&1&\dfrac{(1+\lambda)^2}{2+\lambda}\end{array}\right)$$

$$\xrightarrow[r_2+r_3]{r_1-r_2}\left(\begin{array}{ccc:c}1 & 0 & 1+\lambda & \lambda(1+\lambda) \\ 0 & 1 & 0 & \dfrac{(1+\lambda)^2}{2+\lambda}-\lambda \\ 0 & 0 & 1 & \dfrac{(1+\lambda)^2}{2+\lambda}\end{array}\right)\xrightarrow{r_1-(\lambda+1)r_3}\left(\begin{array}{ccc:c}1 & 0 & 0 & -\dfrac{1+\lambda}{2+\lambda} \\ 0 & 1 & 0 & \dfrac{1}{2+\lambda} \\ 0 & 0 & 1 & \dfrac{(1+\lambda)^2}{2+\lambda}\end{array}\right)$$

故方程的唯一解为

$$\boldsymbol{x}=\frac{1}{2+\lambda}\begin{pmatrix}-(1+\lambda) \\ 1 \\ (1+\lambda)^2\end{pmatrix}$$

注意:在行变换时,尽量不要把未知参数表达式作分母,除非能保证分母不为 0.

*4.6 解线性方程组的迭代法

前面解决了线性方程组何时有解,何时无解以及有解时解的结构等理论问题,但还存在求解的技术问题,也就是对相容的方程组如何快速准确地求得它的解.前面给出的消元法是在不考虑舍入误差时求精确解的直接方法,这种方法对高阶方程组由于占用计算机内存空间过多而难以在计算机上实现.下面介绍一种求解线性方程组的近似方法——迭代法,其优点是占内存少且编制程序简单,因而是计算机上常用的算法之一.

4.6.1 迭代法的基本思想

设 n 阶线性方程组

$$\boldsymbol{Ax}=\boldsymbol{b} \tag{4.47}$$

的系数矩阵 $\boldsymbol{A}$ 非奇异,写出它的一个等价形式

$$\boldsymbol{x}=\boldsymbol{Mx}+\boldsymbol{g} \tag{4.48}$$

任给 $\boldsymbol{x}$ 的一个值 $\boldsymbol{x}^{(0)}$ 称为**初始向量**,代入(4.48)右边,算出的结果记为 $\boldsymbol{x}^{(1)}$,即 $\boldsymbol{x}^{(1)}=\boldsymbol{Mx}^{(0)}+\boldsymbol{g}$,再将 $\boldsymbol{x}^{(1)}$ 代入(4.48)的右边,算得的结果记为 $\boldsymbol{x}^{(2)}$,…一般地

$$\boldsymbol{x}^{(k+1)}=\boldsymbol{Mx}^{(k)}+\boldsymbol{g} \tag{4.49}$$

它称为(4.47)的**迭代格式**,由 $\boldsymbol{x}^{(0)}$ 出发得到迭代序列 $\boldsymbol{x}^{(0)},\boldsymbol{x}^{(1)},\cdots,\boldsymbol{x}^{(k)},\cdots$,如果这个序列有极限 $\boldsymbol{x}^*$,即

$$\lim_{k\to\infty}\boldsymbol{x}^{(k)}=\boldsymbol{x}^* \tag{4.50}$$

称迭代格式(4.49)收敛,这时 $\boldsymbol{x}^*$ 就是(4.47)的解.式(4.50)是指

$$\lim_{k\to\infty}x_i^{(k)}=x_i^*$$

$$\text{或}\quad |x_i^{(k)}-x_i^*|\to 0,i=1,2,\cdots,n(k\to\infty)$$

这表示 n 维向量空间两向量 $\boldsymbol{x}^{(k)}$ 与 $\boldsymbol{x}^*$ 的“距离”趋于零，关于向量的“长度”及向量间的“距离”，下面将给出定义.

应用迭代法解线性方程组面临两个问题：

(1)如何构造一个收敛的迭代格式；

(2)由于迭代只能进行有限步，那么应在何时终止迭代以便能得到满意的近似解 $\boldsymbol{x}^{(k)}$.

4.6.2 向量的范数

n 维向量的范数是解析几何中向量长度的推广.

定义 4.8 n 维向量 $\boldsymbol{x}$ 的**范数** $\|x\|$ 是满足下列关系的非负实数.

(1)对任何 $\boldsymbol{x}$，$\|\boldsymbol{x}\|\geqslant 0$，仅当 $\boldsymbol{x}=\boldsymbol{0}$时，$\|\boldsymbol{x}\|=0$(非负性)；

(2)对任何实数 c，$\|c\boldsymbol{x}\|=|c|\,\|\boldsymbol{x}\|$(齐次性)；

(3)对任何 n 维向量 $\boldsymbol{x},\boldsymbol{y}$，有 $\|\boldsymbol{x}+\boldsymbol{y}\|\leqslant\|\boldsymbol{x}\|+\|\boldsymbol{y}\|$(三角不等式).

设 $\boldsymbol{x}=(x_1,x_2,\cdots,x_n)^{\mathrm{T}}$，由公式

$$\|\boldsymbol{x}\|_\infty=\max_{1\leqslant i\leqslant n}\{|x_i|\}$$

$$\|\boldsymbol{x}\|_1=|x_1|+|x_2|+\cdots+|x_n|$$

$$\|\boldsymbol{x}\|_2=\sqrt{x_1^2+x_2^2+\cdots+x_n^2}$$

定义的实数 $\|\boldsymbol{x}\|_\infty$，$\|\boldsymbol{x}\|_1$，$\|\boldsymbol{x}\|_2$ 都满足范数的三个关系，因此它们都可作为 $\boldsymbol{x}$ 的范数，分别称为 $\boldsymbol{x}$ 的 l_∞(最大模)范数，l_1 范数和 l_2(欧几里德)范数.

有了范数的定义，应明确指出(4.50)式在什么范数下成立，如

对 l_1 范数，$\lim\limits_{k\to\infty}\boldsymbol{x}^{(k)}=\boldsymbol{x}^*\Leftrightarrow\|\boldsymbol{x}^{(k)}-\boldsymbol{x}^*\|_1\to 0$

对 l_2 范数，$\lim\limits_{k\to\infty}\boldsymbol{x}^{(k)}=\boldsymbol{x}^*\Leftrightarrow\|\boldsymbol{x}^{(k)}-\boldsymbol{x}^*\|_2\to 0$

对 l_∞ 范数，$\lim\limits_{k\to\infty}\boldsymbol{x}^{(k)}=\boldsymbol{x}^*\Leftrightarrow\|\boldsymbol{x}^{(k)}-\boldsymbol{x}^*\|_\infty\to 0$

不过有定理保证，对某种范数$\lim\limits_{k\to\infty}\boldsymbol{x}^{(k)}=\boldsymbol{x}^*$ 成立时，则对任何范数都成立.

4.6.3 雅可比迭代法

对同一个方程组 $\boldsymbol{Ax}=\boldsymbol{b}$，可以构造各种迭代格式，从而有各种迭代方法，其中较简单的是雅可比(Jacobi)迭代法，也称简单迭代法，用下例说明这种方法.

例 4.20 解方程组

$$\begin{cases}10x_1-x_2-2x_3=7.2\\-x_1+10x_2-2x_3=8.3\\-x_1-x_2+5x_3=4.2\end{cases}\tag{4.51}$$

解 将方程组化为等价形式

$$\begin{cases} x_1 = \qquad\qquad 0.1x_2 + 0.2x_3 + 0.72 \\ x_2 = 0.1x_1 \qquad\qquad + 0.2x_3 + 0.83 \\ x_3 = 0.2x_1 + 0.2x_2 \qquad\qquad + 0.84 \end{cases} \tag{4.52}$$

构造迭代格式

$$\begin{cases} x_1^{(k+1)} = \qquad\qquad 0.1x_2^{(k)} + 0.2x_3^{(k)} + 0.72 \\ x_2^{(k+1)} = 0.1x_1^{(k)} \qquad\qquad + 0.2x_3^{(k)} + 0.83 \\ x_3^{(k+1)} = 0.2x_1^{(k)} + 0.2x_2^{(k)} \qquad\qquad + 0.84 \end{cases} \tag{4.53}$$

式(4.53)就是式(4.51)的**雅可比迭代格式**，任取迭代初值 $\boldsymbol{x}^{(0)}=(0,0,0)$，依次迭代得一系列近似值 $\boldsymbol{x}^{(k)}$，表 4.1 是迭代 9 次的结果，由于继续迭代不会有较大变化，所以取

$$\boldsymbol{x}^* \approx \boldsymbol{x}^{(9)} = (1.09994, 1.19994, 1.29992)^{\mathrm{T}}$$

表 4.1　雅可比法迭代 9 次结果

k	$x_1^{(k)}$	$x_2^{(k)}$	$x_3^{(k)}$
1	0.72000	0.83000	0.84000
2	0.97100	1.07000	1.15000
3	1.05700	1.15710	1.24820
4	1.08535	1.18534	1.28282
5	1.09510	1.19510	1.29414
6	1.09834	1.19834	1.29804
7	1.09944	1.19944	1.29934
8	1.09981	1.19981	1.29978
9	1.09994	1.19994	1.29992

而精确解 $\boldsymbol{x}^*=(1.1,1.2,1.3)^{\mathrm{T}}$，因此误差量 $\boldsymbol{e}=\boldsymbol{x}^*-\boldsymbol{x}^{(9)}$. 可以取任何范数衡量误差大小，如取 $\|\cdot\|_\infty$，则

$$\|\boldsymbol{e}\|_\infty = 8.0\times 10^{-5}$$

一般地，由于 $\boldsymbol{x}^*$ 未知，常以 $\|\boldsymbol{x}^{(k)}-\boldsymbol{x}^{(k-1)}\|$ 作为误差估计，即当它很小时停止迭代，取 $\boldsymbol{x}=\boldsymbol{x}^{(k)}$ 为近似解，在本例中 $\|\boldsymbol{x}^{(9)}-\boldsymbol{x}^{(8)}\|_\infty=1.4\times 10^{-4}$，略大于实际误差.

综上所述，雅可比迭代法的解题步骤是：

(1)写出等价方程并构造收敛的迭代格式，如式(4.53).

若由式(4.51)的第二个方程分离出 x_1，第三个方程分离出 x_2 及第一个方程分离出 x_3，有

$$\begin{cases} x_1^{(k+1)} = 10x_2^{(k)} - 2x_3^{(k)} - 8.3 \\ x_2^{(k+1)} = -x_1^{(k)} + 5x_3^{(k)} - 4.2 \\ x_3^{(k+1)} = 5x_1^{(k)} - 0.5x_2^{(k)} - 3.6 \end{cases} \tag{4.54}$$

这个迭代格式不收敛.

(2)按收敛的迭代格式计算，直至 $\| \boldsymbol{x}^{(k-1)} - \boldsymbol{x}^{(k)} \| < \varepsilon$ 时，取 $\boldsymbol{x}^{(k)}$ 为近似解，这里 ε 是一较小的正数，$\| \cdot \|$ 是任一指定的范数.

4.6.4 赛德尔迭代法

仍以上例说明赛德尔(Seidel)迭代过程，由式(4.52)构造迭代格式

$$\begin{cases} x_1^{(k+1)} = \qquad\qquad 0.1x_2^{(k)} + 0.2x_3^{(k)} + 0.72 \\ x_2^{(k+1)} = 0.1x_1^{(k+1)} \qquad\quad + 0.2x_3^{(k)} + 0.83 \\ x_3^{(k+1)} = 0.2x_1^{(k+1)} + 0.2x_2^{(k+1)} \qquad + 0.84 \end{cases} \tag{4.55}$$

迭代初始向量仍取 $\boldsymbol{x}^{(0)} = \boldsymbol{0}$，迭代 6 次结果见表 4.2.

表 4.2 赛德尔法迭代 6 次结果

$x_1^{(k)}$	$x_2^{(k)}$	$x_3^{(k)}$
0.72000	0.90200	1.16440
1.04308	1.16719	1.28205
1.09313	1.19572	1.29777
1.09913	1.19947	1.29972
1.09989	1.19993	1.29996
1.09999	1.19999	1.30000

对比两个表可知，赛德尔迭代 6 次的结果已优于雅可比迭代 9 次的结果，可见赛德尔法的收敛速度高于雅可比法，这是由于赛德尔法每次都及时地利用了新值，对于收敛的迭代格式，靠后的 $\boldsymbol{x}^{(k)}$ 通常更接近于 $\boldsymbol{x}^*$.

赛德尔法除收敛快外，编制程序更简单且节省内存.

4.6.5 收敛定理

对一般 n 阶线性方程组 $\boldsymbol{A}\boldsymbol{x} = \boldsymbol{b}$，若能改写成等价方程组

$$\begin{cases} x_1 = c_{11}x_1 + c_{12}x_2 + \cdots + c_{1n}x_n + g_1 \\ x_2 = c_{21}x_1 + c_{22}x_2 + \cdots + c_{2n}x_n + g_2 \\ \quad\vdots \\ x_n = c_{n1}x_1 + c_{n2}x_2 + \cdots + c_{nn}x_n + g_n \end{cases} \tag{4.56}$$

或
$$x_i = \sum_{j=1}^{n} c_{ij}x_j + g_i, \quad i = 1,2,\cdots,n$$

(这里 x_i 未必是由原来的第 i 个方程分离出来的). 雅可比迭代格式为

$$x_i^{(k+1)} = \sum_{j=1}^{n} c_{ij}x_j^{(k)} + g_i, \quad i = 1,2,\cdots,n \tag{4.57}$$

赛德尔迭代格式为

$$x_i^{(k+1)} = \sum_{j=1}^{i-1} c_{ij} x_j^{(k+1)} + \sum_{j=i}^{n} c_{ij} x_j^{(k)} + g_i, \quad i = 1,2,\cdots,n \tag{4.58}$$

定理 4.14 在等价方程组(4.36)中,若

$$\boldsymbol{L} = \max_{1\leqslant i\leqslant n} \sum_{j=1}^{n} |c_{ij}| < 1$$

则式(4.57)和式(4.58)这两种迭代格式对任意给定的迭代初值均**收敛**.

仅就式(4.57)给出证明.

证 设精确解 $\boldsymbol{x}^* = (x_1^*, x_2^*, \cdots, x_n^*)^{\mathrm{T}}$,式(4.57)第 k 步迭代为 $\boldsymbol{x}^{(k)} = (x_1^{(k)}, x_2^{(k)} \cdots, x_n^{(k)})^{\mathrm{T}}$,即

$$x_i^* = \sum_{j=1}^{n} c_{ij} x_j^* + g_i, \quad x_i^{(k)} = \sum_{j=1}^{n} c_{ij} x_j^{(k-1)} + g_i, \quad i = 1,2,\cdots,n$$

误差为

$$\begin{aligned}
\| \boldsymbol{e}^{(k)} \|_\infty &= \max_{1\leqslant i\leqslant n} \{ | x_i^* - x_i^{(k)} | \} \\
&\leqslant \max_{1\leqslant i\leqslant n} \{ \sum_{j=1}^{n} | c_{ij} (x_j^* - x_j^{(k-1)}) | \} \\
&\leqslant \max_{1\leqslant i\leqslant n} \sum_{j=1}^{n} | c_{ij} | \max_{1\leqslant j\leqslant n} | x_j^* - x_j^{(k-1)} | \\
&= L \| \boldsymbol{x}^* - \boldsymbol{x}^{(k-1)} \|_\infty = L \| \boldsymbol{e}^{(k-1)} \|_\infty \\
&= \cdots = L^k \| \boldsymbol{e}^{(0)} \|_\infty \to 0, \quad k \to \infty
\end{aligned}$$

这是由等价形式(或迭代格式)右端未知数的系数来判断迭代格式的收敛性,其实由该定理可以得到一个直接由原方程组判断迭代格式收敛的充分条件,即下列定理:

定理 4.15 设 n 阶线性方程组 $\boldsymbol{Ax} = \boldsymbol{b}$ 的系数矩阵 $\boldsymbol{A} = (a_{ij})$ 按行或按列严格对角占优,即满足

$$a_{ii} > \sum_{\substack{j=1 \\ j\neq i}}^{n} | a_{ij} |, \text{或者} \ | a_{ii} | > \sum_{\substack{i=1 \\ i\neq j}}^{n} | a_{ij} | \quad , i = 1,2,\cdots,n$$

那么 $\boldsymbol{Ax} = \boldsymbol{b}$ 有唯一解,且雅可比和赛德尔迭代均收敛.

证明略.

例 4.21 如图 4.1 表示一水平放置的梁在垂直向下作用力下发生的弯曲形变.

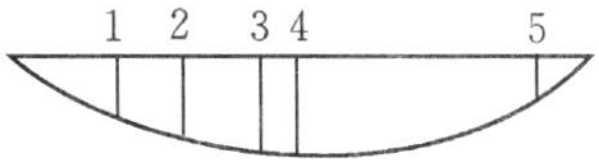

图 4.1

在不同点每千牛力使各点下降的挠度(单位为 cm)列于表 4.3 中:

表 4.3 梁的下降桡度(cm/千牛)

挠度 \ 作用点 / 下垂点	1	2	3	4	5
1	5.0	1.5	1.3	0.9	0.0
2	1.5	4.5	1.4	1.0	0.5
3	1.3	1.4	5.5	1.5	0.7
4	0.9	1.0	1.5	5.5	1.2
5	0.0	0.5	0.7	1.2	2.5

假定在第 i 点加力 F_i 时下降挠度为 h_i，试求在各点容许挠度为

$$h_1 = 21.1,\ h_2 = 21.9,\ h_3 = 23.1,\ h_4 = 26.4,\ h_5 = 10.0$$

时，各点所能承受的力.

解 设第 i 点所承受的力为 F_i，由力的线性迭加原理

$$\begin{cases} 5.0F_1 + 1.5F_2 + 1.3F_3 + 0.9F_4 = 21.1 \\ 1.5F_1 + 4.5F_2 + 1.4F_3 + 1.0F_4 + 0.5F_5 = 21.9 \\ 1.3F_1 + 1.4F_2 + 5.5F_3 + 1.5F_4 + 0.7F_5 = 23.1 \\ 0.9F_1 + 1.0F_2 + 1.5F_3 + 5.5F_4 + 1.2F_5 = 26.4 \\ 0.5F_2 + 0.7F_3 + 1.2F_4 + 2.5F_5 = 10.0 \end{cases}$$

可以验证其系数矩阵严格对角占优，因此有收敛的赛德尔迭代

$$\begin{cases} F_1^{(k+1)} = -0.3000F_2^{(k)} - 0.2600F_3^{(k)} - 0.1800F_4^{(k)} + 4.2200 \\ F_2^{(k+1)} = -0.3333F_1^{(k+1)} - 0.3111F_3^{(k)} - 0.2222F_4^{(k)} \\ \qquad - 0.1111F_5^{(k)} + 4.8667 \\ F_3^{(k+1)} = -0.2364F_1^{(k+1)} - 0.2545F_2^{(k+1)} - 0.2727F_4^{(k)} \\ \qquad - 0.1273F_5^{(k)} + 4.2000 \\ F_4^{(k+1)} = -0.1636F_1^{(k+1)} - 0.1818F_2^{(k+1)} - 0.2727F_3^{(k+1)} \\ \qquad - 0.2182F_5^{(k)} + 4.8000 \\ F_5^{(k+1)} = -0.2000F_2^{(k+1)} - 0.2800F_3^{(k+1)} - 0.4800F_4^{(k+1)} + 4.000 \end{cases}$$

取迭代初值 $\boldsymbol{F}^{(0)} = \boldsymbol{0}$，迭代 6 次的结果列于表 4.4 中：

表 4.4 例 4.21 所求力 6 次迭代结果

k	$F_1^{(k)}$	$F_2^{(k)}$	$F_3^{(k)}$	$F_4^{(k)}$	$F_5^{(k)}$
0	0	0	0	0	0
1	4.2200	3.4602	2.3218	2.8474	1.2911
2	2.0658	2.6797	2.0888	3.1235	1.3799
3	2.3108	2.5993	1.9648	3.1125	1.4360
4	2.3691	2.6147	1.9429	3.0939	1.4480
5	2.3735	2.6228	1.9434	3.0890	1.4486
6	2.3719	2.6243	1.9446	3.0885	1.4482

$$\| \boldsymbol{F}^{(6)} - \boldsymbol{F}^{(5)} \|_{\infty} = 1.6 \times 10^{-3}$$

$\boldsymbol{F}$ 的近似值为

$$F_1 = 2.3719, \quad F_2 = 2.6243, \quad F_3 = 1.9446, \quad F_4 = 3.0885, \quad F_5 = 1.4482.$$

习 题 4

4.1 证明:若 $\boldsymbol{\alpha}$ 可由线性无关的向量组 $\boldsymbol{\alpha}_1,\boldsymbol{\alpha}_2,\cdots,\boldsymbol{\alpha}_r$ 线性表示,则表示式唯一.

4.2△ 已知 $\boldsymbol{\alpha}_1=(1,0,2,3)$, $\boldsymbol{\alpha}_2=(1,1,3,5)$, $\boldsymbol{\alpha}_3=(1,-1,a+2,1)$, $\boldsymbol{\alpha}_4=(1,2,4,a+8)$, $\boldsymbol{\beta}=(1,1,b+3,5)$

(1)a,b 为何值时,$\boldsymbol{\beta}$ 不能表示成 $\boldsymbol{\alpha}_1,\boldsymbol{\alpha}_2,\boldsymbol{\alpha}_3,\boldsymbol{\alpha}_4$ 的线性组合?

(2)a,b 为何值时,$\boldsymbol{\beta}$ 有 $\boldsymbol{\alpha}_1,\boldsymbol{\alpha}_2,\boldsymbol{\alpha}_3,\boldsymbol{\alpha}_4$ 的唯一的线性表示式?并写出该表示式.

4.3 已知向量组 A 与向量组 B 有相同的秩,且向量组 A 可由向量组 B 线性表示,证明向量组 A 与向量组 B 等价.

4.4△ 已知 $\boldsymbol{Q}=\begin{pmatrix}1 & 2 & 3\\ 2 & 4 & t\\ 3 & 6 & 9\end{pmatrix}$,$\boldsymbol{P}$ 为三阶非零矩阵,$\boldsymbol{PQ}=\boldsymbol{O}$,则

A. $t=6$ 时,$\boldsymbol{P}$ 的秩必为 1;　　B. $t=6$ 时,$\boldsymbol{P}$ 的秩必为 2;

C. $t\neq 6$ 时,$\boldsymbol{P}$ 的秩必为 1;　　D. $t\neq 6$ 时,$\boldsymbol{P}$ 的秩必为 2.

4.5△ 设 $\boldsymbol{A},\boldsymbol{B}$ 均为 n 阶方阵,$R(\boldsymbol{A})=r$,$R(\boldsymbol{B})=s$,且 $\boldsymbol{AB}=\boldsymbol{O}$,证明 $r+s\leqslant n$.

4.6 如果把定义 4.4 中的“不全为零”改为“全不为零”,是否还与定义相同?

4.7 举例说明下列命题是错误的:

(1)若向量 $\boldsymbol{\alpha}$ 可由 $\boldsymbol{\alpha}_1,\boldsymbol{\alpha}_2,\cdots,\boldsymbol{\alpha}_r$ 线性表示,则表示式是唯一的;

(2)若向量 $\boldsymbol{\alpha}_1,\boldsymbol{\alpha}_2,\cdots,\boldsymbol{\alpha}_r$ 线性相关,则其中任一向量均可由其余向量线性表示;

(3)若有不全为零的数 $k_1,k_2,\cdots,k_r$ 使

$$k_1\boldsymbol{\alpha}_1 + k_2\boldsymbol{\alpha}_2 + \cdots + k_r\boldsymbol{\alpha}_r + k_1\boldsymbol{\beta}_1 + k_2\boldsymbol{\beta}_2 + \cdots + k_r\boldsymbol{\beta}_r = \boldsymbol{0}$$

且 $\boldsymbol{\alpha}_1,\boldsymbol{\alpha}_2,\cdots,\boldsymbol{\alpha}_r$ 线性相关,则 $\boldsymbol{\beta}_1,\boldsymbol{\beta}_2,\cdots,\boldsymbol{\beta}_r$ 线性相关.

4.8 证明:若 n 维单位坐标向量 $\boldsymbol{e}_1,\boldsymbol{e}_2,\cdots,\boldsymbol{e}_n$ 可由 n 维向量组 $\boldsymbol{\alpha}_1,\boldsymbol{\alpha}_2,\cdots,\boldsymbol{\alpha}_n$ 线性表示,则 $\boldsymbol{\alpha}_1,\boldsymbol{\alpha}_2,\cdots,\boldsymbol{\alpha}_n$ 线性无关.

4.9 证明:n 维向量组 $\boldsymbol{\alpha}_1,\boldsymbol{\alpha}_2,\cdots,\boldsymbol{\alpha}_n$ 线性无关的充要条件是任一 n 维向量均可由它们线性表示.

4.10△ 设向量组 $\boldsymbol{\alpha}_1,\boldsymbol{\alpha}_2,\cdots,\boldsymbol{\alpha}_s$ 线性无关,讨论向量组 $\boldsymbol{\beta}_1=\boldsymbol{\alpha}_1+\boldsymbol{\alpha}_2$,$\boldsymbol{\beta}_2=\boldsymbol{\alpha}_2+\boldsymbol{\alpha}_3$,$\cdots$,$\boldsymbol{\beta}_s=\boldsymbol{\alpha}_s+\boldsymbol{\alpha}_1$ 的线性相关性.

4.11△ 设 $\boldsymbol{\alpha}_1,\boldsymbol{\alpha}_2,\boldsymbol{\alpha}_3$ 线性相关,$\boldsymbol{\alpha}_2,\boldsymbol{\alpha}_3,\boldsymbol{\alpha}_4$ 线性无关,问:

(1)$\boldsymbol{\alpha}_1$ 能否由 $\boldsymbol{\alpha}_2,\boldsymbol{\alpha}_3$ 线性表示?证明你的结论.

(2)$\boldsymbol{\alpha}_4$ 能否由 $\boldsymbol{\alpha}_1,\boldsymbol{\alpha}_2,\boldsymbol{\alpha}_3$ 线性表示？证明你的结论.

4.12 设向量组 $\boldsymbol{\alpha}_1,\boldsymbol{\alpha}_2,\boldsymbol{\alpha}_3$ 中两两线性无关，问能否由此推出该向量组线性无关？若能，证明你的结论；若不能，举出反例.

4.13 设 $\boldsymbol{\alpha}_1,\boldsymbol{\alpha}_2,\cdots,\boldsymbol{\alpha}_r$ 线性无关，且可由 $\boldsymbol{\beta}_1,\boldsymbol{\beta}_2,\cdots,\boldsymbol{\beta}_r$ 线性表示，证明 $\boldsymbol{\beta}_1,\boldsymbol{\beta}_2,\cdots,\boldsymbol{\beta}_r$ 线性无关.

4.14 证明 n 维向量组 $\boldsymbol{\alpha}_1,\boldsymbol{\alpha}_2,\cdots,\boldsymbol{\alpha}_n$ 线性无关的充要条件是

$$G=\begin{vmatrix}\boldsymbol{\alpha}_1^{\mathrm{T}}\boldsymbol{\alpha}_1 & \boldsymbol{\alpha}_1^{\mathrm{T}}\boldsymbol{\alpha}_2 & \cdots & \boldsymbol{\alpha}_1^{\mathrm{T}}\boldsymbol{\alpha}_n\\ \boldsymbol{\alpha}_2^{\mathrm{T}}\boldsymbol{\alpha}_1 & \boldsymbol{\alpha}_2^{\mathrm{T}}\boldsymbol{\alpha}_2 & \cdots & \boldsymbol{\alpha}_2^{\mathrm{T}}\boldsymbol{\alpha}_n\\ \vdots & \vdots & & \vdots\\ \boldsymbol{\alpha}_n^{\mathrm{T}}\boldsymbol{\alpha}_1 & \boldsymbol{\alpha}_n^{\mathrm{T}}\boldsymbol{\alpha}_2 & \cdots & \boldsymbol{\alpha}_n^{\mathrm{T}}\boldsymbol{\alpha}_n\end{vmatrix}\neq 0$$

4.15$^{\triangle}$ 设 $\boldsymbol{A}$ 是 $n\times m$ 维矩阵，$\boldsymbol{B}$ 为 $m\times n$ 维矩阵，其中 $n<m$，$\boldsymbol{I}$ 是 n 维单位矩阵，若 $\boldsymbol{AB}=\boldsymbol{I}$，证明 $\boldsymbol{B}$ 的列向量线性无关.

4.16 判断下列向量组的线性相关性，求它们的秩和最大无关组：

(1) $\boldsymbol{\alpha}_1=(1,2,-1,4)$， $\boldsymbol{\alpha}_2=(9,100,10,4)$， $\boldsymbol{\alpha}_3=(-2,-4,2,-8)$

(2) $\boldsymbol{\alpha}_1=(1,1,0)$， $\boldsymbol{\alpha}_2=(0,2,0)$， $\boldsymbol{\alpha}_3=(0,0,3)$

(3) $\boldsymbol{\alpha}_1=(3,-2,0,1)$， $\boldsymbol{\alpha}_2=(0,2,2,1)$， $\boldsymbol{\alpha}_3=(1,-2,-3,-2)$，
$\boldsymbol{\alpha}_4=(0,1,2,1)$

(4) $\boldsymbol{\alpha}_1=(3,1,0,2)$，$\boldsymbol{\alpha}_2=(1,-1,2,-1)$，$\boldsymbol{\alpha}_3=(1,3,-4,4)$

4.17 设 $V_1=\{\boldsymbol{x}=(x_1,x_2,\cdots,x_n)\mid x_i\in\mathbf{R},i=1,2,\cdots,n,\sum\limits_{i=1}^{n}x_i=0\}$

$$V_2=\{\boldsymbol{x}=(x_1,x_2,\cdots,x_n)\mid x_i\in\mathbf{R},i=1,2\cdots,n,\sum_{i=1}^{n}x_i=1\}$$

问 V_1、V_2 是否是向量空间，若是，指出与 $\mathbf{R}^n$ 的关系.

4.18 证明：$\mathbf{R}^3=\{\boldsymbol{x}=k_1\boldsymbol{\alpha}_1+k_2\boldsymbol{\alpha}_2+k_3\boldsymbol{\alpha}_3\mid k_i\in\mathbf{R}\}$，其中

$$\boldsymbol{\alpha}_1=(0,1,1),\boldsymbol{\alpha}_2=(1,0,1),\boldsymbol{\alpha}_3=(1,1,0).$$

4.19 验证 $\boldsymbol{\alpha}_1=(1,-1,0)$，$\boldsymbol{\alpha}_2=(2,1,3)$，$\boldsymbol{\alpha}_3=(3,1,2)$ 是 $\mathbf{R}^3$ 的一组基，并分别把 $\boldsymbol{\beta}_1=(5,0,7)$，$\boldsymbol{\beta}_2=(-9,-8,-13)$ 用这组基表示出来.

4.20 证明 $\boldsymbol{\alpha}_1=(1,1,0,0)$，$\boldsymbol{\alpha}_2=(1,0,1,1)$ 和 $\boldsymbol{\beta}_1=(2,-1,3,3)$，$\boldsymbol{\beta}_2=(0,1,-1,-1)$ 是同一向量空间的基，并求由基 $\boldsymbol{\beta}_1,\boldsymbol{\beta}_2$ 到基 $\boldsymbol{\alpha}_1,\boldsymbol{\alpha}_2$ 的过渡矩阵.

4.21 求下列齐次线性方程组的基础解系和通解

(1) $$\begin{cases}3x_1+x_2+8x_3+2x_4+x_5=0\\ 2x_1-2x_2-3x_3-7x_4+2x_5=0\\ x_1+11x_2-12x_3+34x_4-5x_5=0\\ x_1-5x_2+2x_3-16x_4+3x_5=0\end{cases}$$

(2) $\begin{cases} x_1-2x_2+x_3+x_4-x_5=0 \\ 2x_1+x_2-x_3-x_4+x_5=0 \\ x_1+7x_2-5x_3-5x_4+5x_5=0 \\ 3x_1-x_2-2x_3+x_4-x_5=0 \end{cases}$

4.22 求下列非齐次线性方程组的通解

(1) $\begin{cases} 2x_1-x_2+3x_3-x_4=1 \\ 3x_1-2x_2-2x_3+3x_4=3 \\ x_1-x_2-5x_3+4x_4=2 \\ 7x_1-5x_2-9x_3+10x_4=8 \end{cases}$

(2) $\begin{cases} x_1-2x_2+3x_3-4x_4=4 \\ x_2-x_3+x_4=-3 \\ x_1-3x_2-3x_4=1 \\ -7x_2+3x_3+x_4=-3 \end{cases}$

(3) $\begin{cases} x_1-4x_2-3x_3=1 \\ x_1-5x_2-3x_3=0 \\ x_1+6x_2+4x_3=4 \end{cases}$

4.23 求下列方程组的通解

(1) $\begin{cases} x_1-2x_2+4x_3=-5 \\ 2x_1+3x_2+x_3=4 \\ 3x_1+8x_2-2x_3=13 \\ 4x_1-x_2+9x_3=-6 \end{cases}$

(2) $\begin{cases} x_1+4x_2-3x_3+5x_4=-2 \\ 2x_1+x_2-x_3+x_4=1 \\ 3x_1-2x_2+x_3-3x_4=4 \end{cases}$

4.24 λ 取何值时，线性方程组

$$\begin{cases} \lambda x_1+x_2+x_3=\lambda-3 \\ x_1+\lambda x_2+x_3=-2 \\ x_1+x_2+\lambda x_3=-2 \end{cases}$$

有唯一解，无解或无穷多解？有无穷多解时求出通解.

4.25 方程组 $\begin{cases} a_1x+b_1y=c_1 \\ a_2x+b_2y=c_2 \end{cases}$ 的每一方程在平面上表示一条直线，试说明方程组无解、有唯一解及有无穷多个解的几何意义. 类似地，说明

$$\begin{cases} a_1x+b_1y+c_1z=d_1 \\ a_2x+b_2y+c_2z=d_2 \\ a_3x+b_3y+c_3z=d_3 \end{cases}$$

无解、有唯一解、有无穷多个解的几何意义.

*4.26 用两种迭代法解线性方程组

$$\begin{cases} 0.78x_1 - 0.02x_2 - 0.12x_3 - 0.14x_4 = 0.76 \\ -0.02x_1 + 0.86x_2 - 0.04x_3 - 0.06x_4 = 0.08 \\ -0.12x_1 - 0.04x_2 + 0.72x_3 - 0.08x_4 = 1.12 \\ -0.14x_1 - 0.06x_2 - 0.08x_3 + 0.74x_4 = 0.68 \end{cases}$$

第5章　特征值　特征向量　二次型

前面几章我们基本上都是围绕着解线性方程组的问题进行讨论的.给出的方法都是矩阵的各种变换方法,矩阵变换的一个重要应用就是二次型的标准化.二次型的标准化是我们研究二次曲面以及许多物理问题的基础.

5.1　正交向量组与正交矩阵

5.1.1　向量的内积与正交向量组

为了给向量赋予几何意义,我们把解析几何中向量的概念推广到 n 维空间.类似于向量的数量积,我们引进 n 维向量内积的概念,即对 n 维列向量(今后除特别指明,凡说到向量时,均指列向量,且其分量均为实数)

$$\boldsymbol{x} = (x_1, x_2, \cdots, x_n)^{\mathrm{T}}, \quad \boldsymbol{y} = (y_1, y_2, \cdots, y_n)^{\mathrm{T}}$$

称 $\boldsymbol{x}^{\mathrm{T}}\boldsymbol{y}=x_1y_1+x_2y_2+\cdots+x_ny_n$ 为向量 $\boldsymbol{x}$ 与 $\boldsymbol{y}$ 的**内积**,记为 $[\boldsymbol{x},\boldsymbol{y}]$,即

$$[\boldsymbol{x},\boldsymbol{y}] = \boldsymbol{x}^{\mathrm{T}}\boldsymbol{y} = x_1y_1 + x_2y_2 + \cdots + x_ny_n$$

n 维向量的内积满足下列运算规律(其中 $\boldsymbol{x},\boldsymbol{y},\boldsymbol{z}$ 均为 n 维向量,k_1,k_2 为实数):

(1) $[\boldsymbol{x},\boldsymbol{y}]=[\boldsymbol{y},\boldsymbol{x}]$

(2) $[k_1\boldsymbol{x},k_2\boldsymbol{y}]=k_1k_2[\boldsymbol{x},\boldsymbol{y}]$

(3) $[\boldsymbol{x}+\boldsymbol{y},\boldsymbol{z}]=[\boldsymbol{x},\boldsymbol{z}]+[\boldsymbol{y},\boldsymbol{z}]$

由此运算律可知,对任何实数 k 和 n 维向量 $\boldsymbol{x},\boldsymbol{y}$,有

$$[k\boldsymbol{x} + \boldsymbol{y}, k\boldsymbol{x} + \boldsymbol{y}] \geqslant 0$$

即

$$k^2[\boldsymbol{x},\boldsymbol{x}] + 2k[\boldsymbol{x},\boldsymbol{y}] + [\boldsymbol{y},\boldsymbol{y}] \geqslant 0$$

其左端是关于 k 的二次三项式,由于它不改变符号,所以其判别式

$$(2[\boldsymbol{x},\boldsymbol{y}])^2 - 4[\boldsymbol{x},\boldsymbol{x}][\boldsymbol{y},\boldsymbol{y}] \leqslant 0$$

即

$$[\boldsymbol{x},\boldsymbol{y}]^2 \leqslant [\boldsymbol{x},\boldsymbol{x}][\boldsymbol{y},\boldsymbol{y}] \tag{5.1}$$

式(5.1)称为**施瓦茨**(Schwarz)不等式,该不等式在数学物理中有着广泛应用.

利用内积可定义 n 维向量 $\boldsymbol{x}=(x_1,x_2,\cdots,x_n)^{\mathrm{T}}$ 的长度(或称**范数**)为

$$\sqrt{[\boldsymbol{x},\boldsymbol{x}]} = \sqrt{x_1^2 + x_2^2 + \cdots + x_n^2}$$

记为 $\|\boldsymbol{x}\|$.不难验证,$\|\boldsymbol{x}\|$ 具有下列性质:

(1)非负性:对于任何向量 $\boldsymbol{x}$,有 $\|\boldsymbol{x}\| \geqslant 0$,当且仅当 $\boldsymbol{x}=\boldsymbol{0}$ 时,$\|\boldsymbol{x}\|=0$;

(2)齐次性：$\|k\boldsymbol{x}\| = |k|\,\|\boldsymbol{x}\|$；

(3)三角不等式：$\|\boldsymbol{x}+\boldsymbol{y}\| \leqslant \|\boldsymbol{x}\| + \|\boldsymbol{y}\|$.

当 $\|\boldsymbol{x}\|=1$ 时，称 $\boldsymbol{x}$ 为**单位向量**.

由施瓦茨不等式可知，当 $\|\boldsymbol{x}\|\,\|\boldsymbol{y}\| \neq 0$ 时可得

$$\left|\frac{[\boldsymbol{x},\boldsymbol{y}]}{\|\boldsymbol{x}\|\,\|\boldsymbol{y}\|}\right| \leqslant 1$$

于是可以定义 $\boldsymbol{x}$ 与 $\boldsymbol{y}$ 夹角 θ 的余弦为

$$\cos\theta = \frac{[\boldsymbol{x},\boldsymbol{y}]}{\|\boldsymbol{x}\|\,\|\boldsymbol{y}\|}$$

作为解析几何中向量垂直概念的自然推广，当 $[\boldsymbol{x},\boldsymbol{y}]=0$ 时，称向量 $\boldsymbol{x}$ 与 $\boldsymbol{y}$ **正交**. 显然，**零向量与任何向量正交**.

对于不含零向量的向量组，若其中的向量两两正交，则称该向量组为**正交向量组**.

定理 5.1 若 $\boldsymbol{\alpha}_1,\boldsymbol{\alpha}_2,\cdots,\boldsymbol{\alpha}_r$ 为正交向量组，则它线性无关.

证 设有数 $k_1,k_2,\cdots,k_r$ 使 $k_1\boldsymbol{\alpha}_1+k_2\boldsymbol{\alpha}_2+\cdots+k_r\boldsymbol{\alpha}_r=\boldsymbol{0}$，用 $\boldsymbol{\alpha}_i^{\mathrm{T}}$ 左乘两边得 $k_i\boldsymbol{\alpha}_i^{\mathrm{T}}\boldsymbol{\alpha}_i=0$，因 $\boldsymbol{\alpha}_i^{\mathrm{T}}\boldsymbol{\alpha}_i\neq 0$ 所以 $k_i=0$，此结果对 $i=1,2,\cdots,r$ 均成立. 因此 $\boldsymbol{\alpha}_1,\boldsymbol{\alpha}_2,\cdots,\boldsymbol{\alpha}_r$ 线性无关.

如果向量空间的一组基是正交向量组，则称它为向量空间的**正交基**. 在讨论向量空间时，经常采用正交基，正像解析几何中采用直角坐标一样.

定义 5.1 设 n 维向量 $\boldsymbol{\varepsilon}_1,\boldsymbol{\varepsilon}_2,\cdots,\boldsymbol{\varepsilon}_r$ 是向量空间 $V(V\subset\mathbf{R}^n)$ 的一组正交基. 如果它们还均为单位向量，则称 $\boldsymbol{\varepsilon}_1,\boldsymbol{\varepsilon}_2,\cdots,\boldsymbol{\varepsilon}_r$ 为 V 的一组**正交规范基**或**标准正交基**.

例 5.1 向量组

$$\boldsymbol{e}_1=\begin{pmatrix}1\\0\\0\\0\end{pmatrix},\boldsymbol{e}_2=\begin{pmatrix}0\\1\\0\\0\end{pmatrix},\boldsymbol{e}_3=\begin{pmatrix}0\\0\\1\\0\end{pmatrix},\boldsymbol{e}_4=\begin{pmatrix}0\\0\\0\\1\end{pmatrix}$$

与

$$\boldsymbol{\varepsilon}_1=\begin{pmatrix}\frac{1}{\sqrt{2}}\\\frac{1}{\sqrt{2}}\\0\\0\end{pmatrix},\boldsymbol{\varepsilon}_2=\begin{pmatrix}\frac{1}{\sqrt{2}}\\-\frac{1}{\sqrt{2}}\\0\\0\end{pmatrix},\boldsymbol{\varepsilon}_3=\begin{pmatrix}0\\0\\\frac{1}{\sqrt{2}}\\\frac{1}{\sqrt{2}}\end{pmatrix},\boldsymbol{\varepsilon}_4=\begin{pmatrix}0\\0\\\frac{1}{\sqrt{2}}\\-\frac{1}{\sqrt{2}}\end{pmatrix}$$

都是 $\mathbf{R}^4$ 的正交规范基.

如果 $\boldsymbol{\varepsilon}_1,\boldsymbol{\varepsilon}_2,\cdots,\boldsymbol{\varepsilon}_r$ 是向量空间 V 的一组正交规范基，则 V 中的任一向量 $\boldsymbol{\alpha}$ 可由这组基唯一线性表示，设表示式为 $\boldsymbol{\alpha}=k_1\boldsymbol{\varepsilon}_1+k_2\boldsymbol{\varepsilon}_2+\cdots+k_r\boldsymbol{\varepsilon}_r$，这些 $k_i(i=1,2\cdots,$

r)便是向量 $\boldsymbol{\alpha}$ 在这组正交规范基下的坐标，为求坐标 k_i，用 $\boldsymbol{\varepsilon}_i^{\mathrm{T}}$ 左乘两边便得

$$k_i = [\boldsymbol{\varepsilon}_i,\boldsymbol{\alpha}],i = 1,2,\cdots,r$$

那么，对 n 维向量空间，能否找出它的一组正交基呢？下面的定理及推论给出了肯定的回答.

定理 5.2 若 $\boldsymbol{\alpha}_1,\boldsymbol{\alpha}_2,\cdots,\boldsymbol{\alpha}_r$ 为 n 维正交向量组，且 $r<n$，则必有非零 n 维向量 $\boldsymbol{x}$，使 $\boldsymbol{x}$ 与 $\boldsymbol{\alpha}_1,\boldsymbol{\alpha}_2,\cdots,\boldsymbol{\alpha}_r$ 两两正交.

证 要求的 n 维非零向量 $\boldsymbol{x}$ 应满足

$$\boldsymbol{\alpha}_i^{\mathrm{T}}\boldsymbol{x} = 0,\quad i = 1,2,\cdots,r$$

即

$$(\boldsymbol{\alpha}_1,\boldsymbol{\alpha}_2,\cdots,\boldsymbol{\alpha}_r)^{\mathrm{T}}\boldsymbol{x} = \boldsymbol{0} \tag{5.2}$$

由于 $\boldsymbol{\alpha}_1,\boldsymbol{\alpha}_2,\cdots,\boldsymbol{\alpha}_r$ 线性无关，且 $r<n$，所以 $R((\boldsymbol{\alpha}_1,\boldsymbol{\alpha}_2,\cdots,\boldsymbol{\alpha}_r)^{\mathrm{T}})=r<n$，由齐次线性方程组基础解系的构造定理 4.12 知齐次线性方程组(5.2)一定有非零解向量 $\boldsymbol{x}$，非零解向量即为所求的 $\boldsymbol{x}$.

反复利用定理 5.2，接连找 $n-r$ 次，可得到：

推论 对 $r(r<n)$个两两正交的 n 维非零向量，总可以添上$n-r$个 n 维非零向量，使 n 个向量两两正交，从而这 n 个向量就构成了向量空间 $\mathbf{R}^n$ 的一组正交基.

5.1.2 线性无关向量组的正交化方法

定理 5.2 及推论给出了在空间 $\mathbf{R}^n$ 中构造或补充正交向量组的方法. 但我们遇到的问题常常是已知向量空间的一组基 $\boldsymbol{\alpha}_1,\boldsymbol{\alpha}_2,\cdots,\boldsymbol{\alpha}_r$，能否从它导出一组正交规范基呢？或更一般地，若 $\boldsymbol{\alpha}_1,\boldsymbol{\alpha}_2,\cdots,\boldsymbol{\alpha}_r$ 线性无关，能否找到两两正交的单位向量 $\boldsymbol{\varepsilon}_1,\boldsymbol{\varepsilon}_2,\cdots,\boldsymbol{\varepsilon}_r$，使两个向量组等价呢？回答是肯定的. 这样的问题称为把基(或线性无关向量组)**正交规范化的施密特(Schmidt)方法**.

设不共线的两非零向量 $\boldsymbol{\alpha}_1,\boldsymbol{\alpha}_2$(如图 5.1 所示)，先考虑正交化，记 $\boldsymbol{b}_1=\boldsymbol{\alpha}_1$，设 $\boldsymbol{\alpha}_1^0$ 为 $\boldsymbol{\alpha}_1$ 的单位向量，即 $\boldsymbol{\alpha}_1^0=\dfrac{\boldsymbol{\alpha}_1}{\|\boldsymbol{\alpha}_1\|}$，以 $\boldsymbol{\alpha}_2$ 为对角线，$\boldsymbol{\alpha}_1$ 所在直线为边作矩形 $OABC$. 显然

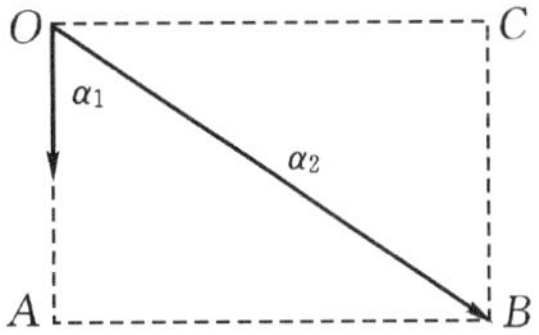

图 5.1

$$\boldsymbol{\alpha}_2 = \overrightarrow{OA} + \overrightarrow{OC},\quad \overrightarrow{OC} \perp \overrightarrow{OA}$$

而

$$\overrightarrow{OA} = (\mathrm{Prj}_{\boldsymbol{\alpha}_1}\boldsymbol{\alpha}_2)\boldsymbol{\alpha}_1^0 = \frac{[\boldsymbol{\alpha}_1,\boldsymbol{\alpha}_2]}{\|\boldsymbol{\alpha}_1\|}\boldsymbol{\alpha}_1^0 = \frac{[\boldsymbol{b}_1,\boldsymbol{\alpha}_2]}{\|\boldsymbol{b}_1\|}\boldsymbol{b}_1^0 = \frac{[\boldsymbol{b}_1,\boldsymbol{\alpha}_2]}{[\boldsymbol{b}_1,\boldsymbol{b}_1]}\boldsymbol{b}_1$$

因此

$$\overrightarrow{OC} = \boldsymbol{\alpha}_2 - \overrightarrow{OA} = \boldsymbol{\alpha}_2 - \frac{[\boldsymbol{b}_1,\boldsymbol{\alpha}_2]}{[\boldsymbol{b}_1,\boldsymbol{b}_1]}\boldsymbol{b}_1$$

记 $\boldsymbol{b}_2=\overrightarrow{OC}$，则 $[\boldsymbol{b}_1,\boldsymbol{b}_2]=0$，把这种方法推广到一般的线性无关向量组 $\boldsymbol{\alpha}_1,\boldsymbol{\alpha}_2,\cdots,\boldsymbol{\alpha}_r$，得到下列正交化公式：

$$\boldsymbol{b}_1=\boldsymbol{\alpha}_1$$

$$\boldsymbol{b}_2=\boldsymbol{\alpha}_2-\frac{[\boldsymbol{b}_1,\boldsymbol{\alpha}_2]}{[\boldsymbol{b}_1,\boldsymbol{b}_1]}\boldsymbol{b}_1$$

$$\boldsymbol{b}_3=\boldsymbol{\alpha}_3-\frac{[\boldsymbol{b}_1,\boldsymbol{\alpha}_3]}{[\boldsymbol{b}_1,\boldsymbol{b}_1]}\boldsymbol{b}_1-\frac{[\boldsymbol{b}_2,\boldsymbol{\alpha}_3]}{[\boldsymbol{b}_2,\boldsymbol{b}_2]}\boldsymbol{b}_2$$

$$\vdots$$

$$\boldsymbol{b}_r=\boldsymbol{\alpha}_r-\frac{[\boldsymbol{b}_1,\boldsymbol{\alpha}_r]}{[\boldsymbol{b}_1,\boldsymbol{b}_1]}\boldsymbol{b}_1-\frac{[\boldsymbol{b}_2,\boldsymbol{\alpha}_r]}{[\boldsymbol{b}_2,\boldsymbol{b}_2]}\boldsymbol{b}_2-\cdots-\frac{[\boldsymbol{b}_{r-1},\boldsymbol{\alpha}_r]}{[\boldsymbol{b}_{r-1},\boldsymbol{b}_{r-1}]}\boldsymbol{b}_{r-1}$$

这样构造的向量组 $\boldsymbol{b}_1,\boldsymbol{b}_2,\cdots,\boldsymbol{b}_r$ 就是与 $\boldsymbol{\alpha}_1,\boldsymbol{\alpha}_2,\cdots,\boldsymbol{\alpha}_r$ 等价的正交向量组. 如果再令

$$\boldsymbol{\varepsilon}_i=\frac{\boldsymbol{b}_i}{\|\boldsymbol{b}_i\|}\quad(i=1,2,\cdots,r)$$

则得到的 $\boldsymbol{\varepsilon}_1,\boldsymbol{\varepsilon}_2,\cdots,\boldsymbol{\varepsilon}_r$ 为与 $\boldsymbol{\alpha}_1,\boldsymbol{\alpha}_2,\cdots,\boldsymbol{\alpha}_r$ 等价的正交规范向量组.

上述由线性无关向量组 $\boldsymbol{\alpha}_1,\boldsymbol{\alpha}_2,\cdots,\boldsymbol{\alpha}_r$ 导出正交向量组 $\boldsymbol{b}_1,\boldsymbol{b}_2,\cdots,\boldsymbol{b}_r$ 的方法称为施密特正交化方法. 这种方法导出的正交向量组满足：对任何 $k(1\leqslant k\leqslant r)$，向量组 $\boldsymbol{b}_1,\boldsymbol{b}_2,\cdots,\boldsymbol{b}_k$ 与 $\boldsymbol{\alpha}_1,\boldsymbol{\alpha}_2,\cdots,\boldsymbol{\alpha}_k$ 等价. 这样，如果用此方法对向量空间的基进行正交规范化便可得到任何向量空间的**正交规范基**.

例 5.2 已知 $\boldsymbol{\alpha}_1=(1,1,1)^{\mathrm{T}},\boldsymbol{\alpha}_2=(1,2,1)^{\mathrm{T}},\boldsymbol{\alpha}_3=(1,1,2)^{\mathrm{T}}$ 线性无关，试将它们正交规范化.

解 取 $\boldsymbol{b}_1=\boldsymbol{\alpha}_1$

$$\boldsymbol{b}_2=\boldsymbol{\alpha}_2-\frac{[\boldsymbol{b}_1,\boldsymbol{\alpha}_2]}{[\boldsymbol{b}_1,\boldsymbol{b}_1]}\boldsymbol{b}_1=\begin{pmatrix}1\\2\\1\end{pmatrix}-\frac{4}{3}\begin{pmatrix}1\\1\\1\end{pmatrix}=\frac{1}{3}\begin{pmatrix}-1\\2\\-1\end{pmatrix}$$

$$\begin{aligned}\boldsymbol{b}_3&=\boldsymbol{\alpha}_3-\frac{[\boldsymbol{b}_1,\boldsymbol{\alpha}_3]}{[\boldsymbol{b}_1,\boldsymbol{b}_1]}\boldsymbol{b}_1-\frac{[\boldsymbol{b}_2,\boldsymbol{\alpha}_3]}{[\boldsymbol{b}_2,\boldsymbol{b}_2]}\boldsymbol{b}_2\\&=\begin{pmatrix}1\\1\\2\end{pmatrix}-\frac{4}{3}\begin{pmatrix}1\\1\\1\end{pmatrix}+\frac{1}{2}\times\frac{1}{3}\begin{pmatrix}-1\\2\\-1\end{pmatrix}=\frac{1}{2}\begin{pmatrix}-1\\0\\1\end{pmatrix}\end{aligned}$$

则 $\boldsymbol{b}_1,\boldsymbol{b}_2,\boldsymbol{b}_3$ 两两正交. 令

$$\boldsymbol{\varepsilon}_1=\frac{\boldsymbol{b}_1}{\|\boldsymbol{b}_1\|}=\left(\frac{1}{\sqrt{3}},\frac{1}{\sqrt{3}},\frac{1}{\sqrt{3}}\right)^{\mathrm{T}}$$

$$\boldsymbol{\varepsilon}_2=\frac{\boldsymbol{b}_2}{\|\boldsymbol{b}_2\|}=\left(-\frac{1}{\sqrt{6}},\frac{2}{\sqrt{6}},-\frac{1}{\sqrt{6}}\right)^{\mathrm{T}}$$

$$\boldsymbol{\varepsilon}_3=\frac{\boldsymbol{b}_3}{\|\boldsymbol{b}_3\|}=\left(-\frac{1}{\sqrt{2}},0,\frac{1}{\sqrt{2}}\right)^{\mathrm{T}}$$

则 $\boldsymbol{\varepsilon}_1,\boldsymbol{\varepsilon}_2,\boldsymbol{\varepsilon}_3$ 两两正交且均为单位向量.

由于 $R(\boldsymbol{\varepsilon}_1,\boldsymbol{\varepsilon}_2.\boldsymbol{\varepsilon}_3)=3=R(\mathbf{R}^3)$,所以 $\boldsymbol{\varepsilon}_1,\boldsymbol{\varepsilon}_2,\boldsymbol{\varepsilon}_3$ 构成 $\mathbf{R}^3$ 的一个正交规范基.

5.1.3 正交矩阵与正交变换

由正交规范化的 n 维向量 $\boldsymbol{\alpha}_1,\boldsymbol{\alpha}_2,\cdots,\boldsymbol{\alpha}_n$ 为列所组成的矩阵 $\boldsymbol{A}=(\boldsymbol{\alpha}_1,\boldsymbol{\alpha}_2,\cdots,\boldsymbol{\alpha}_n)$ 具有性质

$$\mathbf{A}^{\mathrm{T}}\mathbf{A}=\begin{pmatrix}\boldsymbol{\alpha}_1^{\mathrm{T}}\\\boldsymbol{\alpha}_2^{\mathrm{T}}\\\vdots\\\boldsymbol{\alpha}_n^{\mathrm{T}}\end{pmatrix}(\boldsymbol{\alpha}_1,\boldsymbol{\alpha}_2,\cdots,\boldsymbol{\alpha}_n)=\begin{pmatrix}\boldsymbol{\alpha}_1^{\mathrm{T}}\boldsymbol{\alpha}_1&\boldsymbol{\alpha}_1^{\mathrm{T}}\boldsymbol{\alpha}_2&\cdots&\boldsymbol{\alpha}_1^{\mathrm{T}}\boldsymbol{\alpha}_n\\\boldsymbol{\alpha}_2^{\mathrm{T}}\boldsymbol{\alpha}_1&\boldsymbol{\alpha}_2^{\mathrm{T}}\boldsymbol{\alpha}_2&\cdots&\boldsymbol{\alpha}_2^{\mathrm{T}}\boldsymbol{\alpha}_n\\\vdots&\vdots&&\vdots\\\boldsymbol{\alpha}_n^{\mathrm{T}}\boldsymbol{\alpha}_1&\boldsymbol{\alpha}_n^{\mathrm{T}}\boldsymbol{\alpha}_2&\cdots&\boldsymbol{\alpha}_n^{\mathrm{T}}\boldsymbol{\alpha}_n\end{pmatrix}$$

$$=\begin{pmatrix}1&0&\cdots&0\\0&1&\cdots&0\\\vdots&\vdots&&\vdots\\0&0&\cdots&1\end{pmatrix}=\boldsymbol{I}$$

根据这个特性,给出所谓正交矩阵的定义.

定义 5.2 如果 n 阶方阵 $\mathbf{A}$ 满足

$$\mathbf{A}^{\mathrm{T}}\mathbf{A}=\boldsymbol{I}$$

则称 $\mathbf{A}$ 为**正交矩阵.**

显然正交矩阵满足下面的结论:

定理 5.3 如果 $\boldsymbol{A},\boldsymbol{B}$ 均为 n 阶正交矩阵,那么

(1) $\mathbf{A}^{-1}$ 存在且 $\mathbf{A}^{-1}=\mathbf{A}^{\mathrm{T}}$;

(2) $\mathbf{A}^{\mathrm{T}}$ 即 $\mathbf{A}^{-1}$ 为正交矩阵;

(3) $\dfrac{1}{\sqrt{2}}\begin{pmatrix}\mathbf{A}&\mathbf{A}\\-\mathbf{A}&\mathbf{A}\end{pmatrix}$ 为 $2n$ 阶正交矩阵;

(4) $\boldsymbol{AB}$、$\boldsymbol{BA}$ 都是正交矩阵.

其证明留作练习.下面的定理给出了正交矩阵的具体构造.

定理 5.4 n 阶方阵 $\mathbf{A}$ 为正交矩阵的充要条件是 $\mathbf{A}$ 的列(行)向量两两正交且均为单位向量.

证 用 $\boldsymbol{\alpha}_1,\boldsymbol{\alpha}_2,\cdots,\boldsymbol{\alpha}_n$ 表示 $\mathbf{A}$ 的列向量,即 $\mathbf{A}=(\boldsymbol{\alpha}_1,\boldsymbol{\alpha}_2,\cdots,\boldsymbol{\alpha}_n)$,则

$$\boldsymbol{A}\text{ 为正交矩阵}\Leftrightarrow\mathbf{A}^{\mathrm{T}}\mathbf{A}=\boldsymbol{I}\Leftrightarrow\begin{pmatrix}\boldsymbol{\alpha}_1^{\mathrm{T}}\\\boldsymbol{\alpha}_2^{\mathrm{T}}\\\vdots\\\boldsymbol{\alpha}_n^{\mathrm{T}}\end{pmatrix}(\boldsymbol{\alpha}_1,\boldsymbol{\alpha}_2,\cdots,\boldsymbol{\alpha}_n)=\boldsymbol{I}$$

$$\Leftrightarrow\boldsymbol{\alpha}_i^{\mathrm{T}}\boldsymbol{\alpha}_j=\delta_{ij}=\begin{cases}1,&i=j\\0,&i\neq j\end{cases}\quad i,j=1,2,\cdots,n$$

由定理 5.3 的(2)知上述结论对行向量也成立.

定理 5.4 表明:n 阶正交矩阵的行(列)向量就构成了向量空间 $\mathbf{R}^n$ 的一组正交规范基.

定义 5.3 设 $\boldsymbol{P}$ 为 n 阶正交矩阵,$\boldsymbol{x}$ 为 n 维列向量,则线性变换 $\boldsymbol{y}=\boldsymbol{P}\boldsymbol{x}$ 称为**正交变换.**

正交变换具有下面良好的特性:

性质 5.1 正交变换不改变向量的长度和向量之间的夹角.

证 设 $\boldsymbol{y}=\boldsymbol{P}\boldsymbol{x}$ 为正交变换,向量 $\boldsymbol{x}_1,\boldsymbol{x}_2$ 为 n 维列向量,则

$$\|\boldsymbol{y}_1\| = \|\boldsymbol{P}\boldsymbol{x}_1\| = \sqrt{[\boldsymbol{P}\boldsymbol{x}_1,\boldsymbol{P}\boldsymbol{x}_1]} = \sqrt{\boldsymbol{x}_1^{\mathrm{T}}\boldsymbol{P}^{\mathrm{T}}\boldsymbol{P}\boldsymbol{x}_1} = \sqrt{\boldsymbol{x}_1^{\mathrm{T}}\boldsymbol{x}_1} = \|\boldsymbol{x}_1\|$$

$$\begin{aligned}\cos(\boldsymbol{y}_1\widehat{,}\boldsymbol{y}_2) &= \frac{[\boldsymbol{y}_1,\boldsymbol{y}_2]}{\|\boldsymbol{y}_1\|\ \|\boldsymbol{y}_2\|} = \frac{[\boldsymbol{P}\boldsymbol{x}_1,\boldsymbol{P}\boldsymbol{x}_2]}{\|\boldsymbol{P}\boldsymbol{x}_1\|\ \|\boldsymbol{P}\boldsymbol{x}_2\|} = \frac{\boldsymbol{x}_1^{\mathrm{T}}\boldsymbol{P}^{\mathrm{T}}\boldsymbol{P}\boldsymbol{x}_2}{\|\boldsymbol{x}_1\|\ \|\boldsymbol{x}_2\|} \\ &= \frac{[\boldsymbol{x}_1,\boldsymbol{x}_2]}{\|\boldsymbol{x}_1\|\ \|\boldsymbol{x}_2\|} = \cos(\boldsymbol{x}_1\widehat{,}\boldsymbol{x}_2)\end{aligned}$$

性质 5.1 表明,正交变换正是我们在解析几何中熟知的坐标旋转变换的推广.事实上,平面解析几何中的坐标旋转变换

$$\boldsymbol{y} = \begin{pmatrix}\cos\theta & -\sin\theta \\ \sin\theta & \cos\theta\end{pmatrix}\boldsymbol{x}$$

就是一个正交变换.

5.2 方阵的特征值和特征向量

5.2.1 特征值和特征向量

方阵的特征值和特征向量在工程技术中常具有实际的物理意义,因此,求方阵的特征值问题,不论在实用上还是在理论上都是很重要的.

定义 5.4 设 $\boldsymbol{A}$ 为 n 阶方阵,如果存在数 λ 和 n 维非零向量 $\boldsymbol{x}$ 使

$$\boldsymbol{A}\boldsymbol{x} = \lambda\boldsymbol{x} \tag{5.3}$$

成立,则称数 λ 为方阵 $\boldsymbol{A}$ 的**特征值**,非零向量 $\boldsymbol{x}$ 称为方阵 $\boldsymbol{A}$ 的对应于特征值 λ 的**特征向量**. 式(5.3)又可写成

$$(\lambda\boldsymbol{I} - \boldsymbol{A})\boldsymbol{x} = \boldsymbol{0} \tag{5.4}$$

这是一个 n 阶齐次线性方程组,它有非零解的充要条件是

$$\det(\lambda\boldsymbol{I} - \boldsymbol{A}) = \begin{vmatrix} \lambda - a_{11} & -a_{12} & \cdots & -a_{1n} \\ -a_{21} & \lambda - a_{22} & \cdots & -a_{2n} \\ \vdots & \vdots & & \vdots \\ -a_{n1} & -a_{n2} & \cdots & \lambda - a_{nn} \end{vmatrix} = 0 \tag{5.5}$$

显然式(5.5)是一个以 λ 为未知数的一元 n 次方程,称为方阵 $\boldsymbol{A}$ 的**特征方程**,方程的左端称为方阵 $\boldsymbol{A}$ 的**特征多项式**,并称 $\lambda\boldsymbol{I}-\boldsymbol{A}$ 为 $\boldsymbol{A}$ 的**特征矩阵**. 由于一元 n 次方程在复数范围内有 n 个根,即矩阵 $\boldsymbol{A}$ 有 n 个特征值(重根按重数计算),设它们为 $\lambda_1,\lambda_2,\cdots,\lambda_n$,于是有

$$\begin{vmatrix} \lambda-a_{11} & -a_{12} & \cdots & -a_{1n} \\ -a_{21} & \lambda-a_{22} & \cdots & -a_{2n} \\ \vdots & \vdots & & \vdots \\ -a_{n1} & -a_{n2} & \cdots & \lambda-a_{nn} \end{vmatrix} = (\lambda-\lambda_1)(\lambda-\lambda_2)\cdots(\lambda-\lambda_n) \tag{5.6}$$

称集合 $\{\lambda_1,\lambda_2,\cdots,\lambda_n\}$ 为方阵 $\boldsymbol{A}$ 的**谱**,记为 $\lambda(\boldsymbol{A})$.

特征值具有如下性质:

性质 5.2 设 $\boldsymbol{A}$ 为 n 阶方阵,$\lambda_1,\lambda_2,\cdots,\lambda_n$ 为特征方程 $\det(\lambda\boldsymbol{I}-\boldsymbol{A})=0$ 的根,即 $\boldsymbol{A}$ 的 n 个特征值. 那么

$$\det\boldsymbol{A} = \lambda_1\lambda_2\cdots\lambda_n$$

证 在式(5.6)中,令 $\lambda=0$ 即得

$$\begin{aligned} \det(-\boldsymbol{A}) &= (-\lambda_1)(-\lambda_2)\cdots(-\lambda_n) \\ &= (-1)^n\det\boldsymbol{A} = (-1)^n\lambda_1\lambda_2\cdots\lambda_n \end{aligned}$$

即 $\det\boldsymbol{A}=\lambda_1\lambda_2\cdots\lambda_n$.

性质 5.2 的结论表明,方阵 $\boldsymbol{A}$ 的行列式等于它的特征值的乘积,于是有结论:**$\boldsymbol{A}$ 为奇异矩阵的充要条件是它至少有一个零特征值**.

例 5.3 求 $\boldsymbol{A}=\begin{pmatrix} 2 & 0 \\ -1 & 4 \end{pmatrix}$ 的特征值和特征向量.

解 对 $\boldsymbol{A}$ 的特征矩阵作初等行变换,得

$$\lambda\boldsymbol{I}-\boldsymbol{A}=\begin{pmatrix} \lambda-2 & 0 \\ 1 & \lambda-4 \end{pmatrix} \xrightarrow{r_1-(\lambda-2)r_2} \begin{pmatrix} 0 & -(\lambda-2)(\lambda-4) \\ 1 & \lambda-4 \end{pmatrix}$$

$$\xrightarrow{r_1\leftrightarrow r_2} \begin{pmatrix} 1 & \lambda-4 \\ 0 & -(\lambda-2)(\lambda-4) \end{pmatrix}$$

当 $\lambda=2$,或 $\lambda=4$ 时,$\lambda\boldsymbol{I}-\boldsymbol{A}$ 为奇异方阵,故 $\lambda_1=2,\lambda_2=4$ 是 $\boldsymbol{A}$ 的特征值. 它们对应的行最简形矩阵分别为

$$\begin{pmatrix} 1 & -2 \\ 0 & 0 \end{pmatrix}, \quad \begin{pmatrix} 1 & 0 \\ 0 & 0 \end{pmatrix}$$

由此可直接看出它们对应的特征向量(即 $(\lambda\boldsymbol{I}-\boldsymbol{A})\boldsymbol{x}=\boldsymbol{0}$ 的基础解系)分别为

$$\boldsymbol{\xi}_1=\begin{pmatrix} -2 \\ -1 \end{pmatrix}, \quad \boldsymbol{\xi}_2=\begin{pmatrix} 0 \\ -1 \end{pmatrix}$$

或

$$\boldsymbol{p}_1=\begin{pmatrix}2\\1\end{pmatrix},\quad \boldsymbol{p}_2=\begin{pmatrix}0\\1\end{pmatrix}$$

根据齐次线性方程组解的性质，若 $\boldsymbol{Ax}=\lambda\boldsymbol{x}$，那么由于 $\boldsymbol{A}(k\boldsymbol{x})=\lambda(k\boldsymbol{x})$，所以 $k\boldsymbol{x}$ $(k\neq0)$也是 $\boldsymbol{A}$ 的对应于特征值λ 的特征向量. 这表明，特征向量不能由特征值唯一确定，反过来，对不同的特征值，我们有下列结论：

定理 5.5 方阵 $\boldsymbol{A}$ 的对应于不同特征值的特征向量是线性无关的.

证 设 $\boldsymbol{p}_1,\boldsymbol{p}_2,\cdots,\boldsymbol{p}_k$ 为 $\boldsymbol{A}$ 的依次对应于互不相同的特征值 $\lambda_1,\lambda_2,\cdots,\lambda_k$ 的特征向量. 假定有 k 个常数 $x_1,x_2,\cdots,x_k$ 使

$$x_1\boldsymbol{p}_1+x_2\boldsymbol{p}_2+\cdots+x_k\boldsymbol{p}_k=\boldsymbol{0}$$

则 $\boldsymbol{A}(x_1\boldsymbol{p}_1+\cdots+x_k\boldsymbol{p}_k)=\boldsymbol{0}$，由 $\boldsymbol{Ap}_i=\lambda_i\boldsymbol{p}_i$ 得

$$\lambda_1x_1\boldsymbol{p}_1+\lambda_2x_2\boldsymbol{p}_2+\cdots+\lambda_kx_k\boldsymbol{p}_k=\boldsymbol{0}$$

以此类推便有

$$\lambda_1^mx_1\boldsymbol{p}_1+\lambda_2^mx_2\boldsymbol{p}_2+\cdots+\lambda_k^mx_k\boldsymbol{p}_k=\boldsymbol{0},\quad m=0,1,\cdots,k-1$$

将其写成矩阵形式有

$$(x_1\boldsymbol{p}_1,x_2\boldsymbol{p}_2,\cdots,x_k\boldsymbol{p}_k)\begin{pmatrix}1&\lambda_1&\cdots&\lambda_1^{k-1}\\1&\lambda_2&\cdots&\lambda_2^{k-1}\\\vdots&\vdots&&\vdots\\1&\lambda_k&\cdots&\lambda_k^{k-1}\end{pmatrix}=(\boldsymbol{0},\boldsymbol{0},\cdots,\boldsymbol{0})$$

上式等号左端第二个矩阵的行列式为范德蒙行列式 V，当 λ_i 互不相同时，$V\neq0$，因此有

$$(x_1\boldsymbol{p}_1,x_2\boldsymbol{p}_2,\cdots,x_k\boldsymbol{p}_k)=(\boldsymbol{0},\cdots,\boldsymbol{0})$$

即 $x_i\boldsymbol{p}_i=\boldsymbol{0}(i=1,2,\cdots,k)$，而由 $\boldsymbol{p}_i\neq\boldsymbol{0}$得知 $x_i=0,i=1,2,\cdots,k$，从而 $\boldsymbol{p}_1,\boldsymbol{p}_2,\cdots,\boldsymbol{p}_k$ 线性无关.

当方阵 $\boldsymbol{A}$ 具有重特征值时，对应于这些重根的特征向量会怎样呢？请看下面的两个例子.

例 5.4 求矩阵

$$\boldsymbol{A}=\begin{pmatrix}-1&-2&0\\2&3&0\\2&0&2\end{pmatrix}$$

的特征值和特征向量.

解 对 $\boldsymbol{A}$ 的特征矩阵作初等行变换，得

$$\lambda\boldsymbol{I}-\boldsymbol{A}=\begin{pmatrix}\lambda+1&2&0\\-2&\lambda-3&0\\-2&0&\lambda-2\end{pmatrix}\xrightarrow[\substack{r_2-r_3\\-\frac{1}{2}r_3}]{r_1+\frac{1}{2}(\lambda+1)r_3}\begin{pmatrix}0&2&\frac{1}{2}(\lambda-2)(\lambda+1)\\0&\lambda-3&-(\lambda-2)\\1&0&-\frac{1}{2}(\lambda-2)\end{pmatrix}$$

$$\xrightarrow[\frac{1}{2}r_1]{r_2-\frac{1}{2}(\lambda-3)r_1}\begin{pmatrix}0 & 1 & \frac{1}{4}(\lambda-2)(\lambda+1)\\ 0 & 0 & -\frac{1}{4}(\lambda-2)(\lambda-1)^2\\ 1 & 0 & \frac{1}{2}(\lambda-2)\end{pmatrix}\xrightarrow[r_2\leftrightarrow r_3]{r_1\leftrightarrow r_3}\begin{pmatrix}1 & 0 & -\frac{1}{2}(\lambda-2)\\ 0 & 1 & \frac{1}{4}(\lambda-2)(\lambda+1)\\ 0 & 0 & \frac{1}{4}(\lambda-2)(\lambda-1)^2\end{pmatrix}$$

注意到方阵的 3 种初等变换不改变方阵的行列式的非零性，只改变其倍数，所以 $|\lambda \boldsymbol{I}-\boldsymbol{A}|=k(\lambda-2)(\lambda-1)^2(k\neq 0)$，由此可知 $\boldsymbol{A}$ 的特征值为 $\lambda_1=2$，$\lambda_2=1$（二重），它们对应的行最简形矩阵分别为

$$\begin{pmatrix}1 & 0 & 0\\ 0 & 1 & 0\\ 0 & 0 & 0\end{pmatrix},\quad \begin{pmatrix}1 & 0 & \frac{1}{2}\\ 0 & 1 & -\frac{1}{2}\\ 0 & 0 & 0\end{pmatrix}$$

与 $\lambda_1=2$ 对应的特征向量为

$$\boldsymbol{\xi}_1=\begin{pmatrix}0\\ 0\\ -1\end{pmatrix}\quad 或\quad \boldsymbol{p}_1=\begin{pmatrix}0\\ 0\\ 1\end{pmatrix}$$

与 $\lambda_2=1$（二重）对应的线性无关的特征向量只有一个为

$$\boldsymbol{\xi}_2=\begin{pmatrix}\frac{1}{2}\\ -\frac{1}{2}\\ -1\end{pmatrix}\quad 或\quad \boldsymbol{p}_2=\begin{pmatrix}-1\\ 1\\ 2\end{pmatrix}$$

例 5.5 求下列矩阵 $\boldsymbol{A}$ 的特征值和特征向量

$$\boldsymbol{A}=\begin{pmatrix}-2 & 2 & 2\\ 0 & 2 & 0\\ -2 & 1 & 3\end{pmatrix}$$

解 对 $\boldsymbol{A}$ 的特征矩阵作初等行变换，得

$$\lambda \boldsymbol{I}-\boldsymbol{A}=\begin{pmatrix}\lambda+2 & -2 & -2\\ 0 & \lambda-2 & 0\\ 2 & -1 & \lambda-3\end{pmatrix}\xrightarrow[\frac{1}{2}r_3]{r_1-\frac{1}{2}(\lambda+2)r_3}\begin{pmatrix}0 & \frac{1}{2}(\lambda-2) & -\frac{1}{2}(\lambda-2)(\lambda+1)\\ 0 & \lambda-2 & 0\\ 1 & -\frac{1}{2} & \frac{1}{2}(\lambda-3)\end{pmatrix}$$

$$\xrightarrow[2r_1]{r_1-\frac{1}{2}r_2}\begin{pmatrix}0 & 0 & -(\lambda-2)(\lambda+1)\\ 0 & \lambda-2 & 0\\ 1 & -\frac{1}{2} & \frac{1}{2}(\lambda-3)\end{pmatrix}\xrightarrow{r_1\leftrightarrow r_3}\begin{pmatrix}1 & -\frac{1}{2} & \frac{1}{2}(\lambda-3)\\ 0 & \lambda-2 & 0\\ 0 & 0 & -(\lambda-2)(\lambda+1)\end{pmatrix}$$

由$|\lambda \boldsymbol{I}-\boldsymbol{A}|=k(\lambda-2)^2(\lambda+1)(k\neq 0)$可看出$\boldsymbol{A}$的特征值为$\lambda_1=-1,\lambda_2=2$(二重)，它们对应的行最简形矩阵分别为

$$\begin{pmatrix}1&0&-2\\0&1&0\\0&0&0\end{pmatrix},\quad \begin{pmatrix}1&-\frac{1}{2}&-\frac{1}{2}\\0&0&0\\0&0&0\end{pmatrix}$$

由此可看出与$\lambda_1=1$对应的特征向量为

$$\boldsymbol{\xi}_1=\begin{pmatrix}-2\\0\\-1\end{pmatrix}\text{或}\ \boldsymbol{p}_1=\begin{pmatrix}2\\0\\1\end{pmatrix}$$

与λ_2对应的线性无关的特征向量为

$$\boldsymbol{\xi}_2=\begin{pmatrix}-\frac{1}{2}\\-1\\0\end{pmatrix},\quad \boldsymbol{\xi}_3=\begin{pmatrix}-\frac{1}{2}\\0\\-1\end{pmatrix}$$

或

$$\boldsymbol{p}_2=\begin{pmatrix}1\\2\\0\end{pmatrix},\quad \boldsymbol{p}_3=\begin{pmatrix}1\\0\\2\end{pmatrix}$$

由例5.4和例5.5可知,与方阵的重特征根对应的线性无关的特征向量的个数并不一定等于特征根的重数.它们之间有如下关系:

定理5.6 设λ_0是n阶矩阵$\boldsymbol{A}$的k重特征值,则对应于λ_0的线性无关的特征向量最大个数$l\leqslant k$.

证 用反证法.假设$l>k$,并设$\boldsymbol{p}_1,\boldsymbol{p}_2,\cdots,\boldsymbol{p}_l$为$\boldsymbol{A}$的对应于$\lambda_0$的线性无关的特征向量,即$\boldsymbol{A}\boldsymbol{p}_i=\lambda_0\boldsymbol{p}_i,i=1,\cdots,l$.将$\boldsymbol{p}_1,\boldsymbol{p}_2,\cdots,\boldsymbol{p}_l$扩充为$n$维向量空间$\mathbf{R}^n$的一组基:$\boldsymbol{p}_1,\boldsymbol{p}_2,\cdots,\boldsymbol{p}_l,\boldsymbol{p}_{l+1},\cdots,\boldsymbol{p}_n$,所以$\boldsymbol{A}\boldsymbol{p}_m\in\mathbf{R}^n(m=l+1,l+2,\cdots,n)$可表示为

$$\boldsymbol{A}\boldsymbol{p}_m=c_{1m}\boldsymbol{p}_1+\cdots c_{lm}\boldsymbol{p}_l+c_{l+1,m}\boldsymbol{p}_{l+1}+\cdots+c_{nm}\boldsymbol{p}_n$$

令$\boldsymbol{P}=(\boldsymbol{p}_1,\boldsymbol{p}_2,\cdots,\boldsymbol{p}_l,\boldsymbol{p}_{l+1},\cdots,\boldsymbol{p}_n)$,则矩阵$\boldsymbol{P}$可逆,记

$$\boldsymbol{A}_1=\begin{pmatrix}c_{1,l+1}&\cdots&c_{1,n}\\\vdots&&\vdots\\c_{l,l+1}&\cdots&c_{l,n}\end{pmatrix},\quad \boldsymbol{A}_2=\begin{pmatrix}c_{l+1,l+1}&\cdots&c_{l+1,n}\\\vdots&&\vdots\\c_{n,l+1}&\cdots&c_{n,n}\end{pmatrix}$$

则

$$\boldsymbol{AP}=\boldsymbol{P}\begin{pmatrix}\lambda_0\boldsymbol{I}_l&\boldsymbol{A}_1\\\boldsymbol{O}&\boldsymbol{A}_2\end{pmatrix},\quad \boldsymbol{A}=\boldsymbol{P}\begin{pmatrix}\lambda_0\boldsymbol{I}_l&\boldsymbol{A}_1\\\boldsymbol{O}&\boldsymbol{A}_2\end{pmatrix}\boldsymbol{P}^{-1}$$

从而

$$|\lambda \boldsymbol{I}_n - \boldsymbol{A}| = \begin{vmatrix} (\lambda-\lambda_0)\boldsymbol{I}_l & -\boldsymbol{A}_l \\ \boldsymbol{O} & \lambda\boldsymbol{I}_{n-l} - \boldsymbol{A}_2 \end{vmatrix} = (\lambda-\lambda_0)^l \, |\lambda \boldsymbol{I}_{n-l} - \boldsymbol{A}_2|$$

这表明 λ_0 至少为矩阵 $\boldsymbol{A}$ 的 l 重特征值，与 λ_0 为矩阵 $\boldsymbol{A}$ 的 k 重特征值矛盾，因而 $l \leqslant k$.

这样，对有些 n 阶矩阵，对应于每个重特征值的线性无关的特征向量个数等于重特征值的重数，从而它就有 n 个线性无关的特征向量，这种矩阵称为**非亏损矩阵**；而对有些 n 阶矩阵，对应于某个重特征值的线性无关的特征向量的个数小于重数，从而它就没有 n 个线性无关的特征向量，这种矩阵称为**亏损矩阵**. 如例 5.5 中的 $\boldsymbol{A}$ 就是非亏损矩阵，而例 5.4 中的 $\boldsymbol{A}$ 就是亏损矩阵.

*5.2.2 求矩阵特征值的数值方法——幂法

幂法是通过求矩阵的特征向量来求矩阵的按模最大的特征值的一种迭代方法.

为叙述简便，以下凡提到最大或最小特征值都指按模最大或最小，如果有 n 个特征值，那么规定由大到小的顺序是

$$|\lambda_1| \geqslant |\lambda_2| \geqslant \cdots \geqslant |\lambda_n|$$

幂法的基本思想是，欲求 n 阶方阵 $\boldsymbol{A}$ 的最大特征值 λ_1，从任意 n 维非零向量 $\boldsymbol{x}^{(0)}$ 出发，构造迭代序列

$$\boldsymbol{x}^{(0)}, \boldsymbol{x}^{(1)} = \boldsymbol{A}\boldsymbol{x}^{(0)}, \boldsymbol{x}^{(2)} = \boldsymbol{A}\boldsymbol{x}^{(1)}, \cdots, \boldsymbol{x}^{(k)} = \boldsymbol{A}\boldsymbol{x}^{(k-1)}, \cdots$$

可以证明，当 k 充分大时，$\boldsymbol{x}^{(k+1)} \approx \lambda_1 \boldsymbol{x}^{(k)}$，即相邻的两个迭代向量成正比例，比例系数 λ_1 即为所求之最大特征值.

事实上，若设 $\boldsymbol{A}$ 是 n 阶非亏损矩阵，并假定最大特征值 λ_1 为单实根，即 $|\lambda_1| > |\lambda_i|\ (i=2,3,\cdots,n)$，$\boldsymbol{A}$ 的 n 个特征值对应的 n 个线性无关的特征向量 $\boldsymbol{v}_1, \boldsymbol{v}_2, \cdots, \boldsymbol{v}_n$ 构成 n 维向量空间的一组基，于是对任何非零初始向量 $\boldsymbol{x}^{(0)}$，有

$$\boldsymbol{x}^{(0)} = a_1 \boldsymbol{v}_1 + a_2 \boldsymbol{v}_2 + \cdots + a_n \boldsymbol{v}_n$$

而

$$\begin{aligned}
\boldsymbol{x}^{(1)} &= \boldsymbol{A}\boldsymbol{x}^{(0)} = a_1 \boldsymbol{A}\boldsymbol{v}_1 + a_2 \boldsymbol{A}\boldsymbol{v}_2 + \cdots + a_n \boldsymbol{A}\boldsymbol{v}_n \\
&= a_1\lambda_1 \boldsymbol{v}_1 + a_2\lambda_2 \boldsymbol{v}_2 + \cdots + a_n\lambda_n \boldsymbol{v}_n \\
\boldsymbol{x}^{(2)} &= \boldsymbol{A}\boldsymbol{x}^{(1)} = a_1\lambda_1 \boldsymbol{A}\boldsymbol{v}_1 + a_2\lambda_2 \boldsymbol{A}\boldsymbol{v}_2 + \cdots + a_n\lambda_n \boldsymbol{A}\boldsymbol{v}_n \\
&= a_1\lambda_1^2 \boldsymbol{v}_1 + a_2\lambda_2^2 \boldsymbol{v}_2 + \cdots + a_n\lambda_n^2 \boldsymbol{v}_n \\
&\ \ \vdots \\
\boldsymbol{x}^{(k)} &= a_1\lambda_1^k \boldsymbol{v}_1 + a_2\lambda_2^k \boldsymbol{v}_2 + \cdots + a_n\lambda_n^k \boldsymbol{v}_n \\
&\ \ \vdots
\end{aligned}$$

设 $a_1 \neq 0$，由于 $\left|\dfrac{\lambda_i}{\lambda_1}\right| < 1, i=2,3,\cdots,n$，故当 k 充分大时，

$$\boldsymbol{x}^{(k)}=\lambda_1^k\left(a_1\boldsymbol{v}_1+a_2\left(\frac{\lambda_2}{\lambda_1}\right)^k\boldsymbol{v}_2+\cdots+a_n\left(\frac{\lambda_n}{\lambda_1}\right)^k\boldsymbol{v}_n\right)\approx\lambda_1^k a_1\boldsymbol{v}_1$$

同理

$$\boldsymbol{x}^{(k+1)}\approx\lambda_1^{k+1}a_1\boldsymbol{v}_1$$

由此得

$$\boldsymbol{x}^{(k+1)}\approx\lambda_1\boldsymbol{x}^{(k)}$$

即

$$\lambda_1=\frac{x_i^{(k+1)}}{x_i^{(k)}},\quad i=1,2,\cdots,n$$

应当说明,在上述推证中假定了 $a_1\neq0$,但在实际计算中,这个假定不是必要的.因为即便选取的 $\boldsymbol{x}^{(0)}$ 的第一个坐标 $a_1=0$,由于舍入误差的影响,经若干步后,向量的第一个坐标就不再是零,继续迭代就可认为是以这个向量为初始向量,它的 $a_1\neq0$.因此,在数值计算中不必考虑 $\boldsymbol{x}^{(0)}$ 的第一个坐标 a_1 是否为零.

在应用幂法计算时,为了避免计算过程中出现绝对值过大或过小的数 x_i,以防止在计算机中出现溢出现象,通常在每步迭代时首先将向量 $\boldsymbol{x}^{(k)}$ 规范化为 $\boldsymbol{y}^{(k)}=\boldsymbol{x}^{(k)}/\|\boldsymbol{x}^{(k)}\|_\infty$,用 $\boldsymbol{y}^{(k)}$ 作为新的迭代向量.因此,实际计算的迭代公式是

$$\begin{cases}\boldsymbol{y}^{(k)}=\boldsymbol{x}^{(k)}/\|\boldsymbol{x}^{(k)}\|_\infty\\ \boldsymbol{x}^{(k+1)}=\boldsymbol{A}\boldsymbol{y}^{(k)},\quad k=0,1,2,\cdots\end{cases}\tag{5.7}$$

当 k 充分大时,

$$\begin{cases}\boldsymbol{y}^{(k)}\approx\boldsymbol{v}_1\\ \|\boldsymbol{x}^{(k+1)}\|_\infty\approx|\lambda_1|\end{cases}$$

例 5.6 求矩阵 $\boldsymbol{A}$ 按模最大的特征值 λ_1 和特征向量 $\boldsymbol{v}_1$.

$$\boldsymbol{A}=\begin{pmatrix}10&7&8&7\\7&5&6&5\\8&6&10&9\\7&5&9&10\end{pmatrix}$$

解 取 $\boldsymbol{x}^{(0)}=(1,0,0,0)^{\mathrm{T}}$,按公式(5.7)迭代

$$\boldsymbol{x}^{(1)}=\boldsymbol{A}\boldsymbol{x}^{(0)}=\begin{pmatrix}10&7&8&7\\7&5&6&5\\8&6&10&9\\7&5&9&10\end{pmatrix}\begin{pmatrix}1\\0\\0\\0\end{pmatrix}=\begin{pmatrix}10\\7\\8\\7\end{pmatrix}=10\begin{pmatrix}1\\0.7\\0.8\\0.7\end{pmatrix}=10\boldsymbol{y}^{(1)}$$

$$\boldsymbol{x}^{(2)}=\boldsymbol{A}\boldsymbol{y}^{(1)}=\begin{pmatrix}10&7&8&7\\7&5&6&5\\8&6&10&9\\7&5&9&10\end{pmatrix}\begin{pmatrix}1\\0.7\\0.8\\0.7\end{pmatrix}=\begin{pmatrix}26.2\\18.8\\26.5\\24.7\end{pmatrix}=26.5\boldsymbol{y}^{(2)}$$

连续迭代5次的结果列于表5.1.

矩阵 $\boldsymbol{A}$ 的按模最大的特征值 $\lambda=30.29268$，对应的特征向量

$$\boldsymbol{v}_1=(0.95769,0.68898,1.00000,0.94376)^{\mathrm{T}}$$

表 5.1 用幂法连续迭代 5 次结果

k	λ_1	$x_1^{(k)}$	$x_2^{(k)}$	$x_3^{(k)}$	$x_4^{(k)}$
0		1.00000	0.00000	0.00000	0.00000
1	10.00000	1.00000	0.70000	0.80000	0.70000
2	26.50000	0.98868	0.70943	1.00000	0.93208
3	30.55472	0.96147	0.69149	1.00000	0.94220
4	30.32049	0.95811	0.68926	1.00000	0.94358
5	30.29268	0.95769	0.68898	1.00000	0.94376

5.3 相似变换与实对称矩阵的对角化

前面我们讨论了求方阵 $\boldsymbol{A}$ 的特征值和特征向量的方法，如果已经求得 n 阶方阵 $\boldsymbol{A}$ 的 n 个特征值 $\lambda_1,\lambda_2,\cdots,\lambda_n$，为了讨论 $\boldsymbol{A}$ 与对角矩阵 $\boldsymbol{\Lambda}=\mathrm{diag}(\lambda_1,\lambda_2,\cdots,\lambda_n)$ 的关系，我们引进相似矩阵的概念，进而讨论实对称矩阵的对角化.

5.3.1 相似变换

定义 5.5 对 n 阶方阵 $\boldsymbol{A}$、$\boldsymbol{B}$，如果存在可逆矩阵 $\boldsymbol{P}$，使

$$\boldsymbol{P}^{-1}\boldsymbol{A}\boldsymbol{P}=\boldsymbol{B}$$

则称 $\boldsymbol{B}$ 是 $\boldsymbol{A}$ 的**相似矩阵**，或称矩阵 $\boldsymbol{A}$ **与** $\boldsymbol{B}$ **相似**，而对 $\boldsymbol{A}$ 进行运算 $\boldsymbol{P}^{-1}\boldsymbol{A}\boldsymbol{P}$ 称为对 $\boldsymbol{A}$ 进行**相似变换**，可逆矩阵 $\boldsymbol{P}$ 称为把 $\boldsymbol{A}$ 变成 $\boldsymbol{B}$ 的**相似变换矩阵.**

显然，若 $\boldsymbol{A}$ 与 $\boldsymbol{B}$ 相似，则 $\boldsymbol{A}$ 与 $\boldsymbol{B}$ 等价，反之不然；矩阵相似具有反身性、对称性和传递性.

定理 5.7 若 n 阶方阵 $\boldsymbol{A}$ 与 $\boldsymbol{B}$ 相似，则 $\boldsymbol{A}$ 与 $\boldsymbol{B}$ 有相同的特征多项式，从而有相同的特征值.

证 因 $\boldsymbol{A}$ 与 $\boldsymbol{B}$ 相似，即有 $\boldsymbol{P}$ 使 $\boldsymbol{P}^{-1}\boldsymbol{A}\boldsymbol{P}=\boldsymbol{B}$，所以

$$|\lambda\boldsymbol{I}-\boldsymbol{B}|=|\lambda\boldsymbol{I}-\boldsymbol{P}^{-1}\boldsymbol{A}\boldsymbol{P}|=|\boldsymbol{P}^{-1}||\lambda\boldsymbol{I}-\boldsymbol{A}||\boldsymbol{P}|=|\lambda\boldsymbol{I}-\boldsymbol{A}|$$

这表明 $\boldsymbol{A}$,$\boldsymbol{B}$ 有相同的特征多项式，从而有相同的特征值.

注意，定理5.7的逆命题不一定成立，即两方阵有相同的特征值(包括重数)时，它们不一定相似. 什么矩阵在特征值相同(包括重数)时一定相似呢？后面对实对称矩阵的研究将给出答案.

推论 若 n 阶方阵 $\boldsymbol{A}$ 与对角矩阵 $\boldsymbol{\Lambda}=\mathrm{diag}(\lambda_1,\lambda_2,\cdots,\lambda_n)$ 相似，则 $\lambda_1,\lambda_2,\cdots,\lambda_n$

为 $\boldsymbol{A}$ 的 n 个特征值.

设 n 阶方阵 $\boldsymbol{A}$ 的 n 个特征值为 $\lambda_1,\lambda_2,\cdots,\lambda_n$，$\boldsymbol{\Lambda}=\mathrm{diag}(\lambda_1,\lambda_2,\cdots,\lambda_n)$，根据上述讨论，自然会提出下列问题：

(1)若 $\boldsymbol{A}$ 能与某个对角矩阵 $\boldsymbol{\Lambda}$ 相似，即若存在 $\boldsymbol{P}$，使 $\boldsymbol{P}^{-1}\boldsymbol{AP}=\boldsymbol{\Lambda}$，则如何构造 $\boldsymbol{P}$?

(2)是否任何方阵 $\boldsymbol{A}$ 都与某个对角矩阵 $\boldsymbol{\Lambda}$ 相似?

我们先来讨论第一个问题. 设存在可逆矩阵 $\boldsymbol{P}$，使

$$\boldsymbol{P}^{-1}\boldsymbol{AP}=\boldsymbol{\Lambda}=\mathrm{diag}(\lambda_1,\lambda_2,\cdots,\lambda_n)$$

将 $\boldsymbol{P}$ 用其列向量表示为

$$\boldsymbol{P}=(\boldsymbol{p}_1,\boldsymbol{p}_2,\cdots,\boldsymbol{p}_n)$$

由 $\boldsymbol{P}^{-1}\boldsymbol{AP}=\boldsymbol{\Lambda}$ 得 $\boldsymbol{AP}=\boldsymbol{P\Lambda}$，即

$$\begin{aligned}\boldsymbol{A}(\boldsymbol{p}_1,\boldsymbol{p}_2,\cdots,\boldsymbol{p}_n)&=(\boldsymbol{p}_1,\boldsymbol{p}_2,\cdots,\boldsymbol{p}_n)\begin{pmatrix}\lambda_1&&&\\&\lambda_2&&\\&&\ddots&\\&&&\lambda_n\end{pmatrix}\\&=(\lambda_1\boldsymbol{p}_1,\lambda_2\boldsymbol{p}_2,\cdots,\lambda_n\boldsymbol{p}_n)\end{aligned}$$

于是 $\boldsymbol{Ap}_i=\lambda_i\boldsymbol{p}_i$，$i=1,2,\cdots,n$. 这说明，$\lambda_i$ 是 $\boldsymbol{A}$ 的特征值，$\boldsymbol{p}_i$ 是 $\boldsymbol{A}$ 的对应于特征值 λ_i 的特征向量. 于是我们得到结论：

定理 5.8 若 n 阶方阵 $\boldsymbol{A}$ 与对角阵 $\boldsymbol{\Lambda}$ 相似，则 $\boldsymbol{\Lambda}$ 的主对角元素必为 $\boldsymbol{A}$ 的特征值，而相似变换 $\boldsymbol{P}^{-1}\boldsymbol{AP}=\boldsymbol{\Lambda}$ 中矩阵 $\boldsymbol{P}$ 的列向量必为 $\boldsymbol{A}$ 的与 $\boldsymbol{\Lambda}$ 主对角元素对应的特征向量.

现在讨论第 2 个问题. 由 5.2 节特征值为特征多项式的根知，n 阶方阵 $\boldsymbol{A}$ 在复数范围内恰有 n 个特征值(可以有重根)，并可通过解方程组 $(\lambda\boldsymbol{I}-\boldsymbol{A})\boldsymbol{x}=\boldsymbol{0}$ 获得 n 个对应的特征向量 $\boldsymbol{p}_1,\boldsymbol{p}_2,\cdots,\boldsymbol{p}_n$(但未必线性无关)，且 $\boldsymbol{p}_1,\boldsymbol{p}_2,\cdots,\boldsymbol{p}_n$ 组成的矩阵 $\boldsymbol{P}$ 满足 $\boldsymbol{AP}=\boldsymbol{P\Lambda}$($\boldsymbol{P}$ 可能为复矩阵)，若 $\boldsymbol{A}$ 非亏损，即 $\boldsymbol{p}_1,\boldsymbol{p}_2,\cdots,\boldsymbol{p}_n$ 线性无关，亦即 $\boldsymbol{P}$ 可逆，则 $\boldsymbol{P}^{-1}\boldsymbol{AP}=\boldsymbol{\Lambda}$，这时 $\boldsymbol{A}$ 与对角阵相似；若 $\boldsymbol{A}$ 亏损，则不存在 n 个线性无关的特征向量，$\boldsymbol{A}$ 不与对角阵相似. 因此我们有：

定理 5.9 方阵 $\boldsymbol{A}$ 与对角矩阵相似(或方阵 $\boldsymbol{A}$ 可对角化)的充要条件是 $\boldsymbol{A}$ 为非亏损矩阵.

不过，我们不对非亏损矩阵进行一般性的讨论，而仅讨论 $\boldsymbol{A}$ 为实对称矩阵(即 $\boldsymbol{A}$ 的元素全是实数，且 $\boldsymbol{A}$ 为对称矩阵)的情形. 这种情形比较简单，而且实际应用上较为常见.

5.3.2 用正交矩阵化实对称矩阵为对角阵

定理 5.10 实对称矩阵的特征值为实数.

证 设实对称矩阵 $\boldsymbol{A}$ 的特征值为复数 λ，对应的特征向量为复向量 $\boldsymbol{x}$，则 $\boldsymbol{Ax}=$

$\lambda\boldsymbol{x}$，两端取共轭，则有 $\boldsymbol{A}\bar{\boldsymbol{x}}=\overline{\lambda\boldsymbol{x}}$，于是

$$\bar{\boldsymbol{x}}^{\mathrm{T}}\boldsymbol{A}\boldsymbol{x}=\bar{\boldsymbol{x}}^{\mathrm{T}}(\boldsymbol{A}\boldsymbol{x})=\bar{\boldsymbol{x}}^{\mathrm{T}}\lambda\boldsymbol{x}=\lambda\bar{\boldsymbol{x}}^{\mathrm{T}}\boldsymbol{x}$$

$$\bar{\boldsymbol{x}}^{\mathrm{T}}\boldsymbol{A}\boldsymbol{x}=(\bar{\boldsymbol{x}}^{\mathrm{T}}\boldsymbol{A})\boldsymbol{x}=(\boldsymbol{A}\bar{\boldsymbol{x}})^{\mathrm{T}}\boldsymbol{x}=\overline{\lambda\boldsymbol{x}}^{\mathrm{T}}\boldsymbol{x}$$

两式相减得

$$(\lambda-\bar{\lambda})\bar{\boldsymbol{x}}^{\mathrm{T}}\boldsymbol{x}=0$$

因 $\boldsymbol{x}\neq\boldsymbol{0}$，所以

$$\bar{\boldsymbol{x}}^{\mathrm{T}}\boldsymbol{x}=\sum_{i=1}^{n}\bar{x}_i x_i=\sum_{i=1}^{n}|x_i|^2\neq 0$$

故有 $\lambda-\bar{\lambda}=0$. 这表明 λ 为实数.

显然，对实特征值 λ，$(\lambda\boldsymbol{I}-\boldsymbol{A})\boldsymbol{x}=\boldsymbol{0}$ 为实系数的齐次线性方程组，由 $\det(\lambda\boldsymbol{I}-\boldsymbol{A})=0$ 知其必有实的基础解系，从而相应地，可取实的特征向量.

对于实对称矩阵，属于不同的特征值的特征向量不仅线性无关，而且还有更强的结论，这就是：

定理 5.11 设 λ_1,λ_2 是实对称矩阵 $\boldsymbol{A}$ 的两个特征值，$\boldsymbol{p}_1,\boldsymbol{p}_2$ 为对应的特征向量. 若 $\lambda_1\neq\lambda_2$ 则 $\boldsymbol{p}_1,\boldsymbol{p}_2$ 正交.

证 若 $\lambda_1\boldsymbol{p}_1=\boldsymbol{A}\boldsymbol{p}_1,\lambda_2\boldsymbol{p}_2=\boldsymbol{A}\boldsymbol{p}_2,\lambda_1\neq\lambda_2$，由 $\boldsymbol{A}$ 对称知

$$\lambda_1\boldsymbol{p}_1^{\mathrm{T}}\boldsymbol{p}_2=(\lambda_1\boldsymbol{p}_1)^{\mathrm{T}}\boldsymbol{p}_2=(\boldsymbol{A}\boldsymbol{p}_1)^{\mathrm{T}}\boldsymbol{p}_2=\boldsymbol{p}_1^{\mathrm{T}}\boldsymbol{A}\boldsymbol{p}_2=\boldsymbol{p}_1^{\mathrm{T}}\lambda_2\boldsymbol{p}_2=\lambda_2\boldsymbol{p}_1^{\mathrm{T}}\boldsymbol{p}_2$$

于是

$$(\lambda_1-\lambda_2)\boldsymbol{p}_1^{\mathrm{T}}\boldsymbol{p}_2=0$$

但 $\lambda_1\neq\lambda_2$，故有 $\boldsymbol{p}_1^{\mathrm{T}}\boldsymbol{p}_2=0$，即 $\boldsymbol{p}_1,\boldsymbol{p}_2$ 正交.

定理 5.12 设 $\boldsymbol{A}$ 为 n 阶实对称方阵，则必有正交矩阵 $\boldsymbol{P}$，使

$$\boldsymbol{P}^{\mathrm{T}}\boldsymbol{A}\boldsymbol{P}=\boldsymbol{P}^{-1}\boldsymbol{A}\boldsymbol{P}=\boldsymbol{\Lambda}=\mathrm{diag}(\lambda_1,\lambda_2,\cdots,\lambda_n)\tag{5.8}$$

其中 $\lambda_1,\lambda_2,\cdots,\lambda_n$ 为 $\boldsymbol{A}$ 的全部特征值，$\boldsymbol{P}$ 为与 $\lambda_1,\lambda_2,\cdots,\lambda_n$ 对应的标准正交的特征向量按列拼接的矩阵.

证 任取 $\boldsymbol{A}$ 的一个特征值 λ_1 及对应的单位特征向量 $\boldsymbol{p}_1$，由定理 5.2 的推论知，可找到 $n-1$ 个单位列向量 $\boldsymbol{p}_2,\boldsymbol{p}_3,\cdots,\boldsymbol{p}_n$，使 $\boldsymbol{p}_1,\boldsymbol{p}_2,\cdots,\boldsymbol{p}_n$ 为正交向量组. 因此

$$\boldsymbol{P}_1=(\boldsymbol{p}_1,\boldsymbol{p}_2,\cdots,\boldsymbol{p}_n)$$

为正交矩阵，因为

$$\boldsymbol{p}_1^{\mathrm{T}}\boldsymbol{A}\boldsymbol{p}_1=\boldsymbol{p}_1^{\mathrm{T}}\lambda_1\boldsymbol{p}_1=\lambda_1\boldsymbol{p}_1^{\mathrm{T}}\boldsymbol{p}_1=\lambda_1$$

$$\boldsymbol{p}_1^{\mathrm{T}}\boldsymbol{A}\boldsymbol{p}_i=(\boldsymbol{p}_i^{\mathrm{T}}\boldsymbol{A}\boldsymbol{p}_1)^{\mathrm{T}}=(\boldsymbol{p}_i^{\mathrm{T}}\lambda_1\boldsymbol{p}_1)^{\mathrm{T}}=(\lambda_1\boldsymbol{p}_i^{\mathrm{T}}\boldsymbol{p}_1)^{\mathrm{T}}=0$$
$$(i=2,3,\cdots,n)$$

所以

$$\boldsymbol{P}_1^{-1}\boldsymbol{A}\boldsymbol{P}_1=\boldsymbol{P}_1^{\mathrm{T}}\boldsymbol{A}\boldsymbol{P}_1=\begin{pmatrix}\boldsymbol{p}_1^{\mathrm{T}}\\ \boldsymbol{p}_2^{\mathrm{T}}\\ \vdots\\ \boldsymbol{p}_n^{\mathrm{T}}\end{pmatrix}\boldsymbol{A}(\boldsymbol{p}_1,\boldsymbol{p}_2,\cdots,\boldsymbol{p}_n)$$

$$
=\begin{pmatrix} \boldsymbol{p}_1^{\mathrm{T}}\boldsymbol{A}\boldsymbol{p}_1 & \boldsymbol{p}_1^{\mathrm{T}}\boldsymbol{A}\boldsymbol{p}_2 & \cdots & \boldsymbol{p}_1^{\mathrm{T}}\boldsymbol{A}\boldsymbol{p}_n \\ \boldsymbol{p}_2^{\mathrm{T}}\boldsymbol{A}\boldsymbol{p}_1 & \boldsymbol{p}_2^{\mathrm{T}}\boldsymbol{A}\boldsymbol{p}_2 & \cdots & \boldsymbol{p}_2^{\mathrm{T}}\boldsymbol{A}\boldsymbol{p}_n \\ \vdots & \vdots & & \vdots \\ \boldsymbol{p}_n^{\mathrm{T}}\boldsymbol{A}\boldsymbol{p}_1 & \boldsymbol{p}_n^{\mathrm{T}}\boldsymbol{A}\boldsymbol{p}_2 & \cdots & \boldsymbol{p}_n^{\mathrm{T}}\boldsymbol{A}\boldsymbol{p}_n \end{pmatrix}
$$

$$
=\begin{pmatrix} \lambda_1 & 0 & \cdots & 0 \\ 0 & \boldsymbol{p}_2^{\mathrm{T}}\boldsymbol{A}\boldsymbol{p}_2 & \cdots & \boldsymbol{p}_2^{\mathrm{T}}\boldsymbol{A}\boldsymbol{p}_n \\ \vdots & \vdots & & \vdots \\ 0 & \boldsymbol{p}_n^{\mathrm{T}}\boldsymbol{A}\boldsymbol{p}_2 & \cdots & \boldsymbol{p}_n^{\mathrm{T}}\boldsymbol{A}\boldsymbol{p}_n \end{pmatrix}=\begin{pmatrix} \lambda_1 & \boldsymbol{O} \\ \boldsymbol{O} & \boldsymbol{A}_1 \end{pmatrix}
$$

其中 $\boldsymbol{A}_1$ 为上述矩阵中删去第 1 行、第 1 列所余下的子块. 显然,$\boldsymbol{A}_1$ 是 $n-1$ 阶的实对称矩阵.

对 $\boldsymbol{A}_1$ 重复上面的作法,可找到 $n-1$ 阶正交矩阵 $\boldsymbol{Q}$,使

$$
\boldsymbol{Q}^{-1}\boldsymbol{A}_1\boldsymbol{Q}=\boldsymbol{Q}^{\mathrm{T}}\boldsymbol{A}_1\boldsymbol{Q}=\begin{pmatrix} \lambda_2 & \boldsymbol{O} \\ \boldsymbol{O} & \boldsymbol{A}_2 \end{pmatrix}
$$

其中 λ_2 是 $\boldsymbol{A}_1$ 的特征值,$\boldsymbol{A}_2$ 是 $n-2$ 阶实对称矩阵. 令

$$
\boldsymbol{P}_2=\begin{pmatrix} 1 & \boldsymbol{O} \\ \boldsymbol{O} & \boldsymbol{Q} \end{pmatrix}
$$

显然 $\boldsymbol{P}_2$ 也是正交矩阵,由分块矩阵乘法得

$$
\boldsymbol{P}_2^{-1}(\boldsymbol{P}_1^{-1}\boldsymbol{A}\boldsymbol{P}_1)\boldsymbol{P}_2=\boldsymbol{P}_2^{\mathrm{T}}(\boldsymbol{P}_1^{\mathrm{T}}\boldsymbol{A}\boldsymbol{P}_1)\boldsymbol{P}_2=\begin{pmatrix} 1 & \boldsymbol{O} \\ \boldsymbol{O} & \boldsymbol{Q}^{\mathrm{T}} \end{pmatrix}\begin{pmatrix} \lambda_1 & \boldsymbol{O} \\ \boldsymbol{O} & \boldsymbol{A}_1 \end{pmatrix}\begin{pmatrix} 1 & \boldsymbol{O} \\ \boldsymbol{O} & \boldsymbol{Q} \end{pmatrix}
$$

$$
=\begin{pmatrix} \lambda_1 & \boldsymbol{O} \\ \boldsymbol{O} & \boldsymbol{Q}^{\mathrm{T}}\boldsymbol{A}_1\boldsymbol{Q} \end{pmatrix}=\begin{pmatrix} \lambda_1 & & \\ & \lambda_2 & \\ & & \boldsymbol{A}_2 \end{pmatrix}
$$

如此继续下去,可得到正交矩阵 $\boldsymbol{P}_1,\boldsymbol{P}_2,\cdots,\boldsymbol{P}_{n-1}$ 使

$$
\boldsymbol{P}_{n-1}^{-1}\cdots\boldsymbol{P}_1^{-1}\boldsymbol{A}\boldsymbol{P}_1\cdots\boldsymbol{P}_{n-1}=\boldsymbol{P}_{n-1}^{\mathrm{T}}\cdots\boldsymbol{P}_1^{\mathrm{T}}\boldsymbol{A}\boldsymbol{P}_1\cdots\boldsymbol{P}_{n-1}=\mathrm{diag}(\lambda_1,\lambda_2,\cdots,\lambda_n)
$$

令 $\boldsymbol{P}=\boldsymbol{P}_1\cdots\boldsymbol{P}_{n-1}$,由定理 5.3(4)知 $\boldsymbol{P}$ 仍为正交矩阵,并有

$$
\boldsymbol{P}^{-1}\boldsymbol{A}\boldsymbol{P}=\boldsymbol{P}^{\mathrm{T}}\boldsymbol{A}\boldsymbol{P}=\mathrm{diag}(\lambda_1,\lambda_2,\cdots,\lambda_n)
$$

再由定理 5.7 的推论和定理 5.8 知其中的 $\lambda_1,\lambda_2,\cdots,\lambda_n$ 为 $\boldsymbol{A}$ 的全部特征值,$\boldsymbol{P}$ 为与 $\lambda_1,\lambda_2,\cdots,\lambda_n$ 对应的标准正交的特征向量按列拼接成的矩阵.

公式(5.8)中对矩阵 $\boldsymbol{A}$ 的变换 $\boldsymbol{P}^{\mathrm{T}}\boldsymbol{A}\boldsymbol{P}$ 属于合同变换,合同变换在二次型的标准化中起着极其重要的作用. 因此我们引入:

定义 5.6 设 $\boldsymbol{A}$ 为方阵,若存在可逆矩阵 $\boldsymbol{C}$,使

$$
\boldsymbol{C}^{\mathrm{T}}\boldsymbol{A}\boldsymbol{C}=\boldsymbol{B} \tag{5.9}
$$

则称 $\boldsymbol{B}$ 是 $\boldsymbol{A}$ 的合同矩阵,或矩阵 $\boldsymbol{A}$ 与 $\boldsymbol{B}$ **合同**,而把由 $\boldsymbol{A}$ 变成 $\boldsymbol{B}$ 的变换(5.9)称为**合同变换**,其中的 $\boldsymbol{C}$ 称为**合同变换矩阵**.

定理 5.12 说明，任何实对称矩阵 $\boldsymbol{A}$ 都能相似并合同化为对角阵(其中变换矩阵为正交矩阵)，其中对角阵的主对角线元素就是 $\boldsymbol{A}$ 的全部特征值，同时说明实对称矩阵 $\boldsymbol{A}$ 是非亏损矩阵. 进而说明，若两实对称矩阵的特征值相同(包括重数)，则它们是相似的. 结合定理 5.7 可得，**两实对称阵相似，当且仅当它们特征值相同.** 这是我们判断实对称矩阵相似的重要依据.

综上讨论，可得到用正交矩阵 $\boldsymbol{P}$ 化实对称阵 $\boldsymbol{A}$ 为对角阵 $\boldsymbol{\Lambda}$ 的步骤如下：

(1)对特征矩阵 $\lambda\boldsymbol{I}-\boldsymbol{A}$ 进行初等行变换(其目标是尽量变成行最简形矩阵，但不要把含 λ 的表达式作分母)，以求得到 $\boldsymbol{A}$ 的全部特征值(由变换后的 $|\lambda\boldsymbol{I}-\boldsymbol{A}|$ 的 0 点看出)，同时获得与 λ 重数相同多个线性无关的特征向量(由 λ 对应的行最简形矩阵求出)；

(2)对求出的特征向量进行正交规范化(不同特征值对应的特征向量已经正交)，获得两两正交的单位特征向量；

(3)以正交规范化的特征向量为列组成矩阵 $\boldsymbol{P}$，它满足 $\boldsymbol{P}^{-1}\boldsymbol{A}\boldsymbol{P}=\boldsymbol{P}^{\mathrm{T}}\boldsymbol{A}\boldsymbol{P}=\boldsymbol{\Lambda}$，这时 $\boldsymbol{\Lambda}$ 的主对角线元素只需按组成 $\boldsymbol{P}$ 时特征向量的顺序依次将它们所属的特征值排列即可.

如果不进行第(2)步的正交规范化，在第(3)步直接用线性无关的特征向量构造 $\boldsymbol{P}$，则得到的 $\boldsymbol{P}$ 仅为相似变换 $\boldsymbol{P}^{-1}\boldsymbol{A}\boldsymbol{P}=\boldsymbol{\Lambda}$ 中的变换矩阵，但 $\boldsymbol{P}$ 未必是正交矩阵.

例 5.7 设

$$\boldsymbol{A}=\begin{pmatrix}4&0&0\\0&3&1\\0&1&3\end{pmatrix}$$

求正交矩阵 $\boldsymbol{P}$，使 $\boldsymbol{P}^{\mathrm{T}}\boldsymbol{A}\boldsymbol{P}=\boldsymbol{\Lambda}$.

解 对 $\boldsymbol{A}$ 的特征矩阵作初等行变换，得

$$\lambda\boldsymbol{I}-\boldsymbol{A}=\begin{pmatrix}\lambda-4&0&0\\0&\lambda-3&-1\\0&-1&\lambda-3\end{pmatrix}\xrightarrow[-r_3]{r_2+(\lambda-3)r_3}\begin{pmatrix}\lambda-4&0&0\\0&0&(\lambda-2)(\lambda-4)\\0&1&-(\lambda-3)\end{pmatrix}$$

$$\xrightarrow{r_2\leftrightarrow r_3}\begin{pmatrix}\lambda-4&0&0\\0&1&-(\lambda-3)\\0&0&(\lambda-2)(\lambda-4)\end{pmatrix}$$

由 $|\lambda\boldsymbol{I}-\boldsymbol{A}|=k(\lambda-2)(\lambda-4)^2(k\neq0)$ 可看出 $\boldsymbol{A}$ 的特征值为 $\lambda_1=2,\lambda_{2,3}=4$.

$\lambda_1=2$ 时，$\lambda\boldsymbol{I}-\boldsymbol{A}$ 的行最简形矩阵为

$$\begin{pmatrix}1&0&0\\0&1&1\\0&0&0\end{pmatrix}$$

对应的特征向量为

$$\boldsymbol{\xi}_1 = \begin{pmatrix} 0 \\ 1 \\ -1 \end{pmatrix}$$

$\lambda_{2,3}=4$ 时，$\lambda \boldsymbol{I}-\boldsymbol{A}$ 的行最简形矩阵为

$$\begin{pmatrix} 0 & 1 & -1 \\ 0 & 0 & 0 \\ 0 & 0 & 0 \end{pmatrix}$$

特征向量为

$$\boldsymbol{\xi}_2 = \begin{pmatrix} -1 \\ 0 \\ 0 \end{pmatrix}, \quad \boldsymbol{\xi}_3 = \begin{pmatrix} 0 \\ -1 \\ -1 \end{pmatrix}$$

$\boldsymbol{\xi}_1,\boldsymbol{\xi}_2,\boldsymbol{\xi}_3$ 已经两两正交，标准化后的特征向量分别为

$$\boldsymbol{p}_1 = \begin{pmatrix} 0 \\ \dfrac{1}{\sqrt{2}} \\ -\dfrac{1}{\sqrt{2}} \end{pmatrix}, \quad \boldsymbol{p}_2 = \begin{pmatrix} 1 \\ 0 \\ 0 \end{pmatrix}, \quad \boldsymbol{p}_3 = \begin{pmatrix} 0 \\ \dfrac{1}{\sqrt{2}} \\ \dfrac{1}{\sqrt{2}} \end{pmatrix}$$

因此，所求正交矩阵为

$$\boldsymbol{P} = (\boldsymbol{p}_1,\boldsymbol{p}_2,\boldsymbol{p}_3) = \begin{pmatrix} 0 & 1 & 0 \\ \dfrac{1}{\sqrt{2}} & 0 & \dfrac{1}{\sqrt{2}} \\ -\dfrac{1}{\sqrt{2}} & 0 & \dfrac{1}{\sqrt{2}} \end{pmatrix}$$

并且

$$\boldsymbol{P}^{\mathrm{T}}\boldsymbol{A}\boldsymbol{P} = \begin{pmatrix} 2 & & \\ & 4 & \\ & & 4 \end{pmatrix}$$

最后顺便指出，要求的正交矩阵 $\boldsymbol{P}$ 不是唯一的. 如：交换其中某些列的位置（但特征值要随着移动）或把某些列乘以（-1）后得到的矩阵仍是满足要求的正交矩阵.

5.3.3 用合同变换化实对称矩阵为对角规范形

在 5.3.2 小节，我们已经用正交矩阵与 $\boldsymbol{P}$ 把实对称矩阵 $\boldsymbol{A}$ 相似并合同成了对角阵，对角阵主对角元素为 $\boldsymbol{A}$ 的全部特征值. 根据定义 5.6 容易知道，合同变换具有**反身性**、**对称性**和**传递性**，合同变换不改变矩阵的秩和对称性.

合同变换不仅可把实对称矩阵合同成对角元素为特征值的对角阵，甚至可把对角阵的主对角元素变为 1、−1 和 0. 其对角化方法可用 3.3 节的矩阵标准化方法(3.27)实现，只要取其中的$\boldsymbol{P}=\boldsymbol{C}^{\mathrm{T}}$，$\boldsymbol{Q}=\boldsymbol{C}$ 即可. 由于可逆矩阵 $\boldsymbol{C}=\boldsymbol{Q}_1\boldsymbol{Q}_2\cdots\boldsymbol{Q}_{s-1}\boldsymbol{Q}_s$ 可看成一系列初等方阵的乘积，故合同变换

$$\boldsymbol{C}^{\mathrm{T}}\boldsymbol{A}\boldsymbol{C}=\boldsymbol{Q}_s^{\mathrm{T}}\boldsymbol{Q}_{s-1}^{\mathrm{T}}\cdots\boldsymbol{Q}_2^{\mathrm{T}}\boldsymbol{Q}_1^{\mathrm{T}}\boldsymbol{A}\boldsymbol{Q}_1\boldsymbol{Q}_2\cdots\boldsymbol{Q}_{s-1}\boldsymbol{Q}_s$$

可看成用对矩阵 $\boldsymbol{A}$ 施行一系列同步的初等行列变换(即对矩阵作列变换的同时，也作同样的行变换)，这时等价变换方法(3.27)可改写为合同变换方法：

$$\begin{pmatrix}\boldsymbol{A}\\\boldsymbol{I}\end{pmatrix}\xrightarrow[\text{(同时作行变换)}]{\text{初等列变换}}\begin{pmatrix}\boldsymbol{B}\\\boldsymbol{C}\end{pmatrix}\tag{5.10}$$

其中同步做行与列的变换，但不必记录行变换矩阵 $\boldsymbol{C}^{\mathrm{T}}$，记录得到的 $\boldsymbol{C}$ 就是**合同变换矩阵**，可以证明，合同变换一定可把对称矩阵 $\boldsymbol{A}$ 化成对角形或**对角规范形**

$$\begin{pmatrix}\boldsymbol{I}_p & & \\ & -\boldsymbol{I}_q & \\ & & \boldsymbol{O}\end{pmatrix}\tag{5.11}$$

亦即有下面的惯性定理.

定理 5.13 合同变换一定可把实对称矩阵 $\boldsymbol{A}$ 化为对角规范形(5.11)，其中的 p 为 $\boldsymbol{A}$ 的正特征值的个数(称为 $\boldsymbol{A}$ 的**正惯性指数**)，q 为 $\boldsymbol{A}$ 的负特征值的个数(称为 $\boldsymbol{A}$ 的**负惯性指数**)，且 $p+q=R(\boldsymbol{A})$.

由惯性定理及合同变换的性质可知下面结论.

定理 5.14 实对称矩阵 $\boldsymbol{A}$,$\boldsymbol{B}$ 合同当且仅当 $\boldsymbol{A}$,$\boldsymbol{B}$ 的正负惯性指数都相等.

例 5.8 用合同变换化矩阵

$$\boldsymbol{A}=\begin{pmatrix}1&1&1\\1&1&3\\1&3&1\end{pmatrix}$$

为对角规范形.

解 用(5.10)对矩阵进行合同变换(即同时对 $\boldsymbol{A}$ 作初等行列变换)，有

$$\begin{pmatrix}\boldsymbol{A}\\\boldsymbol{I}\end{pmatrix}=\begin{pmatrix}1&1&1\\1&1&3\\1&3&1\\1&0&0\\0&1&0\\0&0&1\end{pmatrix}\xrightarrow[r_2-r_1]{c_2-c_1}\begin{pmatrix}1&0&1\\0&0&2\\1&2&1\\1&-1&0\\0&1&0\\0&0&1\end{pmatrix}\xrightarrow[r_3-r_1]{c_3-c_1}\begin{pmatrix}1&0&0\\0&0&2\\0&2&0\\1&-1&-1\\0&1&0\\0&0&1\end{pmatrix}$$

$$\xrightarrow[r_2+r_3]{c_2+c_3}\begin{pmatrix}1&0&0\\0&4&2\\0&2&0\\1&-2&-1\\0&1&0\\0&1&1\end{pmatrix}\xrightarrow[r_3-\frac{1}{2}r_2]{c_3-\frac{1}{2}c_2}\begin{pmatrix}1&0&0\\0&4&0\\0&0&-1\\1&-2&0\\0&1&-\frac{1}{2}\\0&1&\frac{1}{2}\end{pmatrix}$$

$$\xrightarrow[\frac{1}{2}r_2]{\frac{1}{2}c_2}\begin{pmatrix}1&0&0\\0&1&0\\0&0&-1\\1&-1&0\\0&\frac{1}{2}&-\frac{1}{2}\\0&\frac{1}{2}&\frac{1}{2}\end{pmatrix}$$

故合同变换矩阵

$$\boldsymbol{C}=\begin{pmatrix}1&-1&0\\0&\frac{1}{2}&-\frac{1}{2}\\0&\frac{1}{2}&\frac{1}{2}\end{pmatrix}$$

可把矩阵 $\boldsymbol{A}$ 变成对角规范形矩阵

$$\boldsymbol{C}^{\mathrm{T}}\boldsymbol{A}\boldsymbol{C}=\begin{pmatrix}1&&\\&1&\\&&-1\end{pmatrix}$$

5.4 二次型及其标准形

5.4.1 二次型

在空间解析几何中，方程

$$ax^2+by^2+cz^2+2dyz+2exz+2fxy+2gx+2hy+2kz+m=0$$

一般表示二次曲面．为了识别曲面的形状，常常需要通过坐标变换化简为标准形．

方程中的一次项可通过坐标平移使其消除，但二次混合项（即交叉项）的消除却不那么容易．为此，本节将把其中的二次项部分（称为二次型）拿来专门讨论，研究它的标准化(即混合项消除)问题.

从代数学的观点看,所谓标准化其实就是寻找适当的线性变换化简一个二次型,使它只含变量的平方项.这种问题不仅在理论上,而且在实际应用上,比如在气象统计、大气动力学、求多元函数的极值以及多元统计分析中经常遇到.因此,需要对这个问题进行一般化的讨论.

定义 5.7 含有 n 个变量 $x_1,x_2,\cdots,x_n$ 的二次齐次多项式

$$f(x_1,x_2,\cdots,x_n)=a_{11}x_1^2+a_{22}x_2^2+\cdots+a_{nn}x_n^2 \\ +2a_{12}x_1x_2+2a_{13}x_1x_3+\cdots+2a_{n-1,n}x_{n-1}x_n \tag{5.12}$$

称为**二次型**.

对 $i\neq j$,若取 $a_{ji}=a_{ij}$,则

$$2a_{ij}x_ix_j=a_{ij}x_ix_j+a_{ji}x_jx_i$$

于是(5.12)式可写成

$$\begin{aligned} f=&x_1(a_{11}x_1+a_{12}x_2+\cdots+a_{1n}x_n)+x_2(a_{21}x_1+a_{22}x_2+\cdots+a_{2n}x_n)\\ &+\cdots+x_n(a_{n1}x_1+a_{n2}x_2+\cdots+a_{nn}x_n)\\ =&(x_1,x_2,\cdots,x_n)\begin{pmatrix}a_{11}&a_{12}&\cdots&a_{1n}\\a_{21}&a_{22}&\cdots&a_{2n}\\\vdots&\vdots&&\vdots\\a_{n1}&a_{n2}&\cdots&a_{nn}\end{pmatrix}\begin{pmatrix}x_1\\x_2\\\vdots\\x_n\end{pmatrix}\end{aligned}$$

若记

$$\boldsymbol{A}=\begin{pmatrix}a_{11}&a_{12}&\cdots&a_{1n}\\a_{12}&a_{22}&\cdots&a_{2n}\\\vdots&\vdots&&\vdots\\a_{1n}&a_{2n}&\cdots&a_{nn}\end{pmatrix},\quad \boldsymbol{x}=\begin{pmatrix}x_1\\x_2\\\vdots\\x_n\end{pmatrix}$$

则 $\boldsymbol{A}^{\mathrm{T}}=\boldsymbol{A}$,(5.12)式可写成

$$f=\boldsymbol{x}^{\mathrm{T}}\boldsymbol{A}\boldsymbol{x} \tag{5.13}$$

(5.13)式称为二次型 f 的矩阵表示式.

例如,二次型 $f=x^2-4xy-3z^2+yz$ 用矩阵表示就是

$$f=(x,y,z)\begin{pmatrix}1&-2&0\\-2&0&\frac{1}{2}\\0&\frac{1}{2}&-3\end{pmatrix}\begin{pmatrix}x\\y\\z\end{pmatrix}$$

不难看出,任给一个二次型 f,就唯一地确定了一个对称矩阵 $\boldsymbol{A}$;反之,任给一个对称矩阵 $\boldsymbol{A}$,也由(5.13)式唯一地确定了一个二次型 f.因此二次型与对称矩阵之间建立了一一对应关系.这样,把对称矩阵 $\boldsymbol{A}$ 称为二次型 f 的矩阵,把 f 叫做对

称矩阵 $\boldsymbol{A}$ 的二次型；对称矩阵 $\boldsymbol{A}$ 的秩就叫做**二次型的秩**. 如果一个二次型的矩阵是实对称矩阵，则称其为**实二次型**. 本章我们仅讨论实二次型.

对二次型，要讨论的主要问题是，寻求可逆的线性变换

$$\boldsymbol{x} = \boldsymbol{C}\boldsymbol{y} \tag{5.14}$$

其中 $\boldsymbol{C}$ 为 n 阶可逆矩阵，$\boldsymbol{y}=(y_1,y_2,\cdots,y_n)^{\mathrm{T}}$，使二次型只含平方项，即将(5.14)代入(5.13)式后，二次型变为

$$\begin{aligned} f = \boldsymbol{x}^{\mathrm{T}}\boldsymbol{A}\boldsymbol{x} &= (\boldsymbol{C}\boldsymbol{y})^{\mathrm{T}}\boldsymbol{A}(\boldsymbol{C}\boldsymbol{y}) = \boldsymbol{y}^{\mathrm{T}}(\boldsymbol{C}^{\mathrm{T}}\boldsymbol{A}\boldsymbol{C})\boldsymbol{y} \\ &= k_1y_1^2 + k_2y_2^2 + \cdots + k_ny_n^2 \end{aligned} \tag{5.15}$$

这种只含平方项的二次型称为二次型的**标准形**. 若标准形变为

$$f = z_1^2 + \cdots + z_p^2 - z_{p+1}^2 \cdots - z_r^2$$

称之为二次型的**规范形**.

由(5.13)式可见，为使二次型 f 化为标准形，要寻求的可逆变换 $\boldsymbol{x}=\boldsymbol{C}\boldsymbol{y}$ 中的 $\boldsymbol{C}$ 必须满足 $\boldsymbol{C}^{\mathrm{T}}\boldsymbol{A}\boldsymbol{C}$ 为对角矩阵，即

$$\boldsymbol{C}^{\mathrm{T}}\boldsymbol{A}\boldsymbol{C} = \mathrm{diag}(k_1,k_2,\cdots,k_n) \tag{5.16}$$

因此，寻求可逆变换 $\boldsymbol{x}=\boldsymbol{C}\boldsymbol{y}$ 化二次型为标准形的问题就归结为寻求对称矩阵 $\boldsymbol{A}$ 的可逆变换矩阵 $\boldsymbol{C}$，使 $\boldsymbol{C}^{\mathrm{T}}\boldsymbol{A}\boldsymbol{C}$ 为对角矩阵的问题.

5.4.2 用正交变换化二次型为标准形

在 5.3 节，我们已经找到了用正交矩阵 $\boldsymbol{P}$ 化实对称矩阵 $\boldsymbol{A}$ 为对角阵 $\boldsymbol{\Lambda}$ 的方法，其中 $\boldsymbol{\Lambda}$ 的主对角元素为 $\boldsymbol{A}$ 的全部特征值 $\lambda_1,\lambda_2,\cdots,\lambda_n$，$\boldsymbol{P}$ 为与 $\lambda_1,\lambda_2,\cdots,\lambda_n$ 对应的标准正交的特征向量按列拼接的矩阵. 因此根据式(5.15)，在正交变换

$$\boldsymbol{x} = \boldsymbol{P}\boldsymbol{y} \tag{5.17}$$

下，二次型(5.12)就变成了标准形

$$f = \lambda_1y_1^2 + \lambda_2y_2^2 + \cdots + \lambda_ny_n^2 \tag{5.18}$$

于是我们得到了用正交变换 $\boldsymbol{x}=\boldsymbol{P}\boldsymbol{y}$ 化二次型 $f=\boldsymbol{x}^{\mathrm{T}}\boldsymbol{A}\boldsymbol{x}$ 为标准型的步骤：

(1)写出二次型 f 的矩阵 $\boldsymbol{A}$；

(2)用矩阵对角化方法求出的标准正交的特征向量构造正交矩阵 $\boldsymbol{P}$，从而得到正交变换(5.17)；

(3)写出在(2)中构造的正交变换下的二次型的标准形 $f=\lambda_1y_1^2+\lambda_2y_2^2+\cdots+\lambda_ny_n^2$，其中 $\lambda_1,\lambda_2,\cdots,\lambda_n$ 是与 $\boldsymbol{P}$ 的列对应的特征值.

例 5.9 求正交变换 $\boldsymbol{x}=\boldsymbol{P}\boldsymbol{y}$，把二次型

$$f = 2x_1x_2 + 2x_1x_3 + 2x_2x_3$$

化为标准形.

解 二次型的矩阵为

$$A=\begin{pmatrix}0&1&1\\1&0&1\\1&1&0\end{pmatrix}$$

对 $\boldsymbol{A}$ 的特征矩阵作初等行变换，得

$$\lambda\boldsymbol{I}-\boldsymbol{A}=\begin{pmatrix}\lambda&-1&-1\\-1&\lambda&-1\\-1&-1&\lambda\end{pmatrix}\xrightarrow[r_2-r_3]{r_1+\lambda r_3}\begin{pmatrix}0&-1-\lambda&\lambda^2-1\\0&\lambda+1&-1-\lambda\\-1&-1&\lambda\end{pmatrix}$$

$$\xrightarrow{r_1+r_2}\begin{pmatrix}0&0&\lambda^2-\lambda-2\\0&\lambda+1&-(\lambda+1)\\1&1&-\lambda\end{pmatrix}\xrightarrow{r_1\leftrightarrow r_3}\begin{pmatrix}1&1&-\lambda\\0&\lambda+1&-(\lambda+1)\\0&0&(\lambda+1)(\lambda-2)\end{pmatrix}$$

故特征值为 $\lambda_1=2,\lambda_{2,3}=-1$.

$\lambda_1=2$ 时，$\lambda\boldsymbol{I}-\boldsymbol{A}$ 的行最简形矩阵为

$$\begin{pmatrix}1&0&-1\\0&1&-1\\0&0&0\end{pmatrix}$$

对应的特征向量和规范后的单位向量分别为

$$\boldsymbol{\xi}_1=\begin{pmatrix}1\\1\\1\end{pmatrix},\quad \boldsymbol{p}_1=\begin{pmatrix}\frac{1}{\sqrt{3}}\\\frac{1}{\sqrt{3}}\\\frac{1}{\sqrt{3}}\end{pmatrix}$$

$\lambda_{2,3}=-1$ 时，$\lambda\boldsymbol{I}-\boldsymbol{A}$ 的行最简形矩阵为

$$\begin{pmatrix}1&1&1\\0&0&0\\0&0&0\end{pmatrix}$$

对应的特征向量为

$$\boldsymbol{\xi}_2=\begin{pmatrix}1\\-1\\0\end{pmatrix},\quad \boldsymbol{\xi}_3=\begin{pmatrix}1\\0\\-1\end{pmatrix}$$

正交化得

$$\boldsymbol{\varepsilon}_1=\begin{pmatrix}1\\-1\\0\end{pmatrix},\quad \boldsymbol{\varepsilon}_2=\begin{pmatrix}1\\1\\-2\end{pmatrix}$$

规范后的单位的量为

$$p_2=\begin{pmatrix}\frac{1}{\sqrt{2}}\\-\frac{1}{\sqrt{2}}\\0\end{pmatrix},\quad p_3=\begin{pmatrix}\frac{1}{\sqrt{6}}\\\frac{1}{\sqrt{6}}\\-\frac{2}{\sqrt{6}}\end{pmatrix}$$

故所求正交变换矩阵为

$$\boldsymbol{P}=(\boldsymbol{p}_1,\boldsymbol{p}_2,\boldsymbol{p}_3)=\begin{pmatrix}\frac{1}{\sqrt{3}}&\frac{1}{\sqrt{2}}&\frac{1}{\sqrt{6}}\\\frac{1}{\sqrt{3}}&-\frac{1}{\sqrt{2}}&\frac{1}{\sqrt{6}}\\\frac{1}{\sqrt{3}}&0&-\frac{2}{\sqrt{6}}\end{pmatrix}$$

于是在正交变换 $\boldsymbol{x}=\boldsymbol{P}\boldsymbol{y}$ 下 f 的标准形为

$$f=2y_1^2-y_2^2-y_3^2$$

例 5.10 求正交变换 $\boldsymbol{x}=\boldsymbol{P}\boldsymbol{y}$,把二次型

$$f=x_1^2+x_2^2+4x_3^2+2x_1x_2$$

化为标准型.

解 二次型的矩阵为

$$\boldsymbol{A}=\begin{pmatrix}1&1&0\\1&1&0\\0&0&4\end{pmatrix}$$

对 $\boldsymbol{A}$ 的特征矩阵做初等变换,得

$$\lambda\boldsymbol{I}-\boldsymbol{A}=\begin{pmatrix}\lambda-1&-1&0\\-1&\lambda-1&0\\0&0&\lambda-4\end{pmatrix}\xrightarrow[-r_2]{r_1+(\lambda-1)r_2}\begin{pmatrix}0&\lambda(\lambda-2)&0\\1&1-\lambda&0\\0&0&\lambda-4\end{pmatrix}$$

$$\xrightarrow{r_1\leftrightarrow r_2}\begin{pmatrix}1&1-\lambda&0\\0&\lambda(\lambda-2)&0\\0&0&\lambda-4\end{pmatrix}$$

故特征值为 $\lambda_1=2,\lambda_2=4,\lambda_3=0$,对应的行最简形矩阵分别为

$$\begin{pmatrix}1&-1&0\\0&0&0\\0&0&1\end{pmatrix},\quad\begin{pmatrix}1&0&0\\0&1&0\\0&0&0\end{pmatrix},\quad\begin{pmatrix}1&1&0\\0&0&0\\0&0&1\end{pmatrix}$$

对应的特征向量分别为

$$\boldsymbol{\xi}_1=\begin{pmatrix}1\\1\\0\end{pmatrix},\quad \boldsymbol{\xi}_2=\begin{pmatrix}0\\0\\1\end{pmatrix},\quad \boldsymbol{\xi}_3=\begin{pmatrix}1\\-1\\0\end{pmatrix}$$

这三个属于不同特征值的特征向量恰好正交,单位化得

$$\boldsymbol{p}_1=\begin{pmatrix}\frac{1}{\sqrt{2}}\\\frac{1}{\sqrt{2}}\\0\end{pmatrix},\quad \boldsymbol{p}_2=\begin{pmatrix}0\\0\\1\end{pmatrix},\quad \boldsymbol{p}_3=\begin{pmatrix}\frac{1}{\sqrt{2}}\\-\frac{1}{\sqrt{2}}\\0\end{pmatrix}$$

故所求正交变换为

$$\boldsymbol{P}=(\boldsymbol{p}_1,\boldsymbol{p}_2,\boldsymbol{p}_3)=\begin{pmatrix}\frac{1}{\sqrt{2}}&0&\frac{1}{\sqrt{2}}\\\frac{1}{\sqrt{2}}&0&-\frac{1}{\sqrt{2}}\\0&1&0\end{pmatrix}$$

f 在正交变换 $\boldsymbol{x}=\boldsymbol{P}\boldsymbol{y}$ 下的标准型为

$$f=2y_1^2+4y_2^2$$

5.4.3 用合同变换化二次型为标准规范形

根据定理 5.13,合同变换可把实对称矩阵变成对角规范形矩阵

$$\boldsymbol{C}^{\mathrm{T}}\boldsymbol{A}\boldsymbol{C}=\begin{pmatrix}\boldsymbol{I}_p&&\\&-\boldsymbol{I}_q&\\&&\boldsymbol{O}\end{pmatrix}$$

因此相应的可逆变换 $\boldsymbol{x}=\boldsymbol{C}\boldsymbol{y}$ 可把二次型(5.12)或(5.13)标准化成如下的规范形式

$$f=y_1^2+y_2^2+\cdots+y_p^2-y_{p+1}^2-y_{p+2}^2-\cdots-y_{p+q}^2 \tag{5.19}$$

其中的 p 为 $\boldsymbol{A}$ 的正惯性指数(即正的特征值的个数),q 为 $\boldsymbol{A}$ 的负惯性指数(即负的特征值的个数),且 $p+q=R(\boldsymbol{A})$.

例 5.11 用合同变换方法化二次型 $f=x_1^2+x_2^2+x_3^2+2x_1x_2+2x_1x_3+6x_2x_3$ 为规范形,并求相应的合同变换矩阵 $\boldsymbol{C}$.

解 二次型的矩阵为

$$\boldsymbol{A}=\begin{pmatrix}1&1&1\\1&1&3\\1&3&1\end{pmatrix}$$

由例 5.8 知合同变换矩阵

$$C=\begin{pmatrix}1 & -1 & 0\\ 0 & \frac{1}{2} & -\frac{1}{2}\\ 0 & \frac{1}{2} & \frac{1}{2}\end{pmatrix}$$

可把矩阵 $\boldsymbol{A}$ 变成对角规范形矩阵

$$\boldsymbol{C}^{\mathrm{T}}\boldsymbol{A}\boldsymbol{C}=\begin{pmatrix}1 & & \\ & 1 & \\ & & -1\end{pmatrix}$$

所以可逆变换 $\boldsymbol{x}=\boldsymbol{C}\boldsymbol{y}$ 可把二次型化为标准规范形

$$f=y_1^2+y_2^2-y_3^2$$

对于二次型，我们常常关心它恒正或恒负的结论，故引入下面定义.

定义 5.8 设有实二次型 $f(\boldsymbol{x})=\boldsymbol{x}^{\mathrm{T}}\boldsymbol{A}\boldsymbol{x}$，如果对任何 $\boldsymbol{x}\neq\boldsymbol{0}$ 有 $f(\boldsymbol{x})>0$（或 <0），则称 f 为**正定(或负定)二次型**，并称对称矩阵 $\boldsymbol{A}$ 是**正定**（或**负定**）的；如果对任何 $\boldsymbol{x}\neq\boldsymbol{0}$ 有 $f(\boldsymbol{x})\geqslant 0$（或 $\leqslant 0$）且至少有一个向量 $\boldsymbol{x}_0\neq\boldsymbol{0}$ 使 $f(\boldsymbol{x}_0)=0$，则称 f 为**半正定**（或**半负定**）二次型，并称对称矩阵 $\boldsymbol{A}$ 是**半正定**（或**半负定**）的.

由式(5.18)和式(5.19)不难知道下面的结论：

定理 5.15 设对称阵 $\boldsymbol{A}$ 的阶数为 n，则对实二次型 $f(\boldsymbol{x})=\boldsymbol{x}^{\mathrm{T}}\boldsymbol{A}\boldsymbol{x}$，有结论

$$f(\boldsymbol{x})=\boldsymbol{x}^{\mathrm{T}}\boldsymbol{A}\boldsymbol{x}\begin{cases}\text{正定(此时 }\boldsymbol{A}\text{ 为正定矩阵)} & \Leftrightarrow p=n\text{(即特征值全正)}\\ \text{负定(此时 }\boldsymbol{A}\text{ 为负定矩阵)} & \Leftrightarrow q=n\text{(即特征值全负)}\\ \text{半正定(此时 }\boldsymbol{A}\text{ 为半正定矩阵)} & \Leftrightarrow q=0\text{(即特征值无负)}\\ \text{半负定(此时 }\boldsymbol{A}\text{ 为半正定矩阵)} & \Leftrightarrow p=0\text{(即特征值无正)}\end{cases}$$

其中 p 为正惯性指数，q 为负惯性指数.

例 5.12 判断矩阵

$$\boldsymbol{A}=\begin{pmatrix}-5 & 2 & 2\\ 2 & -6 & 0\\ 2 & 0 & -4\end{pmatrix}$$

的正定性.

解 对矩阵 $\boldsymbol{A}$ 同时进行行列变换有

$$\boldsymbol{A}=\begin{pmatrix}-5 & 2 & 2\\ 2 & -6 & 0\\ 2 & 0 & -4\end{pmatrix}\xrightarrow{\frac{1}{2}c_3,\frac{1}{2}r_3}\begin{pmatrix}-5 & 2 & 1\\ 2 & -6 & 0\\ 1 & 0 & -1\end{pmatrix}\xrightarrow[r_1+r_3]{c_1+c_3}\begin{pmatrix}-4 & 2 & 0\\ 2 & -6 & 0\\ 0 & 0 & -1\end{pmatrix}$$

$$\xrightarrow{\frac{1}{2}c_1,\frac{1}{2}r_1}\begin{pmatrix}-1 & 1 & 0\\ 1 & -6 & 0\\ 0 & 0 & -1\end{pmatrix}\xrightarrow[r_2+r_1]{c_2+c_1}\begin{pmatrix}-1 & 0 & 0\\ 0 & -5 & 0\\ 0 & 0 & -1\end{pmatrix}$$

$$\xrightarrow{\frac{1}{\sqrt{5}}c_2,\frac{1}{\sqrt{5}}r_2}\begin{pmatrix}-1 & 0 & 0\\ 0 & -1 & 0\\ 0 & 0 & -1\end{pmatrix}$$

所以矩阵是负定的.

关于正定性的判断,我们还有如下的**赫尔维茨定理**:

定理 5.16 n 阶实对称矩阵 $\boldsymbol{A}$ 为正定的充分必要条件是 $\boldsymbol{A}$ 的 n 个前主子式(即前主子矩阵的行列式)均为正,即

$$a_{11}>0,\begin{vmatrix}a_{11} & a_{12}\\ a_{21} & a_{22}\end{vmatrix}>0,\begin{vmatrix}a_{11} & a_{12} & a_{13}\\ a_{21} & a_{22} & a_{23}\\ a_{31} & a_{32} & a_{33}\end{vmatrix}>0,\cdots,\det\boldsymbol{A}>0$$

实对称矩阵 $\boldsymbol{A}$ 为负定的充要条件是它的奇数阶前主子式为负,偶数阶主子式为正,即

$$(-1)^k\begin{vmatrix}a_{11} & a_{12} & \cdots & a_{1k}\\ a_{21} & a_{22} & \cdots & a_{2k}\\ \vdots & \vdots & & \vdots\\ a_{k1} & a_{k2} & \cdots & a_{kk}\end{vmatrix}>0,k=1,2,\cdots,n$$

*5.4.4 用配方法化二次型为标准形

把二次型化为标准形还可以用配方法(称为拉格朗日配方法)实现.

这种方法的基本想法是:若二次型 f 中含 x_1^2 和 $x_1x_j(j\neq1)$,则可先把含 x_1 的项归并起来配平方,使余下的项中不再含 x_1;若余下的项中含 x_2^2 和 $x_2x_j(j\neq1,2)$,则类似地处理.如此继续直至全配成平方项为止.

例 5.13 化二次型

$$f=x_1^2+2x_2^2+2x_3^2+2x_1x_2+2x_1x_3$$

为标准形,并求相应的变换矩阵.

解 由于 f 中含 x_1 的项有 x_1^2,x_1x_2,x_1x_3,所以先把它们归并起来配平方得

$$\begin{aligned}f&=x_1^2+2x_1x_2+2x_1x_3+2x_2^2+2x_3^2\\&=(x_1+x_2+x_3)^2-x_2^2-x_3^2-2x_2x_3+2x_2^2+2x_3^2\\&=(x_1+x_2+x_3)^2+x_2^2-2x_2x_3+x_3^2\end{aligned}$$

显然除第一项外,不再含 x_1.将含 x_2^2 和 x_2x_3 的项再归并配平方得

$$f=(x_1+x_2+x_3)^2+(x_2-x_3)^2$$

此时,f 中只有平方项,因此,令

$$\begin{cases}y_1=x_1+x_2+x_3\\ y_2=x_2-x_3\\ y_3=x_3\end{cases}\quad\text{即}\quad\begin{cases}x_1=y_1-y_2-2y_3\\ x_2=y_2+y_3\\ x_3=y_3\end{cases}$$

便有二次型的标准形 $f=y_1^2+y_2^2$，所用合同变换变换矩阵为

$$C=\begin{pmatrix}1 & -1 & -2\\0 & 1 & 1\\0 & 0 & 1\end{pmatrix}\qquad(\det C\neq 0)$$

当二次型 f 中不含任何变量的平方项时，上述方法不能直接应用，这时可先作适当的变量替换使二次型中出现平方项，比如，若 f 中含 $x_ix_j(i\neq j)$，可作变换 $x_i=y_i-y_j, x_j=y_i+y_j, x_k=y_k, k\neq i,j$，使二次型中出现 y_j 的平方项. 这样就可像例 5.13 一样进行配方了.

*5.5 二次型应用

5.5.1 主轴问题

称用 n 元正交线性变换把 n 元实二次型化为一个只有平方项的二次型问题为二次型的主轴问题.

例如，在空间解析几何中，方程

$$ax^2+by^2+cz^2+2dyz+2exz+2fxy+2gx+2hy+2kz=1 \tag{5.20}$$

一般表示曲面，其中 a,b,c,d,e,f,g,h,k 均为常数. 为了识别曲面的形状，方程必须利用适当的几何变换化简为标准形.

方程(5.20)中的一次项 $2gx+2hy+2kz$ 可以通过平移变换 $x=X+\alpha, y=Y+\beta, z=Z+\gamma$ 消去，其中 α,β,γ 必须满足方程组

$$\begin{cases}a\alpha+f\beta+e\gamma=-g\\f\alpha+b\beta+d\gamma=-h\\e\alpha+d\beta+c\gamma=-k\end{cases} \tag{5.21}$$

如果方程(5.21)无解，则(5.20)式表示无心二次曲面，称为抛物面；如果(5.21)式有解，从中解出 α,β,γ，并作平移变换，则(5.20)式变为

$$aX^2+bY^2+cZ^2+2dYZ+2eXZ+2fXY=K \tag{5.22}$$

(5.22)式一般是有心(中心在原点的)二次曲面方程. 如果 $K\neq 0$，用 K 除两边，则(5.22)式可变为下列形式

$$a_{11}X^2+a_{22}Y^2+a_{33}Z^2+2a_{23}YZ+2a_{13}XZ+2a_{12}XY=1 \tag{5.23}$$

上式左边是一个二次型，若记

$$\boldsymbol{x}=(X,Y,Z)^{\mathrm{T}}, \boldsymbol{A}=(a_{ij})_{3\times 3}(a_{ij}=a_{ji}, i,j=1,2,3)$$

则式(5.23)可写成

$$\boldsymbol{x}^{\mathrm{T}}\boldsymbol{A}\boldsymbol{x}=1$$

因为 $\boldsymbol{A}$ 是实对称矩阵，所以 $\boldsymbol{A}$ 有三个实特征值 $\lambda_1,\lambda_2,\lambda_3$，且对它们有三个相互正交

的特征向量，将它们规范化后分别记为 $\boldsymbol{p}_1,\boldsymbol{p}_2,\boldsymbol{p}_3$；则矩阵 $\boldsymbol{P}=(\boldsymbol{p}_1,\boldsymbol{p}_2,\boldsymbol{p}_3)$ 为正交矩阵，正交变换 $\boldsymbol{x}=\boldsymbol{Py}$ 对应着坐标系的旋转，经此变换，(5.23)式变成

$$\lambda_1 y_1^2+\lambda_2 y_2^2+\lambda_3 y_3^2=1 \tag{5.24}$$

$\boldsymbol{A}$ 的特征向量称为二次曲面 $\boldsymbol{x}^{\mathrm{T}}\boldsymbol{Ax}=1$ 的**主轴**，(5.24)式就是关于其主轴的有心曲面的方程.

容易看出，若 $\lambda_1,\lambda_2,\lambda_3$ 均为正数，则曲面是半轴为 $\sqrt{\frac{1}{\lambda_1}},\sqrt{\frac{1}{\lambda_2}},\sqrt{\frac{1}{\lambda_3}}$ 的椭球面；若 $\lambda_1,\lambda_2,\lambda_3$ 中有两个是正数，另一个是负数，则曲面为单叶双曲面；若 $\lambda_1,\lambda_2,\lambda_3$ 中有两个为负数，另一个为正数，则曲面为双叶双曲面；若 $\lambda_1,\lambda_2,\lambda_3$ 均为负数，则方程不表示任何曲面.

5.5.2 线性微分方程组的解法

工程技术中的很多问题其数学模型是形如

$$\frac{\mathrm{d}\boldsymbol{x}}{\mathrm{d}t}=\boldsymbol{Ax} \tag{5.25}$$

的线性微分方程组，其中 $\boldsymbol{x}=\boldsymbol{x}(t)=(x_1(t),x_2(t),\cdots,x_n(t))^{\mathrm{T}}$，$\boldsymbol{A}$ 为 n 阶实对称矩阵. 下面讨论它的求解问题.

根据定理 5.12 存在正交矩阵 $\boldsymbol{P}$ 使 $\boldsymbol{A}$ 对角化，即 $\boldsymbol{P}^{-1}\boldsymbol{AP}=\boldsymbol{P}^{\mathrm{T}}\boldsymbol{AP}=\boldsymbol{\Lambda}=\mathrm{diag}(\lambda_1,\lambda_2,\cdots,\lambda_n)$，$\lambda_1,\lambda_2,\cdots,\lambda_n$ 为 $\boldsymbol{A}$ 的特征值. 因此，通过正交变换 $\boldsymbol{x}=\boldsymbol{Py}$，式(5.25)变为

$$\frac{\mathrm{d}\boldsymbol{y}}{\mathrm{d}t}=\boldsymbol{\Lambda y}$$

即

$$\frac{\mathrm{d}y_1}{\mathrm{d}t}=\lambda_1 y_1,\quad \frac{\mathrm{d}y_2}{\mathrm{d}t}=\lambda_2 y_2,\quad \cdots,\quad \frac{\mathrm{d}y_n}{\mathrm{d}t}=\lambda_n y_n \tag{5.26}$$

显然(5.29)中的每一个都是可分离变量的一阶微分方程，它们的解是

$$y_i=a_i\mathrm{e}^{\lambda_i t},i=1,2,\cdots,n$$

其中 $a_1,\cdots,a_n$ 为任意积分常数，于是得(5.26)式的通解为

$$\boldsymbol{x}(t)=\boldsymbol{P}(a_1\mathrm{e}^{\lambda_1 t},a_2\mathrm{e}^{\lambda_2 t},\cdots,a_n\mathrm{e}^{\lambda_n t})^{\mathrm{T}}$$

对于工程技术中经常遇到的形如

$$\boldsymbol{x}(k+1)=\boldsymbol{Ax}(k),k=0,1,2,\cdots$$

的线性差分方程组，其中 $\boldsymbol{x}(k)=(x_1(k),x_2(k),\cdots,x_n(k))^{\mathrm{T}}$，$\boldsymbol{A}$ 为 n 阶实对称矩阵，可以用同上面十分类似的方法来解.

5.5.3 函数最优化

从微积分中我们已知，求函数的极值是工程技术中经常遇到的问题. 对于二元函数 $f(x,y)$，如果它具有一、二阶连续偏导数，则向量

$$\left(\frac{\partial f}{\partial x}\boldsymbol{i}+\frac{\partial f}{\partial y}\boldsymbol{j}\right)_{P_0}$$

称为函数 $f(x,y)$在 $P_0(x_0,y_0)$的**梯度**,记为 $\mathbf{grad}f$,并且 $f(x,y)$在 $P_0(x_0,y_0)$取得极值的必要条件是

$$\mathbf{grad}f\,|_{P_0}=\mathbf{0}$$

若记 $A=\left.\frac{\partial^2 f}{\partial x^2}\right|_{P_0}$,$B=\left.\frac{\partial^2 f}{\partial x\partial y}\right|_{P_0}$,$C=\left.\frac{\partial^2 f}{\partial y^2}\right|_{P_0}$,从微积分中知道,当 $A>0$,且 $AC-B^2>0$ 时,$f(x,y)$在 P_0 取极小值;而当 $A<0$,且 $AC-B^2>0$ 时,$f(x,y)$在 P_0 取极大值.现在若引入矩阵

$$\boldsymbol{H}=\begin{pmatrix}A & B\\ B & C\end{pmatrix}$$

显然 $\boldsymbol{H}$ 是实对称矩阵,而 $A>0$,且 $AC-B^2>0$ 意味着 $\boldsymbol{H}$ 是正定的;$A<0$,且 $AC-B^2>0$意味着 $\boldsymbol{H}$ 是负定的.这样,微积分中有关二元函数极值的充分条件可叙述为,当 $\boldsymbol{H}$ 为正定矩阵时,$f(x,y)$在 P_0 取极小值;当 $\boldsymbol{H}$ 为负定矩阵时,$f(x,y)$在 P_0 取极大值.

把有关二元函数 $f(x,y)$的上述结论推广到 n 元函数 $f(\boldsymbol{x})$,其中 $\boldsymbol{x}=(x_1,x_2,\cdots,x_n)^{\mathrm{T}}$,有:

(1)必要条件:设 $f(x_1,x_2,\cdots,x_n)$具有一阶偏导数.若 $f(\boldsymbol{x})$在 $\boldsymbol{x}=\boldsymbol{a}$ 取得极值,则

$$\mathbf{grad}f\,|_{\boldsymbol{x}=\boldsymbol{a}}=\mathbf{0}$$

其中 $\mathbf{grad}f|_{\boldsymbol{x}=\boldsymbol{a}}=\left(\frac{\partial f}{\partial x_1},\frac{\partial f}{\partial x_2},\cdots,\frac{\partial f}{\partial x_n}\right)^{\mathrm{T}}_{\boldsymbol{x}=\boldsymbol{a}}$,$\boldsymbol{a}=(a_1,a_2,\cdots,a_n)^{\mathrm{T}}$.

(2)充分条件:假设 $f(x_1,x_2,\cdots,x_n)$具有一、二阶连续偏导数,$\boldsymbol{x}=\boldsymbol{a}$ 是 $f(\boldsymbol{x})$的极值点.若记

$$h_{ij}=\frac{\partial^2 f}{\partial x_i\partial x_j},i,j=1,2,\cdots,n,\boldsymbol{H}=(h_{ij})_{n\times n}$$

则

(Ⅰ)当 $\boldsymbol{H}$ 为正定矩阵时,$f(\boldsymbol{x})$在 $\boldsymbol{x}=\boldsymbol{a}$ 取极小值;

(Ⅱ)当 $\boldsymbol{H}$ 为负定矩阵时,$f(\boldsymbol{x})$在 $\boldsymbol{x}=\boldsymbol{a}$ 取极大值.

显然 $\boldsymbol{H}$ 为一实对称矩阵.通常称 $\boldsymbol{H}$ 为**黑塞(Hessian)矩阵**.

习 题 5

5.1 试将线性无关的向量组

$$\boldsymbol{\alpha}_1=(1,2,0)^{\mathrm{T}},\quad \boldsymbol{\alpha}_2=(2,0,2)^{\mathrm{T}},\quad \boldsymbol{\alpha}_3=(2,1,2)^{\mathrm{T}}$$

正交规范化.

5.2 检验下列矩阵是否为正交矩阵

(1) $\begin{pmatrix} 1 & -\frac{1}{2} & \frac{1}{3} \\ -\frac{1}{2} & 1 & \frac{1}{2} \\ \frac{1}{3} & \frac{1}{2} & -1 \end{pmatrix}$

(2) $\begin{pmatrix} \frac{1}{9} & -\frac{8}{9} & -\frac{4}{9} \\ -\frac{8}{9} & \frac{1}{9} & -\frac{4}{9} \\ -\frac{4}{9} & -\frac{4}{9} & \frac{7}{9} \end{pmatrix}$

5.3 证明定理 5.3.

5.4 设 $\boldsymbol{A}$ 是正交矩阵,证明 $\det\boldsymbol{A}=\pm1$.

5.5 设 $\boldsymbol{x}$ 为 n 维列向量,且 $\boldsymbol{x}^{\mathrm{T}}\boldsymbol{x}=1$,证明 $\boldsymbol{H}=\boldsymbol{I}-2\boldsymbol{x}\boldsymbol{x}^{\mathrm{T}}$ 是对称的正交矩阵.

5.6 求

$$\boldsymbol{A}=\begin{pmatrix} 1 & 3 & 1 & 2 \\ 0 & -1 & 1 & 3 \\ 0 & 0 & 2 & 5 \\ 0 & 0 & 0 & 2 \end{pmatrix}$$

的特征值和特征向量,并将特征向量正交规范化.

5.7△ 设 $\boldsymbol{A},\boldsymbol{B}$ 均为 n 阶方阵,且 $\boldsymbol{A}$ 是满秩的,证明 $\boldsymbol{BA}$ 与 $\boldsymbol{AB}$ 有相同的特征多项式.

5.8 设三阶方阵 $\boldsymbol{A}$ 的特征值为 $\lambda_1=1,\lambda_2=0,\lambda_3=-1$,对应的特征向量依次是

$$\boldsymbol{p}_1=(1,2,2)^{\mathrm{T}},\quad \boldsymbol{p}_2=(2,-2,1)^{\mathrm{T}},\quad \boldsymbol{p}_3=(-2,-1,2)^{\mathrm{T}}$$

求矩阵 $\boldsymbol{A}$.

5.9 求一个正交相似变换矩阵,将下列矩阵化为对角矩阵

(1) $\begin{pmatrix} 1 & 0 & \sqrt{3} \\ 0 & 3 & 0 \\ \sqrt{3} & 0 & -1 \end{pmatrix}$

(2) $\begin{pmatrix} 2 & 2 & -2 \\ 2 & 5 & -4 \\ -2 & -4 & 5 \end{pmatrix}$

5.10 按习题 1.21 记号,证明:

(1)若方阵 $\boldsymbol{A},\boldsymbol{B}$ 相似，则 $\mathrm{tr}(\boldsymbol{A})=\mathrm{tr}(\boldsymbol{B})$；

(2)若 $\boldsymbol{A}$ 为实对称矩阵，$\lambda_1,\lambda_2,\cdots,\lambda_n$ 为 $\boldsymbol{A}$ 的全部特征值(重特征值重复计算)，则

$$\mathrm{tr}(\boldsymbol{A})=\lambda_1+\lambda_2+\cdots+\lambda_n$$

5.11 用矩阵表示下列二次型：

(1) $f=2x_1^2+x_2^2-4x_1x_2-4x_2x_3$；

(2) $f=2x_1x_3+x_2^2$；

(3) $f=x_1^2+x_2^2+x_3^2+x_4^2-2x_1x_2+4x_1x_3-2x_1x_4+6x_2x_3+4x_2x_4$.

5.12 通过正交变换，化下列二次型为标准形并写出所用的正交变换矩阵 $\boldsymbol{P}$.

(1) $f=2x_1^2+3x_2^2+3x_3^2+4x_2x_3$

(2) $f=x_1^2+x_2^2+x_3^2+x_4^2+2x_1x_2-2x_1x_4-2x_2x_3+2x_3x_4$

(3)$^{\triangle}$已知二次型 $f=2x_1^2+3x_2^2+3x_3^2+2ax_2x_3\,(a>0)$，通过正交变换化成标准形 $f=y_1^2+2y_2^2+5y_3^2$，求参数 a 及所用的正交变换矩阵.

5.13 判别下列矩阵的正定性

(1) $\begin{pmatrix}1&1&1\\1&2&3\\1&3&6\end{pmatrix}$

(2) $\begin{pmatrix}-5&2&2\\2&-2&0\\2&0&-4\end{pmatrix}$

5.14 判别下列二次型的正定性

(1) $f=-2x_1^2-6x_2^2-4x_3^2+2x_1x_2+2x_1x_3$；

(2) $f=x_1^2+3x_2^2+9x_3^2+19x_4^2-2x_1x_2+4x_1x_3+2x_1x_4-6x_2x_4-12x_3x_4$.

5.15 设二次型 $f_1=\boldsymbol{x}^{\mathrm{T}}\boldsymbol{A}\boldsymbol{x}$ 为正定的，$f_2=\boldsymbol{x}^{\mathrm{T}}\boldsymbol{B}\boldsymbol{x}$ 为半正定的，其中 $\boldsymbol{A},\boldsymbol{B}$ 均为 n 阶实对称矩阵. 证明二次型 f_1+f_2 是正定的.

5.16 设 $\boldsymbol{A}$ 为实对称矩阵，证明 $\boldsymbol{A}$ 为正定的充要条件是存在满秩方阵 $\boldsymbol{U}$ 使 $\boldsymbol{A}=\boldsymbol{U}^{\mathrm{T}}\boldsymbol{U}$.

5.17 设 $\boldsymbol{A}$ 为正定矩阵，$\boldsymbol{B}$ 为同阶实对称矩阵，证明存在可逆矩阵 $\boldsymbol{P}$，使 $\boldsymbol{P}^{\mathrm{T}}\boldsymbol{A}\boldsymbol{P}=\boldsymbol{I}$ 且 $\boldsymbol{P}^{\mathrm{T}}\boldsymbol{B}\boldsymbol{P}$ 为对角阵.

5.18 正定矩阵 $\boldsymbol{A}$ 为正交矩阵的充要条件是 $\boldsymbol{A}=\boldsymbol{I}$.

5.19 (1)证明 n 阶方阵为非奇异阵的充要条件是其特征值 $\lambda_i\neq 0, i=1,2,\cdots,n$.

(2)设 λ 为非奇异矩阵 $\boldsymbol{A}$ 的特征值，证明 $1/\lambda$ 是 $\boldsymbol{A}^{-1}$ 的特征值.

***5.20** 用幂法求矩阵

$$\boldsymbol{A}=\begin{pmatrix}1 & -3 & 2\\ 4 & 4 & -1\\ 6 & 3 & 5\end{pmatrix}$$

按模最大的特征值和对应的特征向量.

5.21△　设 $\boldsymbol{A}$ 是正定矩阵,试证 $\det(\boldsymbol{A}+\boldsymbol{I})>1$,其中 $\boldsymbol{I}$ 为单位矩阵.

5.22　设 $\boldsymbol{A}$ 为实对称矩阵,证明存在实数 $t_0>0$,使当 $t>t_0$ 时,$\boldsymbol{A}+t\boldsymbol{I}$ 为正定矩阵.

5.23　设矩阵

$$\boldsymbol{A}=\begin{pmatrix}1 & 1 & 1 & 1\\ 1 & 1 & 1 & 1\\ 1 & 1 & 1 & 1\\ 1 & 1 & 1 & 1\end{pmatrix},\quad \boldsymbol{B}=\begin{pmatrix}4 & & & \\ & 0 & & \\ & & 0 & \\ & & & 0\end{pmatrix}$$

则 $\boldsymbol{A}$ 与 $\boldsymbol{B}$(　).

A. 合同且相似;　　　B. 合同但不相似;

C. 不合同但相似;　　D. 不合同且不相似.

*第 6 章　线性代数问题的 MATLAB 实现

MATLAB 是处理线性代数问题的重要工具. 本章介绍如何利用 MATLAB 实现矩阵的基本运算、线性方程组的求解等线性代数基本问题.

6.1　矩阵代数运算的基本命令

6.1.1　矩阵的生成

在 MATLAB 命令窗口输入：

```
A=[1,2,3;2,3,4]
```

或

```
A=[1 2 3
   2 3 4]
```

即可生成矩阵$\begin{pmatrix} 1 & 2 & 3 \\ 2 & 3 & 4 \end{pmatrix}$

注意命令中矩阵的每行元素用分号“;”隔开. 矩阵元素也可以是表达式，如输入 x=[-1,sqrt(3),(1+2+3)/5 * 4]，输出结果为

```
x=
   -1.0000     1.7321     4.8000
```

用如下命令可以生成特殊矩阵：

(1)zeros(n)创建 n 维零矩阵；

(2)ones(n)创建 n 维全 1 矩阵；

如：

```
>> ones (4)
 ans=
 1     1     1     1
 1     1     1     1
 1     1     1     1
 1     1     1     1
```

(3)eye(n)创建 n 维单位矩阵；

如：

```
>> eye (4)
```

```
ans=
1    0    0    0
0    1    0    0
0    0    1    0
0    0    0    1
```

(4)rand(n)创建 n 维随机非负方阵；

(5)rand(n)创建 n 维随机实方阵；

(6)rand(m,n)随机生成 $m\times n$ 维非负矩阵；

(7)randn(m,n)随机生成 $m\times n$ 维实矩阵；

(8)round 四舍五入运算；

(9)length(A)矩阵 **A** 的长度，即列数；

(10)size(A)矩阵 **A** 的尺寸，输出为行数和列数两个值.

6.1.2　矩阵的基本运算

1.矩阵的加、减与数乘：+，-，*

如求矩阵 $\boldsymbol{A}=\begin{pmatrix}3&4&5\\6&7&9\end{pmatrix}$ 与 $\boldsymbol{B}=\begin{pmatrix}9&7&5\\3&5&6\end{pmatrix}$ 的和，MATLAB 命令为

```
≫ A=[3,4,5;6,7,9];
≫ B=[9,7,5;3,5,6];
≫ C=A+B
```

运行结果为

```
C=
   12    11    10
    9    12    15
```

2.矩阵的乘法：*

乘法要求所乘矩阵是可乘的.

如求矩阵 $\boldsymbol{A}=\begin{pmatrix}3&4&5\\6&7&9\end{pmatrix}$ 与 $\boldsymbol{C}=\begin{pmatrix}9&3\\7&5\\5&6\end{pmatrix}$ 的乘积，MATLAB 命令为

```
≫ A=[3,4,5;6,7,9];
≫ B=[9,3;7,5;5,6];
≫ C=A*B
```

运行结果为：

```
C=
    80    59
```

148 107

3.矩阵的转置:′

求矩阵 $\boldsymbol{A}=\begin{pmatrix}3&4&5\\6&7&9\end{pmatrix}$ 的转置,MATLAB 命令为

```
≫ A=[3,4,5;6,7,9];
≫ B=A′
```

运行结果为

```
B=
    3    6
    4    7
    5    9
```

4.方阵的幂运算:^

求矩阵 $\boldsymbol{A}=\begin{pmatrix}3&4&5\\4&8&3\\6&7&9\end{pmatrix}$ 的 5 次方,MATLAB 程序为

```
 A=[3,4,5;4,8,3;6,7,9];
≫ A^5
```

运行结果为

```
ans=
    250287    374963    315132
    277366    416153    348679
    456236    683455    574480
```

5.方阵的逆:inv

线性方程组 D * X=B,如果 D 为非奇异方阵,即它的逆矩阵 inv(D)存在;则其解用 MATLAB 表示为:

X=inv(D) * B=D\B

符号“\”称为左除,即分母放在左边.左除的条件:B 的行数等于 D 的阶数.

6.方阵的行列式:det

如求方阵

$$\boldsymbol{A}=\begin{pmatrix}1&2&3&4\\2&3&4&1\\3&4&1&2\\4&1&2&3\end{pmatrix}$$

的行列式,MATLAB 程序为

```
≫ A=[1,2,3,4;2,3,4,1;3,4,1,2;4,1,2,3];
```

```
≫ det(A)
```

运行结果为

```
ans=
    160
```

7. 矩阵的秩：rank

如要求矩阵(6.1)的秩，MATLAB 程序为：

```
≫ A=[1,2,3,4;2,3,4,1;3,4,1,2;4,1,2,3];
≫ rank(A)
```

运行结果为

```
ans=
    4
```

例 6.1 某车间生产三种产品，每件产品的成本及每季度生产件数如表 6.1 及表 6.2 所示，试提供该厂每季度的总成分分类表.

表 6.1 每件产品分类成本表

成本(元) \ 产品	A	B	C
原料	0.15	0.30	0.25
人力	0.25	0.35	0.30
管理	0.10	0.15	0.20

表 6.2 每季度产品分类件数表

产品 \ 季度	一	二	三	四
A	3000	4000	3500	3800
B	5000	4900	5500	5800
C	2000	2500	2100	2400

解 用矩阵表达产品分类矩阵为 $\boldsymbol{M}$，季度产量矩阵为 $\boldsymbol{P}$，则有

$$\boldsymbol{M}=\begin{pmatrix}0.15 & 0.30 & 0.25\\ 0.25 & 0.35 & 0.30\\ 0.10 & 0.15 & 0.20\end{pmatrix},\quad \boldsymbol{P}=\begin{pmatrix}3000 & 4000 & 3500 & 3800\\ 5000 & 4900 & 5500 & 5800\\ 2000 & 2500 & 2100 & 2400\end{pmatrix}$$

可以看出，第一季度的总原料成本为矩阵 $\boldsymbol{MP}$ 的第 1 行第 1 列位置的元素，类似第二季度的成本为 $\boldsymbol{MP}$ 第 1 行第 2 列的元素，等等. 在 MATLAB 命令窗口，键入

```
≫ M=[0.15,0.30,0.25;0.25,0.35,0.30;0.10,0.15,0.20];
≫ P=[3000,4000,3500,3800;5000,4900,5500,5800;2000,2500,2100,
```

```
2400];
>> Q=M*P
```

运行结果为

```
Q=
    2450    2695    2700    2910
    3100    3465    3430    3700
    1450    1635    1595    1730
```

为进一步计算各行各列的和,继续键入

```
>> Q*ones(4,1)
ans=
    10755
    13695
     6410
>> ones(1,3)*Q
ans=
    7000    7795    7725    8340
```

为获得全年总成本,键入

```
>> ans*ones(4,1)
ans=
    30860
```

由以上计算结果,可以完成每季度总成本分类表,如表 6.3 所示.

表 6.3 季度成本分类表

成本(元) \ 季度	一	二	三	四	全年
原料	2450	2695	2700	2910	10755
人力	3100	3465	3430	3700	13695
管理	1450	1635	1595	1730	6410
总成本	7000	7795	7725	8340	30860

例 6.2 设矩阵 $\boldsymbol{A}=\begin{pmatrix}2&4&1&5&0\\1&3&2&5&6\\7&6&4&0&9\\4&8&1&4&7\\1&2&9&3&0\end{pmatrix}$,求 $\boldsymbol{A}^{-1}$.

解 MATLAB对高阶方阵求逆有很大的优势，在命令窗口输入

```
>> A=[2,4,1,5,0;1,3,2,5,6;7,6,4,0,9;4,8,1,4,7;1,2,9,3,0];
```

可用如下4种命令求逆：

```
>> A^-1
>> inv(A)
>> A\eye(5)
>> U=rref([A,eye(5)]);U(:,6:10)
```

运行结果均为

```
ans=
    0.3239    0.0003    0.2500   -0.3218   -0.1114
   -0.1436   -0.1973   -0.1497    0.3615    0.0861
   -0.0706   -0.0094   -0.0012    0.0096    0.1205
    0.1994    0.1595    0.0199   -0.1624   -0.0484
   -0.1249    0.1354    0.0169    0.0050   -0.0243
```

6.2 矩阵的初等变换

对矩阵 $\boldsymbol{A}$ 进行三种初等变换对应的MATLAB语句分别为

(1)交换矩阵的第 i 行和第 j 行：A([ij],:)=A([ji],:)

这里“=”不是数学中的等号，而是赋值的意思，即把等号右边的结果赋值给左边.

(2)将矩阵的第 i 行乘以常数 k：A(i,:)=k*A(i,:)

(3)将矩阵的第 i 行乘以常数 k 加到第 j 行上：A(j,:)=A(j,:)+k*A(i,:)

由这几个命令可编写消元法程序，进而编写完整的将矩阵变换为行阶梯形的程序. MATLAB中有一个获得矩阵行最简形的集成子程序rref(reduced row echelon form)，在使用时直接调用即可.

例6.3 用MATLAB求解线性方程组

$$\begin{cases} 2x_1 - x_2 + x_3 - 4x_4 = 3 \\ x_1 - 4x_2 + 2x_3 = -4 \\ 3x_2 - 4x_4 = 5 \\ 3x_1 - 3x_2 + x_3 + x_4 = 6 \end{cases}$$

解 方法1

```
>> A=[2,-1,1,-4;1,-4,2,0;0,3,0,-4;3,-3,1,1];
>> b=[3,-4,5,6];
>> X=A/b
```

运行结果为

```
X=
   -0.1047
    0.3372
   -0.4186
    0.3721
```

方法 2

```
>> A=[2,-1,1,-4;1,-4,2,0;0,3,0,-4;3,-3,1,1];
b=[3,-4,5,6];
[U0,ip]=rref([A,b])
A=[2,-1,1,-4;1,-4,2,0;0,3,0,-4;3,-3,1,1];
>>  b=[3;-4;5;6];
>> [u0,ip]=rref([A,b])
```

运行结果为

```
u0=
    1     0     0     0     4
    0     1     0     0     3
    0     0     1     0     2
    0     0     0     1     1
ip=
    1     2     3     4
```

其中 ip 表示行最简形中每行首 1 所在列标.

6.3 向量组的线性相关性

分析向量组的线性相关性,需把向量以列的形式放入矩阵 **A** 中:

A=[a1,a2,a3,…,am]

用命令[R,s]=rref(A),其中,R 为矩阵 A 的行最简形,s 为矩阵 R 的基准元素所在列数所构成的行向量.

例 6.4 分析向量组 $\boldsymbol{\alpha}_1=(2,6,8,9,3)^T$,$\boldsymbol{\alpha}_2=(1,3,4,4.5,1.5)^T$,$\boldsymbol{\alpha}_3=(3,6,2,1,6)^T$,$\boldsymbol{\alpha}_4=(2,5,7,8,4)^T$,$\boldsymbol{\alpha}_5=(1,2,5,7,8)^T$ 的线性相关性.

解 在 MATLAB 窗口键入

```
>> a1=[2;6;8;9;3];
>> a2=[2;6;8;9;3];
>> a3=[3;6;2;1;6];
```

```
>> a4=[2;5;7;8;4];
>> a5=[1;2;5;7;8];
>>A=[a1,a2,a3,a4,a5];
>> [R,s]=rref(A)
```

运行结果为

```
R=
     1     1     0     0     0
     0     0     1     0     0
     0     0     0     1     0
     0     0     0     0     1
     0     0     0     0     0
s=
     1     3     4     5
```

这表明向量组 $\boldsymbol{\alpha}_1,\boldsymbol{\alpha}_2,\boldsymbol{\alpha}_3,\boldsymbol{\alpha}_4,\boldsymbol{\alpha}_5$ 线性相关，其中 $\boldsymbol{\alpha}_1,\boldsymbol{\alpha}_3,\boldsymbol{\alpha}_4,\boldsymbol{\alpha}_5$ 构成了一个极大无关组.

向量空间的两组基对应的坐标变换也可以用 MATLAB 程序来实现.

例 6.5 已知 $\mathbf{R}^4$ 空间的两组基向量 $\boldsymbol{u},\boldsymbol{v}$ 的矩阵如下：

$$\boldsymbol{u}=\begin{pmatrix}1 & 1 & -1 & -1\\ 2 & -1 & 2 & -1\\ -1 & 1 & 1 & 0\\ 0 & 1 & 1 & 1\end{pmatrix},\quad \boldsymbol{v}=\begin{pmatrix}2 & 0 & -2 & 1\\ 1 & 1 & 1 & 3\\ 0 & 2 & 1 & 1\\ 1 & 2 & 2 & 2\end{pmatrix}$$

试求把 $\boldsymbol{u}$ 变换为 $\boldsymbol{v}$ 的过渡矩阵 $\boldsymbol{P}$.

解 输入 $\boldsymbol{u}$ 和 $\boldsymbol{v}$ 的矩阵后键入 u\v,

```
>>u=[1,1,-1,-1;2,-1,2,-1;-1,1,1,0;0,1,1,1];
>>v=[2,0,-2,1;1,1,1,3;0,2,1,1;1,2,2,2];
>>u\v
```

运行结果为

```
ans=
    1.0000    0.0000         0    1.0000
    1.0000    1.0000         0    1.0000
         0    1.0000    1.0000    1.0000
         0    0.0000    1.0000    0.0000
```

6.4 解线性方程组

6.4.1 利用克莱姆法则求解方程组

当线性方程组的系数矩阵为可逆方阵时,可以用下面的方法求解.

方法 1:用矩阵的逆,x=inv(A) * b 或 x=A^-1 * b;

方法 2:用行最简形,U=rref([A,b]),其中 U 为矩阵[A,b]的行最简形;

方法 3:用矩阵除法 x=A\b.

例 6.6 解方程组 $\boldsymbol{Ax}=\boldsymbol{b}$,其中

$$\boldsymbol{A}=\begin{pmatrix}6 & 3 & 4\\ -2 & 5 & 7\\ 8 & -4 & -3\end{pmatrix},\boldsymbol{b}=\begin{pmatrix}3\\4\\7\end{pmatrix}$$

解 方法 1

```
>> A=[6,3,4;-2,5,7;8,-4,-3];
>> b=[3;4;7];
>> x=inv(A) * b
```

运行结果为

```
x=
    0.1800
   -4.0000
    3.4800
>> x=A^-1 * b
x=
    0.1800
   -4.0000
    3.4800
```

方法 2

```
>> A=[6,3,4;-2,5,7;8,-4,-3];
>> b=[3;4;7];
>> u=rref([A,b])
```

运行结果为

```
u=
    1.0000         0         0    0.1800
         0    1.0000         0   -4.0000
```

```
         0              0        1.0000          3.4800
```

方法 3

```
>> A=[6,3,4;-2,5,7;8,-4,-3];
>> b=[3;4;7];
>> x=A\b
```

运行结果为

```
x=
      0.1800
    -4.0000
      3.4800
```

例 6.7 用矩阵逆解线性方程组

$$\begin{cases} 6x_1+3x_2+4x_3=3 \\ -2x_1+5x_2+7x_3=-4 \\ 8x_1-4x_2-3x_3=-7 \end{cases}$$

解 由 A * x=B 知 x=inv(A) * B=A\B

键入以下命令

```
A=[6,3,4;-2,5,7;8,-4,-3];
>> B=[3;-4;-7];
>> x=A\B
```

运行结果为

```
x=
    0.6000
    7.0000
   -5.4000
```

6.4.2 一般方程组的求解

用 MATLAB 解一般方程组可用 null 命令处理.

例 6.8 求非齐次线性方程组的通解.

$$\begin{cases} 2x_1+4x_2-x_3+4x_4+16x_5=-2 \\ -3x_1-6x_2+2x_3-6x_4-23x_5=7 \\ 3x_1+6x_2-4x_3+6x_4+19x_5=-23 \\ x_1+2x_2+5x_3+2x_4+19x_5=43 \end{cases}$$

解 在 MATLAB 命令窗口键入

```
>> A=[2,4,-1,4,16;-3,-6,2,-6,-23;3,6,-4,6,19;1,2,5,2,19];
>> b=[-2;7;-23;43];
```

```
>> U=rref([A,b]);
>> x0=A\b;
>> x=null(A,'r')
```

运行结果为

```
x=
    -2      -2      -9
     1       0       0
     0       0      -2
     0       1       0
     0       0       1
```

例 6.9 求线性方程组的通解

$$\begin{cases} 3x_1-4x_2+3x_3+2x_4-x_5=2 \\ -6x_2-3x_4-3x_5=-3 \\ 4x_1-3x_2+4x_3+2x_4-2x_5=2 \\ x_1+x_2+x_3-x_5=0 \\ -2x_1+6x_2-2x_3+x_4+3x_5=1 \end{cases}$$

解 输入方程系数 A 和 b，

```
>>A=[3,-4,3,2,-1;0,-6,0,-3,-3;4,-3,4,2,-2;1,1,1,0,-1;-2,6,-2,1,3];
>> b=[2;-3;2;0;1];
```

然后键入

```
>> B=[A,b];
>> [UB,ip]=rref(B);
```

运行结果为

```
UB=
    1    0    1    0    -1    0
    0    1    0    0     0    0
    0    0    0    1     1    1
    0    0    0    0     0    0
    0    0    0    0     0    0
ip=
    1    2    4
```

为获得通解，将行最简形拉开并将零行主对角线元素改为－1，得

$$\begin{pmatrix} 1 & 0 & 1 & 0 & -1 & 0 \\ 0 & 1 & 0 & 0 & 0 & 0 \\ 0 & 0 & -1 & 0 & 0 & 0 \\ 0 & 0 & 0 & 1 & 1 & 1 \\ 0 & 0 & 0 & 0 & 1 & 0 \end{pmatrix}$$

通解为

$$\boldsymbol{x} = k_1 \begin{pmatrix} 1 \\ 0 \\ -1 \\ 0 \\ 0 \end{pmatrix} + k_2 \begin{pmatrix} -1 \\ 0 \\ 0 \\ 1 \\ -1 \end{pmatrix} + \begin{pmatrix} 0 \\ 0 \\ 0 \\ 1 \\ 0 \end{pmatrix}$$

例 6.10 系数矩阵 $\boldsymbol{A}$ 如下,求 $\boldsymbol{Ax}=\boldsymbol{0}$的通解.

$$\boldsymbol{A} = \begin{pmatrix} -4 & 1 & 6 & -2 & 2 & -2 \\ 1 & -2 & 0 & 1 & -2 & -1 \\ -4 & 1 & 5 & 0 & 3 & -1 \\ 1 & -3 & 1 & 1 & -3 & -2 \end{pmatrix}$$

解 先输入 $\boldsymbol{A}$,再键入 v=null(A,'r'),其中'r'表示用有理分式的基向量得到的是三个分量并列,

```
≫ A=[-4,1,6,-2,2,-2;1,-2,0,1,-2,-1;-4,1,5,0,3,-1;1,-3,1,1,-3,-2];
≫ v=null(A,'r')
≫v=[v1,v2,v3]
```

运行结果为

```
v=
     3     2     1
     2     0     0
     2     1     1
     1     0     0
     0     1     0
     0     0     1
```

原方程的通解为

$$x = k_1\begin{pmatrix}3\\2\\2\\1\\0\\0\end{pmatrix}+k_2\begin{pmatrix}2\\0\\1\\0\\1\\0\end{pmatrix}+k_3\begin{pmatrix}1\\0\\1\\0\\0\\1\end{pmatrix}$$

6.5 求特征值特征向量 化二次型为标准形

6.5.1 求特征值与特征向量

在 MATLAB 中，用命令 eig()可求出方阵的特征值与特征向量，调用方式有如下两种：

(1)求特征值：r=eig(A). 这里 $\boldsymbol{r}$ 为矩阵 $\boldsymbol{A}$ 的所有特征值所构成的列向量；

(2)同时求特征值和特征向量：[P,D]=eig(A). 这里 $\boldsymbol{D}$ 为对角矩阵，对角线上元素为 $\boldsymbol{A}$ 的所有特征值；$\boldsymbol{P}$ 的列向量是 $\boldsymbol{A}$ 的属于对应特征值的单位特征向量.

如对矩阵 $\boldsymbol{A}=\begin{pmatrix}6&3&4\\-2&5&7\\8&-4&-3\end{pmatrix}$，在 MATLAB 命令窗口键入：

```
≫ A=[6,3,4;-2,5,7;8,-4,-3];
≫ r=eig(A)
```

运行结果为

```
r=
     9.2712
   -0.6356+3.2221i
   -0.6356-3.2221i
```

若要同时获得特征向量和特征值，可使用命令：

```
≫ [P,D]=eig(A)
```

运行结果为

```
P=
   -0.8368    0.0801-0.1426i    0.0801+0.1426i
   -0.3274    0.7428            0.7428
   -0.4388   -0.5751+0.3012i   -0.5751-0.3012i
D=
     9.2712   0                 0
```

```
0          -0.6356+3.2221i    0
0          0                  -0.6356-3.2221i
```

6.5.2 化二次型为标准形

例 6.11 用正交变换法将以下二次型化为标准形.

$$f(x_1, x_2, x_3) = x_1{}^2 + 2x_2{}^2 + 2x_3{}^2 + 4x_2x_3$$

解 在 MATLAB 命令窗口输入二次型的矩阵，并用 eig()命令：

```
>>A=[1,0,0;0,2,2;0,2,2];
>>[P,D]=eig(A)
```

得到

```
P=
      0          1.0000     0
    -0.7071      0          0.7071
     0.7071      0          0.7071
D=
    0     0     0
    0     1     0
    0     0     4
```

于是，f 的标准型为 $f = y_2^2 + 4y_3^2$.

例 6.12 设 $\boldsymbol{A} = \begin{pmatrix} 5 & -2 \\ -2 & 5 \end{pmatrix}$，则令 $\boldsymbol{A}$ 的二次型 $\boldsymbol{x}^{\mathrm{T}}\boldsymbol{A}\boldsymbol{x}$ 等于常数

$$\boldsymbol{x}^{\mathrm{T}}\boldsymbol{A}\boldsymbol{x} = (x_1, x_2)\begin{pmatrix} 5 & -2 \\ -2 & 5 \end{pmatrix}\begin{pmatrix} x_1 \\ x_2 \end{pmatrix} = 5x_1^2 - 4x_1x_2 + 5x_2^2 = 48$$

得到的是一个椭圆方程，其图形如图6.1(a)所示，利用正交变换将其变成标准形并画出图形.

解 由于题目所给主轴方向刚好与水平方向成 45°角，如果做一个基坐标的旋转变换，让坐标轴转过 45°，此椭圆的主轴就与新的坐标方向 y_1y_2 相同，如图6.1(b)所示，由解析几何知识，可令

$$y_1 = x_1\cos\theta + x_2\sin\theta, \quad y_2 = -x_1\sin\theta + x_2\cos\theta$$

将这个变换用矩阵乘法表示为

$$\begin{pmatrix} y_1 \\ y_2 \end{pmatrix} = \begin{pmatrix} \cos\theta & \sin\theta \\ -\sin\theta & \cos\theta \end{pmatrix}\begin{pmatrix} x_1 \\ x_2 \end{pmatrix} \Rightarrow \boldsymbol{y} = \boldsymbol{P}\boldsymbol{x}$$

其逆变换 $\boldsymbol{R}$ 为

$$\boldsymbol{R} = \mathrm{inv}(\boldsymbol{P}) = \begin{pmatrix} \cos\theta & -\sin\theta \\ \sin\theta & \cos\theta \end{pmatrix}$$

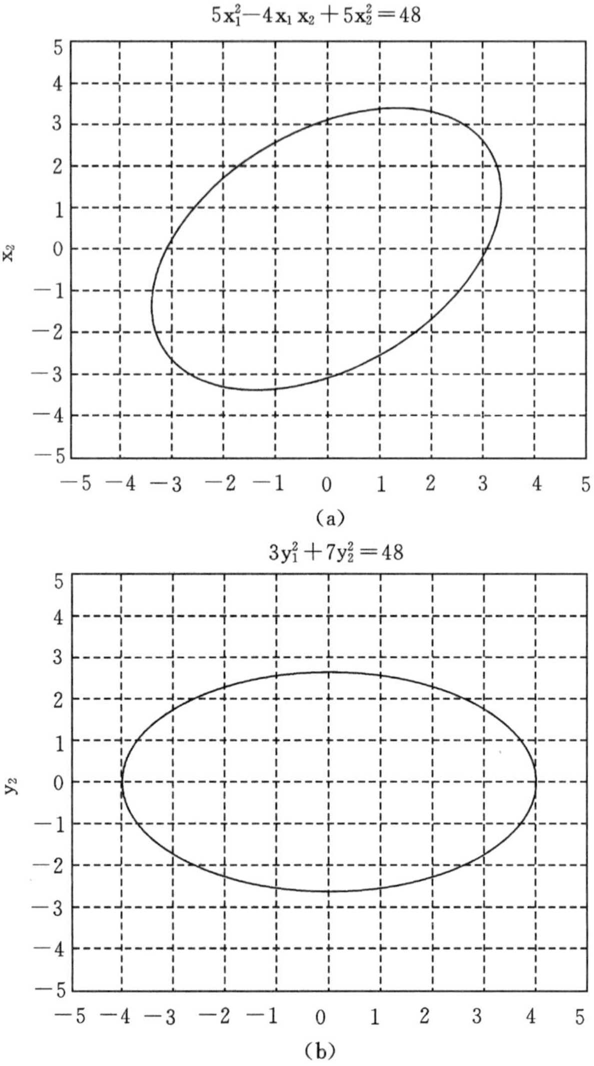

(a) (b)

图 6.1

因此用此变换式代入二次型的表达式,有

$$x^{\mathrm{T}}\boldsymbol{A}\boldsymbol{x} = \boldsymbol{y}^{\mathrm{T}}\boldsymbol{R}^{\mathrm{T}}\boldsymbol{A}\boldsymbol{R}\boldsymbol{y} = (y_1, y_2)\boldsymbol{R}^{-1}\begin{pmatrix} 5 & -2 \\ -2 & 5 \end{pmatrix}\boldsymbol{R}\begin{pmatrix} y_1 \\ y_2 \end{pmatrix} = \boldsymbol{y}^{\mathrm{T}}\boldsymbol{D}\boldsymbol{y} = 48$$

本题中 $\theta=45°$,代入 $\boldsymbol{P}$ 和 $\boldsymbol{R}$ 可得

$$\boldsymbol{R}^{\mathrm{T}}\boldsymbol{A}\boldsymbol{R} = \begin{pmatrix} 3 & 0 \\ 0 & 7 \end{pmatrix} = \boldsymbol{D}$$

于是得到

$$\boldsymbol{y}^{\mathrm{T}}\boldsymbol{D}\boldsymbol{y}=(y_1,y_2)\begin{pmatrix}3&0\\0&7\end{pmatrix}\begin{pmatrix}y_1\\y_2\end{pmatrix}=3y_1^2+7y_2^2=48$$

注:该题中若不知道主轴与水平方向的夹角,则可以用例 6.11 的方法求出标准形,进而用 MATLAB 画出图形.

几何中的寻找二次曲线或二次曲面的主轴问题,在线性代数中等价于用正交变换将实对称矩阵化为对角阵的问题.

习　题　6

6.1　利用 MATLAB 构建一个 4×4 的随机矩阵 $\boldsymbol{A}$,分别取三次不同的值,检验等式

$$(\boldsymbol{A}+\boldsymbol{I})(\boldsymbol{A}-\boldsymbol{I})=\boldsymbol{A}^2-\boldsymbol{I}$$

是否满足.

6.2　已知 $f(x)=x^5+x^4-2x^3+x^2+2x+3$,

$$\boldsymbol{A}=\begin{pmatrix}1&5&2&7\\6&0&4&1\\3&1&1&2\\2&1&5&0\end{pmatrix}$$

求 $f(\boldsymbol{A})$.

6.3　图 6.2 为 A 城市经 B 城市到达 C 城市的航空网络图,线条上数字表示航班次数,试求从 A 国到 C 国的航班情况.

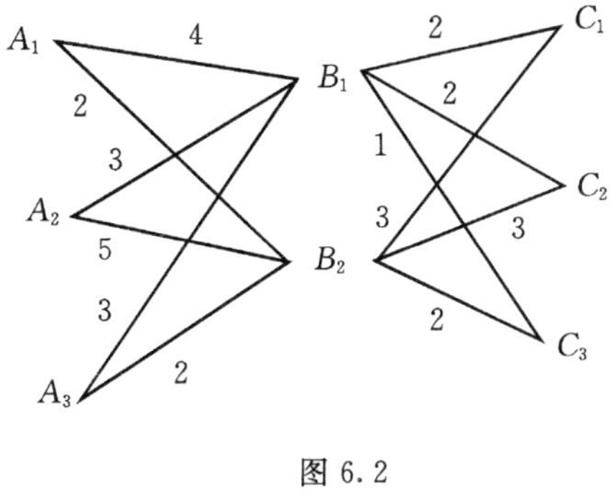

图 6.2

6.4 已知 $\boldsymbol{A}=\begin{pmatrix}4&2&-5&2&1\\3&1&2&4&0\\-1&2&0&-3&1\\0&1&2&1&2\\1&3&-1&2&1\end{pmatrix}$，试求 $|\boldsymbol{A}|$.

6.5 试用 MATLAB 求方程组 $\begin{cases}x_1-3x_2+2x_3-x_4+3x_5=2\\2x_1+3x_2+5x_3-x_4-x_5=-1\\3x_1-x_2+3x_3-2x_4-x_5=1\\3x_1+x_2+2x_3-4x_4-x_5=3\end{cases}$ 的解.

6.6 求下列矩阵的特征值和特征向量，并判断矩阵是否可以对角化. 若能对角化，找出可逆矩阵 $\boldsymbol{P}$ 和对角阵 $\boldsymbol{D}$，使 $\boldsymbol{P}^{-1}\boldsymbol{A}\boldsymbol{P}=\boldsymbol{D}$.

(1) $\begin{pmatrix}4&-1&-2\\2&1&-2\\2&-1&0\end{pmatrix}$　　(2) $\begin{pmatrix}1&-1&0\\4&-3&0\\1&0&1\end{pmatrix}$

6.7 化二次型 $f(x_1,x_2,x_3)=x_1{}^2+2x_2{}^2+5x_3{}^2+2x_1x_2+6x_1x_3+2x_2x_3$ 为标准形.

习 题 答 案

习 题 1

1.1 $$\begin{pmatrix}\dfrac{\partial z}{\partial x}\\[2ex]\dfrac{\partial z}{\partial y}\end{pmatrix}=\begin{pmatrix}\dfrac{\partial u}{\partial x} & \dfrac{\partial v}{\partial x} & \dfrac{\partial w}{\partial x}\\[2ex]\dfrac{\partial u}{\partial y} & \dfrac{\partial v}{\partial y} & \dfrac{\partial w}{\partial y}\end{pmatrix}\begin{pmatrix}\dfrac{\partial f}{\partial u}\\[2ex]\dfrac{\partial f}{\partial v}\\[2ex]\dfrac{\partial f}{\partial w}\end{pmatrix}$$

1.2

	成 1	成 2
原 1	95	63
原 2	14	10
原 3	30	21
原 4	21	11

1.3 $$\boldsymbol{z}=\begin{pmatrix}4 & -3 & 5\\ 6 & 8 & -6\\ -23 & -4 & -2\end{pmatrix}\boldsymbol{x}\quad 或\quad \begin{cases}z_1=4x_1-3x_2+5x_3\\ z_2=6x_1+8x_2-6x_3\\ z_3=-23x_1-4x_2-2x_3\end{cases}$$

1.4 (1) $\begin{pmatrix}-2 & 13 & 22\\ -2 & -17 & 20\\ 4 & 29 & -2\end{pmatrix}$； (2) $\begin{pmatrix}0 & 0 & 2\\ 5 & -5 & 9\\ 8 & 6 & 0\end{pmatrix}$.

1.5 (1) $\boldsymbol{A}^2=\mathrm{diag}(a_{11}^2,a_{22}^2,\cdots,a_{nn}^2)$

(2) $\boldsymbol{AB}=\mathrm{diag}(a_{11}b_{11},a_{22}b_{22},\cdots,a_{nn}b_{nn})$

(4) $$\boldsymbol{AC}=\begin{pmatrix}a_{11}c_{11} & a_{11}c_{12} & \cdots & a_{11}c_{1n}\\ a_{22}c_{21} & a_{22}c_{22} & \cdots & a_{22}c_{2n}\\ \vdots & \vdots & & \vdots\\ a_{nn}c_{n1} & a_{nn}c_{n2} & \cdots & a_{nn}c_{nn}\end{pmatrix},\quad \boldsymbol{CA}=\begin{pmatrix}c_{11}a_{11} & c_{12}a_{22} & \cdots & c_{1n}a_{nn}\\ c_{21}a_{11} & c_{22}a_{22} & \cdots & c_{2n}a_{nn}\\ \vdots & \vdots & & \vdots\\ c_{n1}a_{11} & c_{n2}a_{22} & \cdots & c_{nn}a_{nn}\end{pmatrix}$$

1.6 (1) $$\boldsymbol{AB}=\begin{pmatrix}a_{11} & a_{12} & ka_{13}\\ a_{21} & a_{22} & ka_{23}\\ a_{31} & a_{32} & ka_{33}\end{pmatrix},\quad \boldsymbol{BA}=\begin{pmatrix}a_{11} & a_{12} & a_{13}\\ a_{21} & a_{22} & a_{23}\\ ka_{31} & ka_{32} & ka_{33}\end{pmatrix}$$

$$\boldsymbol{AC}=\begin{pmatrix}a_{11}+ka_{12} & a_{12} & a_{13}\\ a_{21}+ka_{22} & a_{22} & a_{23}\\ a_{31}+ka_{32} & a_{32} & a_{33}\end{pmatrix},\quad \boldsymbol{CA}=\begin{pmatrix}a_{11} & a_{12} & a_{13}\\ ka_{11}+a_{21} & ka_{12}+a_{22} & ka_{13}+a_{23}\\ a_{31} & a_{32} & a_{33}\end{pmatrix}$$

(2) $a_{11}x_1^2+a_{22}x_2^2+a_{33}x_3^2+(a_{12}+a_{21})x_1x_2+(a_{13}+a_{31})x_1x_3+(a_{23}+a_{32})x_2x_3$

1.9 $\boldsymbol{X}=\dfrac{1}{2}(\boldsymbol{A}^2+\boldsymbol{BA})$， $\boldsymbol{Y}=\dfrac{1}{2}(\boldsymbol{A}^2-\boldsymbol{BA})$.

1.10 (1) $\boldsymbol{A}=\begin{pmatrix}0 & 1\\ 1 & 1\end{pmatrix}$， $\boldsymbol{B}=\begin{pmatrix}1 & 2\\ 1 & 0\end{pmatrix}$； (2) 同(1)； (3) $\boldsymbol{A}=\begin{pmatrix}2 & -2 & -4\\ -1 & 3 & 4\\ 1 & -2 & -3\end{pmatrix}$

(4) $\boldsymbol{A}=\begin{pmatrix}0 & 1\\ 0 & 0\end{pmatrix}$； (5) $\boldsymbol{A}=\begin{pmatrix}1 & 0 & 0\\ 0 & 1 & 0\end{pmatrix}$， $\boldsymbol{X}=\begin{pmatrix}1\\ 0\\ 1\end{pmatrix}$， $\boldsymbol{Y}=\begin{pmatrix}1\\ 0\\ 0\end{pmatrix}$

1.11 (1) $\boldsymbol{A}^{-1}=\begin{pmatrix}0 & -1\\ \frac{1}{2} & \frac{1}{2}\end{pmatrix}$, $\boldsymbol{B}^{-1}=\begin{pmatrix}\frac{1}{2} & -\frac{1}{2}\\ 0 & 1\end{pmatrix}$; $(\boldsymbol{AB})^{-1}=\begin{pmatrix}-\frac{1}{4} & -\frac{3}{4}\\ \frac{1}{2} & \frac{1}{2}\end{pmatrix}$;

(2) $\boldsymbol{C}^{-1}=\begin{pmatrix}0 & -1 & 0 & 0\\ \frac{1}{2} & \frac{1}{2} & 0 & 0\\ 0 & 0 & \frac{1}{2} & -\frac{1}{2}\\ 0 & 0 & 0 & 1\end{pmatrix}$

1.15 $\left(\begin{array}{c|ccc} * & * & * & * \\ * & * & * & * \\ * & * & * & * \\ \hline * & * & * & * \end{array}\right)\left(\begin{array}{c|ccc} * & * & * & * \\ \hline * & * & * & * \\ * & * & * & * \\ * & * & * & * \end{array}\right)=\left(\begin{array}{c|ccc} * & * & * & * \\ * & * & * & * \\ * & * & * & * \\ \hline * & * & * & * \end{array}\right)$

1.18 $\boldsymbol{A}=\begin{pmatrix}1 & 2 & 0 & 0\\ 0 & 1 & 0 & 0\\ 0 & 0 & -16 & 3\\ 0 & 0 & -6 & 3\end{pmatrix}$, $\boldsymbol{A}^2=\begin{pmatrix}1 & 4 & 0 & 0\\ 0 & 1 & 0 & 0\\ 0 & 0 & 238 & -39\\ 0 & 0 & 78 & -9\end{pmatrix}$

1.19 $\boldsymbol{A}^n=\begin{pmatrix}\boldsymbol{I} & \boldsymbol{O}\\ n\boldsymbol{A}_1 & \boldsymbol{I}\end{pmatrix}$

1.22 C

1.23 $\begin{pmatrix}0 & 0 & 1\\ 0 & 1 & 0\\ 1 & 0 & 0\end{pmatrix}$

习 题 2

2.1 $M_{21}=\begin{vmatrix}2 & 3\\ 0 & 2\end{vmatrix}=4$, $M_{22}=\begin{vmatrix}1 & 3\\ 0 & 2\end{vmatrix}=2$, $M_{23}=\begin{vmatrix}1 & 2\\ 0 & 0\end{vmatrix}=0$,

$D_{21}=(-1)^{2+1}M_{21}=-4$, $D_{22}=(-1)^{2+2}M_{22}=2$, $D_{23}=(-1)^{2+3}M_{23}=0$

2.2 (1) 40，(2) 48，(3) 10368，(4) $x^n+(-1)^{n+1}y^n$，(5) $(-1)^{n(n-1)/2}\lambda_1\lambda_2\cdots\lambda_n$.

2.4 (1) $\boldsymbol{X}=\begin{pmatrix}2 & -23\\ 0 & 8\end{pmatrix}$; (2) $\boldsymbol{X}=\begin{pmatrix}1 & 1\\ \frac{1}{4} & 0\end{pmatrix}$; (3) $\boldsymbol{X}=\begin{pmatrix}3 & -1\\ 2 & 0\\ 1 & -1\end{pmatrix}$

2.5 $2^{12}(a^2+b^2)^4$

2.6 (1) $x=1, y=-1, z=3$; (2) $x_1=\frac{3}{5}$, $x_2=-\frac{1}{5}$, $x_3=-\frac{1}{5}$, $x_4=\frac{3}{5}$

2.7 当 a,b,c 互不相等时，方程组有唯一解，它为

$$x_1=abc,\quad x_2=-ca-ab-bc, x_3=a+b+c$$

2.8 (1) $A^{-1}=\begin{pmatrix}\cos\theta & \sin\theta\\ -\sin\theta & \cos\theta\end{pmatrix}$; (2) $B^{-1}=\begin{pmatrix}-\frac{1}{3} & 1 & \frac{4}{3}\\ -\frac{1}{3} & 1 & \frac{1}{3}\\ \frac{2}{3} & -1 & -\frac{2}{3}\end{pmatrix}$

2.9 $X^{-1}=\begin{pmatrix}O & B^{-1}\\ A^{-1} & O\end{pmatrix}$

2.10 $A=\begin{pmatrix}1 & 0 & 0\\ 2 & 0 & 0\\ 6 & -1 & -1\end{pmatrix}$, $A^5=A$.

2.11 D.

习　题　3

3.1 (1) $\begin{pmatrix}x\\ y\\ z\end{pmatrix}=\begin{pmatrix}1\\ 2\\ 0\end{pmatrix}$; (2) $\begin{pmatrix}x_1\\ x_2\\ x_3\\ x_4\end{pmatrix}=\begin{pmatrix}1\\ 2\\ 0\\ -1\end{pmatrix}$.

3.2 (1)秩为 3,(2)秩为 3,(3)秩为 3,(4)秩为 1.

3.3 $R(A)=3$.

3.4 (1) 有非零解; (2) 仅有零解; (3) 无解; (4) 有无穷多个解

3.5 $\lambda=-2$ 或 1 时有无穷多个解.

3.6 可以有 r 阶奇异子方阵,如 $A_{4\times 4}=\begin{pmatrix}I_2 & O\\ O & O\end{pmatrix}$

3.7 $R(B)\leqslant R(A)$.

3.8 $\begin{pmatrix}1 & 0 & 1 & 0 & 0\\ 1 & -1 & 0 & 0 & 0\\ 0 & 0 & 1 & 0 & 0\\ 0 & 0 & 0 & 1 & 0\\ 0 & 0 & 0 & 0 & 0\end{pmatrix}$

3.11 对矩阵 C,$P=\begin{pmatrix}1 & 0 & 0 & 0\\ 0 & 1 & 0 & 0\\ -1 & 0 & 1 & 1\\ -2 & 1 & 1 & 0\end{pmatrix}$, $Q=\begin{pmatrix}1 & -\frac{1}{2} & \frac{3}{4} & -\frac{1}{2} & 0\\ 0 & \frac{1}{2} & \frac{1}{4} & -\frac{3}{2} & -\frac{1}{2}\\ 0 & 0 & -\frac{1}{2} & \frac{1}{2} & \frac{1}{2}\\ 0 & 0 & 0 & \frac{1}{2} & 0\\ 0 & 0 & 0 & 0 & -\frac{1}{2}\end{pmatrix}$

习　题　4

4.2 (1) $a=-1, b\neq 0$ 时，$\boldsymbol{\beta}$ 不能表示成 $\boldsymbol{\alpha}_1, \boldsymbol{\alpha}_2, \boldsymbol{\alpha}_3, \boldsymbol{\alpha}_4$ 的线性组合.

(2) $a\neq -1$ 时，$\boldsymbol{\beta}=\dfrac{-2b}{a+1}\boldsymbol{\alpha}_1+\dfrac{a+b+1}{a+1}\boldsymbol{\alpha}_2+\dfrac{b}{a+1}\boldsymbol{\alpha}_3+0\boldsymbol{\alpha}_4$

4.4 C

4.6 不同.

4.7 (1) 如 $\boldsymbol{\alpha}=(4,4), \boldsymbol{\alpha}_1=(2,2), \boldsymbol{\alpha}_2=(1,1)$ 线性相关，$\boldsymbol{\alpha}$ 可由 $\boldsymbol{\alpha}_1, \boldsymbol{\alpha}_2$ 线性表示，但表示式不唯一.

(2) 如 $\boldsymbol{\alpha}_1=(1,0,0), \boldsymbol{\alpha}_2=(0,1,0), \boldsymbol{\alpha}_3=(0,2,0)$，显然它们线性相关，但 $\boldsymbol{\alpha}_1$ 不能由 $\boldsymbol{\alpha}_2, \boldsymbol{\alpha}_3$ 线性表示.

(3) 如 $\boldsymbol{\alpha}_1=(2,2), \boldsymbol{\alpha}_2=(1,1), \boldsymbol{\beta}_1=(-1,0), \boldsymbol{\beta}_2=(0,1)$，取

$$\lambda_1=1, \lambda_2=-1$$

4.10 s 为奇数时线性无关，s 为偶数时线性相关.

4.16 (1) 线性相关，秩为 2，$\boldsymbol{\alpha}_1, \boldsymbol{\alpha}_2$ 是一个最大无关组.

(2) 线性无关，秩为 3.

(3) 线性无关，秩为 4.

(4) 线性相关，秩为 2，$\boldsymbol{\alpha}_1, \boldsymbol{\alpha}_2$ 是一个最大无关组.

4.17 V_1 是向量空间，是 $\mathbf{R}^n$ 的子空间，V_2 不是向量空间.

4.20 $\boldsymbol{C}=\begin{pmatrix} \frac{1}{2} & \frac{1}{2} \\ \frac{3}{2} & \frac{1}{2} \end{pmatrix}$

4.21 (1) 基础解系 $\boldsymbol{\xi}_1=(\frac{3}{8}, -\frac{25}{8}, 0, 1, 0)^{\mathrm{T}}, \boldsymbol{\xi}_2=(-\frac{1}{2}, \frac{1}{2}, 0, 0, 1)^{\mathrm{T}}$，通解 $\boldsymbol{x}=k_1\boldsymbol{\xi}_1+k_2\boldsymbol{\xi}_2$.

(2) 基础解系 $\boldsymbol{\xi}=(0,0,0,1,1)^{\mathrm{T}}$，通解为 $\boldsymbol{x}=k\boldsymbol{\xi}$.

4.22 (1) 通解 $\boldsymbol{x}=\boldsymbol{\eta}^*+k_1\boldsymbol{\xi}_1+k_2\boldsymbol{\xi}_2$，其中

$$\boldsymbol{\eta}^*=(-1,-3,0,0)^{\mathrm{T}}, \boldsymbol{\xi}_1=(-8,-13,1,0)^{\mathrm{T}}, \boldsymbol{\xi}_2=(5,9,0,1)^{\mathrm{T}}$$

(2) 唯一解 $\boldsymbol{x}=(-8,0,0,-3)^{\mathrm{T}}$

(3) 唯一解 $\boldsymbol{x}=(2,1,-1)^{\mathrm{T}}$

4.23 (1)有无穷多个解，通解为 $\boldsymbol{x}=k\begin{pmatrix} 2 \\ -1 \\ -1 \end{pmatrix}+\begin{pmatrix} -1 \\ 2 \\ 0 \end{pmatrix}$；

(2)有无穷多个解，通解为 $\boldsymbol{x}=k_1\begin{pmatrix} \frac{1}{7} \\ \frac{5}{7} \\ 1 \\ 0 \end{pmatrix}+k_2\begin{pmatrix} -\frac{1}{7} \\ \frac{9}{7} \\ 0 \\ -1 \end{pmatrix}+\begin{pmatrix} \frac{6}{7} \\ -\frac{5}{7} \\ 0 \\ 0 \end{pmatrix}$.

4.24 (1)当$\lambda\neq-2$且$\lambda\neq-1$时,方程组有唯一解;

(2)当$\lambda=-2$时,$R(\boldsymbol{A})=2$,$R(\boldsymbol{A}\vdots\boldsymbol{b})=3$,方程组无解;

(3)当$\lambda=1$时,$R(\boldsymbol{A})=R(\boldsymbol{A}\vdots\boldsymbol{b})=1<3$,方程组有无穷多解,通解为

$$\boldsymbol{x}=(-2,0,0)^{\mathrm{T}}+k_1(-1,1,0)^{\mathrm{T}}+k_2(-1,0,1)^{\mathrm{T}},k_1,k_2\in\mathbf{R}.$$

4.25 $n=2$时,无解:两直线平行;有唯一解:两直线相交;有无穷多个解:两直线重合.

$n=3$时,无解:三平面平行或两平面平行,另一平面与其中一平面重合或三平面中两两的交线中有两条交线平行;有唯一解:三平面只有一个交点;无穷多个解:解中含有一个任意参数时,三平面交于一直线,或两平面交于一直线,另一平面与其中一平面重合;解中有两个任意参数时,三平面重合.

4.26 取初始向量

$$\boldsymbol{x}^{(0)}=(0.7600000,0.0800000,1.1200000,0.6800000)^{\mathrm{T}}$$

时,雅可比方法迭代12次的结果是

$$\boldsymbol{x}^{(11)}=(1.5347196,0.1220096,1.9749109,1.4127100)^{\mathrm{T}}$$

$$\boldsymbol{x}^{(12)}=(1.5348472,0.1220096,1.9750386,1.4128376)^{\mathrm{T}}$$

赛德尔迭代10次的结果是

$$\boldsymbol{x}^{(9)}=(1.5346912,0.1220044,1.9749370,1.4127954)^{\mathrm{T}}$$

$$\boldsymbol{x}^{(10)}=(1.5348559,0.1220073,1.9750690,1.4128917)^{\mathrm{T}}$$

习　题　5

5.1 $\boldsymbol{\eta}_1=\left(\frac{1}{\sqrt{5}},\frac{2}{\sqrt{5}},0\right)^{\mathrm{T}}$, $\boldsymbol{\eta}_2=\left(\frac{4}{3\sqrt{5}},-\frac{2}{3\sqrt{5}},\frac{5}{3\sqrt{5}}\right)^{\mathrm{T}}$, $\boldsymbol{\eta}_3=\left(-\frac{2}{3},\frac{1}{3},\frac{2}{3}\right)^{\mathrm{T}}$

5.2 (1) 不是,因第一列不是单位向量;(2) 是.

5.6 特征值为$\lambda_1=-1,\lambda_2=1,\lambda_3=\lambda_4=2$,其对应的特征向量依次为

$$\boldsymbol{\xi}_1=(-3,2,0,0)^{\mathrm{T}},\boldsymbol{\xi}_2=(1,0,0,0)^{\mathrm{T}},\boldsymbol{\xi}_3=(6,1,3,0)^{\mathrm{T}}$$

正交规范化后为

$$\boldsymbol{p}_1=(-\frac{3}{\sqrt{13}},\frac{2}{\sqrt{13}},0,0)^{\mathrm{T}},\boldsymbol{p}_2=(\frac{2}{\sqrt{13}},\frac{3}{\sqrt{13}},0,0)^{\mathrm{T}},\boldsymbol{p}_3=(0,0,1,0)^{\mathrm{T}}$$

5.8 $\boldsymbol{A}=\frac{1}{3}\begin{pmatrix}-1&0&2\\0&1&2\\2&2&0\end{pmatrix}$

5.9 (1) $\boldsymbol{P}=\begin{pmatrix}-\frac{1}{2}&\frac{\sqrt{3}}{2}&0\\0&0&1\\\frac{\sqrt{3}}{2}&\frac{1}{2}&0\end{pmatrix}$, $\boldsymbol{P}^{-1}\boldsymbol{A}\boldsymbol{P}=\mathrm{diag}(-2,2,3)$

(2) $\boldsymbol{P}=\begin{pmatrix}0&\frac{4}{3\sqrt{2}}&-\frac{1}{3}\\\frac{1}{\sqrt{2}}&-\frac{1}{3\sqrt{2}}&-\frac{2}{3}\\\frac{1}{\sqrt{2}}&\frac{1}{3\sqrt{2}}&\frac{2}{3}\end{pmatrix}$, $\boldsymbol{P}^{-1}\boldsymbol{A}\boldsymbol{P}=\mathrm{diag}(1,1,10)$

5.11 (1) $(x_1, x_2, x_3)\begin{pmatrix} 2 & -2 & 0 \\ -2 & 1 & -2 \\ 0 & -2 & 0 \end{pmatrix}\begin{pmatrix} x_1 \\ x_2 \\ x_3 \end{pmatrix}$

(2) $(x_1, x_2, x_3)\begin{pmatrix} 0 & 0 & 1 \\ 0 & 1 & 0 \\ 1 & 0 & 0 \end{pmatrix}\begin{pmatrix} x_1 \\ x_2 \\ x_3 \end{pmatrix}$

(3) $(x_1, x_2, x_3, x_4)\begin{pmatrix} 1 & -1 & 2 & -1 \\ -1 & 1 & 3 & 2 \\ 2 & 3 & 1 & 0 \\ -1 & 2 & 0 & 1 \end{pmatrix}\begin{pmatrix} x_1 \\ x_2 \\ x_3 \\ x_4 \end{pmatrix}$

5.12 (1) $\boldsymbol{P}=\begin{pmatrix} 0 & 1 & 0 \\ -\frac{1}{\sqrt{2}} & 0 & \frac{1}{\sqrt{2}} \\ \frac{1}{\sqrt{2}} & 0 & \frac{1}{\sqrt{2}} \end{pmatrix}$， $f=y_1^2+2y_2^2+5y_3^2$

(2) $\boldsymbol{P}=\begin{pmatrix} \frac{1}{2} & \frac{1}{\sqrt{2}} & 0 & -\frac{1}{2} \\ -\frac{1}{2} & 0 & \frac{1}{\sqrt{2}} & -\frac{1}{2} \\ -\frac{1}{2} & \frac{1}{\sqrt{2}} & 0 & \frac{1}{2} \\ \frac{1}{2} & 0 & \frac{1}{\sqrt{2}} & \frac{1}{2} \end{pmatrix}$， $f=-y_1^2+y_2^2+y_3^2+3y_4^2$

(3) $a=2$， $\boldsymbol{P}=\begin{pmatrix} 0 & 1 & 0 \\ \frac{1}{\sqrt{2}} & 0 & \frac{1}{\sqrt{2}} \\ -\frac{1}{\sqrt{2}} & 0 & \frac{1}{\sqrt{2}} \end{pmatrix}$

5.13 (1) 正定矩阵，(2) 负定矩阵.

5.14 (1) 负定的，(2) 正定的.

5.20 取 $\boldsymbol{x}^{(0)}=(0,0,1)^{\mathrm{T}}$ 迭代 10 次结果得特征值 $\lambda_1=7.14352$，特征向量为 $(0.29563, 0.06006, 1)^{\mathrm{T}}$.

5.23 A

习　题　6

6.2 运行结果为 f=

43653	30903	43980	43725
38102	25154	41182	34479
23961	15999	25461	22110

23768　16757　24673　23442

6.4 $|\boldsymbol{A}|$=350

6.5 x=

```
     0
-0.1250
-0.2500
-1.0000
 0.3750
```

6.6 (1)P=

```
0.7276    -0.5774    0.7437
0.4851    -0.5774    0.2373
0.4851    -0.5774    0.6250
D=
2.0000          0         0
     0     1.0000         0
     0          0    2.0000
```

验证 3－rank(2A－2I)是否等于 2 可判断能否对角化. 可对角化.

(2)P=

```
     0     0.4364    -0.4364
     0     0.8729    -0.8729
1.0000    -0.2182     0.2182
D=
1.0000          0          0
     0    -1.0000          0
     0          0    -1.0000
```

不能对角化.

6.7 命令为 A=[1,1,3;1,2,1;3,1,5];

≫ [P,D]=eig(A)

运行结果为:

```
P=
 0.8835    -0.0253    0.4677
-0.1667    -0.9501    0.2636
-0.4377     0.3108    0.8437
D=
-0.6749          0         0
      0     1.6994         0
      0          0    6.9754
```

故标准形为 $f(x_1,x_2,x_3)=-0.6749y_1^2+1.6994y_2^2+6.9754y_3^2$.